INTERNATIONAL TECHNOLOGICAL UNIVERSITY
This Book is Donated by:
PROF. WAI-KAI CHEN

Date:

TABLES OF THE
CLEBSCH-GORDAN, RACAH
AND SUBDUCTION COEFFICIENTS
OF SU(n) GROUPS

Authors:
**Jin-Quan Chen
Pei-Ning Wang
Zi-Min Lü
Xiong-Biao Wu**

TABLES OF THE CLEBSCH-GORDAN, RACAH AND SUBDUCTION COEFFICIENTS OF SU(n) GROUPS

World Scientific

Published by

World Scientific Publishing Co Pte Ltd.
P.O. Box 128, Farrer Road, Singapore 9128

Library of Congress Cataloging-in-Publication data is available.

TABLES OF THE CLEBSCH-GORDAN, RACAH AND SUBDUCTION COEFFICIENTS OF SU(n) GROUPS

Copyright © 1987 by World Scientific Publishing Co Pte Ltd.

All rights reserved. This book, or parts thereof, may not be reproduced in any form or by any means, electronic or mechanical, including photocopying, recording or any information storage and retrieval system now known or to be invented, without written permission from the Publisher.

ISBN 9971-50-072-8
       9971-50-073-6 pbk

Printed in Singapore by Kyodo-Shing Loong Printing Industries Pte Ltd.

Preface

The unitary group is very important in various branches of physics, including particle, nuclear, molecular physics and so on. Its applications in physics are traced to the SU(2) dynamical symmetry of the nuclear force. With the discovery of the various dynamical symmetries both in particle and nuclear physics (Bo-85 and references therein), the higher rank unitary groups have been entering the stage. A crucial problem in the application of group theory to physics is the availability of the Clebsch-Gordan coefficients, Racah coefficients, etc.

In this book the Clebsch-Gordan coefficients for the Gel'fand basis and Racah coefficients of the unitary groups U(n) and the U($m+n$)↓U(m)×U(n) subduction coefficients are computed from the $S(f_1 + f_2)\downarrow S(f_1)\times S(f_2)$ subduction coefficients. The Gel'fand basis is labeled by the Weyl tableau, and irreps of U(n) by the partitions. All these coefficients of unitary groups are tabulated in a rank independent way and in the form of square roots of rational fractions. The Clebsch-Gordan and subduction coefficients are tabulated for partitions of integers up to six while the Racah coefficients, up to seven. The Baird-Biedenharn phase convention is used and the Clebsch-Gordan coefficients which are equivalent under SU(n) have the same phase. Therefore, all these coefficients can also serve as the coefficients of the SU(n) groups with arbitrary n and the partitions are no longer restricted to those of integers indicated above.

The developments of these programs constitute the main parts of the Master's theses ("The CG and Racah coefficients" by P. N. Wang and Z. M. Lü respectively) and the Bachelor's theses ("The subduction coefficients" by X. B. Wu) at the Department of Physics, Nanjing University. All the programs were written in Fortran-77 and implemented in the IBM-PC/XT.

We are grateful to Mr. Shin-Xing Fu and Jing Guo, who calculated part of the subduction coefficients by hand in 1982, and to Bing-Qing Chen, Yong Du and Jun Li for their help in programming.

Jin-Quan Chen

Pei-Ning Wang

Zi-Min Lü

Xiong-Biao Wu

Contents

Preface — v

I. The Algorithms — 1

1. The $S(f) \downarrow S(f_1) \times S(f_2)$ Subduction Coefficients — 1
2. The $S(f_1) \times S(f_2) \uparrow S(f)$ Induction Coefficients — 3
3. The Gel'fand basis of $SU(n)$ — 5
4. The norm $R^{[\nu]m}(\bar{\omega}^0)$ — 6
5. The CG Coefficient of $U(n)$ and $SU(n)$ — 8
6. The $SU(n)$ Racah Coefficients — 10
7. The $SU(m+n) \downarrow SU(m) \times SU(n)$ Subduction Coefficients — 11

II. The Use of the Tables — 12

1. CGC Tables — 12
2. RAC Table — 13
3. SDC Table — 14

III. Tables — 19

1. Tables of the $SU(n)$ Clebsch-Gordan Coefficients — 19
2. Tables of the $SU(n)$ Racah Coefficients — 181
3. Tables of the $SU(m+n) \downarrow SU(m) \times SU(n)$ Subduction Coefficients — 205

References — 229

I. THE ALGORITHMS

As we know, several methods are available for calculating the Clebsch-Gordan (CG) coefficients of the $SU(n)$ group in the Gel'fand basis. They fall mainly into the following two categories. One is the unitary group approach (for (SU(3): De-63, Mc-64, He-65, Dr-73a, Dr-73b, Su-80, Bi-82; for SU(4): Ha-76; for $SU(n)$, Mo-62, Ba-63), and the other is the permutation group approach based on the duality between the unitary group and the permutation group (Ch-78, Ni-83).

The calculation of the $SU(n)$ CG coefficients by the unitary group approach is done for a particular n at a time and will soon become untractable for higher n due to the drastic increase of the labor involved. Up to now, only the $SU(3) \supset SU(2)$ isoscalar factors (ISF) (De-63, Bi-82), the $SU(4) \supset SU(3)$ ISF (Ha-76) and the CG coefficients for the $SU(3)$ Gel'fand basis (Mc-64) have been tabulated. No systematic tables of the CG coefficients for the Gel'fand basis of $SU(n)$ are available for n beyond 4.

It was shown in Ch-78 that the CG coefficients of the unitary group for the Gel'fand basis are intimately related to the induction coefficients (or the outer-product reduction coefficients) of the permutation group and thus the value of $SU(n)$ CG coefficient does not depend explicitly on n. The distinguishing feature of the permutation group approach to the $SU(n)$ CG coefficient problem is that it is rank independent. This opens up a new way to compute and tabulate the $SU(n)$ CG coefficient for arbitrary n once and for all, instead of one n at a time. It is this latter method that we used here.

In some cases the $SU(m+n) \supset SU(m) \times SU(n)$ basis is used instead of the $SU(m+n)$ Gel'fand basis. To find the CG coefficient for the former, we need the transformation coefficient between these two bases, which is called the $SU(m+n) \downarrow SU(m) \times SU(n)$ subduction coefficient.

Analogously, the Racah coefficient and the subduction coefficient of unitary groups can be calculated from the subduction coefficient of the permutation group and their values are also rank independent.

In order to give a precise presentation of the methodology rather than details of derivations, we shall skip the proofs. The interested readers are referred to the original monographs (Ch-84, Ch-85).

1. The $S(f) \downarrow S(f_1) \times S(f_2)$ Subduction Coefficient

An irreducible representation (irrep) $[\nu]$ of the permutation group $S(f)$ is reducible with respect to its subgroup $S(f_1) \times S(f_2)$. The process of the reduction is called subduction and denoted by

$$[\nu] \downarrow (S(f_1) \times S(f_2)) = \sum_{\nu} \{\nu_1 \nu_2 \nu\}([\nu_1], [\nu_2]), \tag{1.1}$$

where $\{\nu_1 \nu_2 \nu\}$ is the number of times that the irrep $([\nu_1], [\nu_2])$ of $S(f_1) \times S(f_2)$ occurs in the irrep $[\nu]$ of $S(f)$.

The subduced basis is the $S(f) \supset S(f_1) \times S(f_2)$ basis, a nonstandard basis of $S(f)$, denoted by

$$|[\nu], \tau \nu_1 m_1 \nu_2 m_2\rangle, \qquad \tau = 1, 2, \ldots, \{\nu_1 \nu_2 \nu\}. \tag{1.2}$$

It belongs to the irrep $[\nu]$ of $S(f)$ with $f = f_1 + f_2$, and at the same time the Yamanouchi basis $[\nu_1]m_1$ of $S(f_1)$ and $[\nu_2]m_2$ of $S(f_2)$ operating on the indices $(1, \ldots, f_1)$ and $(f_1+1, \ldots, f)$, respectively, where m_1 and m_2 can be understood either as the Yamanouchi symbols or the indices of the basis vectors in the so-called decreasing page order of the Yamanouchi symbols (Ha-62). It has been shown (Ch-82) that the $f-1$ two-cycle class operators $C(f)$, $C(f-1), \ldots, C(2)$ of the permutation groups $S(f)$, $S(f-1), \ldots, S(2)$ constitute the so-called second kind of complete set of commuting operators (CSCO-II) of $S(f)$, and the Yamanouchi basis vector is a simultaneous eigenvector of the CSCO-II. Consequently, $[\nu_i]m_i$ can also be viewed as the eigenvalue set of the CSCO-II of $S(f_i)$. Therefore,

$$(\nu_1, m_1) = (\lambda_{f_1}, \lambda_{f_1-1}, \ldots, \lambda_2),$$

$$(\nu_2, m_2) = (\lambda_{f_2}, \lambda_{f_2-1}, \ldots, \lambda_2), \tag{1.3}$$

where λ_i is the eigenvalue of $C(i)$, $\nu_1 = \lambda_{f_1}$, $\nu_2 = \lambda_{f_2}$, and m_1 and m_2 symbolize the rest of the respective sets of eigenvalues.

The $S(f) \supset S(f_1) \times S(f_2)$ irreducible basis can be expanded in terms of the Yamanouchi basis $||\nu]m\rangle$ of $S(f)$:

$$||\nu], \tau\nu_1 m_1 \nu_2 m_2\rangle = \sum_m{}' ||\nu]m\rangle\langle[\nu]m|[\nu], \tau\nu_1 m_1 \nu_2 m_2\rangle, \tag{1.4}$$

where the summation over $m = (\lambda_f, \ldots, \lambda_{f_1}, \ldots, \lambda_2)$ is restricted to those whose last $f_1 - 1$ eigenvalues are equal to $(\nu_1 m_1)$, i.e.

$$(\nu, m) = (\lambda_f, \ldots, \lambda_{f_1+1}, \nu_1 m_1). \tag{1.5}$$

The transformation coefficient from the standard (i.e. Yamanouchi) basis to the nonstandard basis is referred to as the $S(f) \downarrow S(f_1) \times S(f_2)$ subduction coefficient (SDC), or simply the permutation group SDC (PG-SDC) (it was called the standard to nonstandard basis transformation coefficients — the SNSTC, in Ch-83b and Ch-84). In other words, the PG-SDC are the elements of a unitary matrix which effects the subduction of (1.1). The unitarity condition is

$$\sum_{\nu_2 m_2 \tau} \langle \nu m|\nu, \tau\nu_1 m_1 \nu_2 m_2\rangle\langle \nu m'|\nu, \tau\nu_1 m_1 \nu_2 m_2\rangle = \delta_{mm'},$$

$$\sum_m \langle \nu m|\nu, \tau\nu_1 m_1 \nu_2 m_2\rangle\langle \nu m|\nu, \tau'\nu_1 m_1 \nu_2' m_2'\rangle = \delta_{\nu_2 \nu_2'}\delta_{m_2 m_2'}\delta_{\tau\tau'}. \tag{1.6}$$

The PG-SDC has the following symmetry:

$$\langle[\tilde{\nu}]\tilde{m}|[\tilde{\nu}], \tau\tilde{\nu}_1\tilde{m}_1\tilde{\nu}_2\tilde{m}_2\rangle = \varepsilon_1(\nu_1\nu_2\nu_\tau)\Lambda_m^\nu \Lambda_{m_1}^{\nu_1}\Lambda_{m_2}^{\nu_2}\langle[\nu]m|[\nu], \tau\nu_1 m_1 \nu_2 m_2\rangle, \tag{1.7}$$

where $\varepsilon_1(\nu_1\nu_2\nu_\tau)$ are phases and have been tabulated in Table 1.3 of Ch-83b, while $[\tilde{\nu}]\tilde{m}$ denotes a Young tableau conjugate to $[\nu]m$, and Λ_m^ν's are phases of the corresponding Yamanouchi basis vectors (Ha-62).

The PG-SDC or SNSTC was first introduced by Jahn (Ja-54) and have been studied extensively by Kaplan (Ka-61), Horie (Ho-64), Kramer (Kr-67, Kr-68), and Sarma (Sa-81). Based on the eigenfunction method, Chen et al. wrote a program in Fortran 77; computed and tabulated the PG-SDC for $S(4)$–$S(6)$ (Ch-83b). The same method is used here and is summarized as follows.

Since Eq. (1.4) is a Yamanouchi basis of $S(f_2)$, it is necessarily an eigenvector of the CSCO-II, $(C'(f_2), C'(s_2))$, of $S(f_2)$,

$$(C'(f_2), C'(s_2)) = (C'(f_2), C'(f_2 - 1), \ldots, C'(2))$$

$$C'(k) = \sum_{\substack{i>j=f_1+1}}^{f_1+k} (ij), \tag{1.8}$$

where (ij) is the transposition. Besides, the right-hand side of (1.4) is already an irreducible basis of $S(f)$ and the Yamanouchi basis $[\nu_1]m_1$ of $S(f_1)$. Therefore, to find the PG-SDC we merely need to diagonalize the CSCO-II of $S(f_2)$ in the Yamanouchi basis $||\nu]m\rangle$ with fixed $[\nu_1]m_1$,

$$\sum_{m'} \left[\left\langle[\nu]m\left|\begin{array}{c} C'(f_2) \\ C'(s_2) \end{array}\right|[\nu]m'\right\rangle - \binom{\nu_2}{m_2}\delta_{mm'}\right]\langle[\nu]m'|[\nu], \tau\nu_1 m_1 \nu_2 m_2\rangle = 0. \tag{1.9}$$

In practical calculations, m_1 can be chosen arbitrarily, for example, $m_1 = 1$ (the first component). For computer calculations, it is more convenient to choose a single operator

$$M = \sum_{i=2}^{f_2} k_i C'(i) \qquad (1.10)$$

as the CSCO-II of $S(f_2)$, where k_i are coefficients appropriately chosen. For example, we may choose $k_i = i+7$ for S(2)–S(7). The eigenvalue λ of M and (ν_2, m_2) have a one-to-one correspondence for S(2)–S(7):

$$\lambda = \sum_{i=2}^{f_2}(i+7)\lambda_i \leftrightarrow (\nu_2 m_2). \qquad (1.11)$$

The set of eigenequations (1.9) can be replaced by the single eigenequation,

$$\sum_{m'}[\langle[\nu]m|M|[\nu]m'\rangle - \lambda\delta_{mm'}]\langle[\nu]m'|[\nu],\tau\nu_1 m_1\nu_2 m_2\rangle = 0. \qquad (1.12)$$

In solving the eigenequation, if the eigenvalue λ [or, correspondingly, (ν_2, m_2)] has d-fold degeneracy, then $\{\nu_1\nu_2\nu\} = d$. For this eigenvalue λ, we have d linearly independent eigenvectors which can be chosen orthogonal with respect to the multiplicity label τ.

For S(2)–S(6), only the PG-SDC for $[321]\downarrow[21]\times[21]$ has the multiplicity larger than one (with multiplicity being equal to two). The imposition of the symmetry (Ch-84)

$$\langle[321]\tilde{m}|[321],\tau=1[21]\tilde{m}_1[21]\tilde{m}_2\rangle = \Lambda_m^{[321]}\Lambda_{m_1}^{[21]}\Lambda_{m_2}^{[21]} \times \langle[321]m|[321],\tau=2[21]m_1[21]m_2\rangle, \qquad (1.13)$$

helps us to resolve the multiplicity ambiguity. Note that the PG-SDC listed in Table II.23 of Ch-83b do not have the symmetry (1.13) and thus are different from our SDC-Table IV.5qii.

To ensure that the basis vectors $|[\nu],\tau\nu_1 m_1\nu_2 m_2\rangle$ with different m_2 have the correct, i.e. the Yamanouchi, relative phases, for any irrep $[\nu_2]$, one only needs to find $\{\nu_1\nu_2\nu\}$ orthogonal eigenvectors of (1.9) or (1.12) corresponding to a particular m_2. By choosing appropriate adjacent permutations $T' = (i, i+1)$ (Ch-82) from the following formula we can obtain the PG-SDC of all the other components m_2' successively (Ch-83b),

$$\langle[\nu]m'|[\nu],\tau\nu_1 m_1\nu_2 m_2'\rangle = [D_{m_2' m_2}^{[\nu_2]}(T)]^{-1} \times \sum_m [D_{m'm}^{[\nu]}(T') - D_{m_2 m_2}^{[\nu_2]}(T)\delta_{mm'}]\langle[\nu]m|[\nu],\tau\nu_1 m_1\nu_2 m_2\rangle = 0, \qquad (1.14)$$

where

$$T' = (i, i+1), \qquad T = (i - f_1, i - f_1 + 1),$$

and $D^{[\nu]}(T)$ is the Yamanouchi irreducible matrix. We remove all sign arbitrariness by imposing the absolute phase convention that the first nonvanishing coefficient of the nonstandard basis vector (1.4) with $m_2 = 1$ be positive,

$$\langle[\nu]m|[\nu],\tau\nu_1 m_1\nu_2 m_2\rangle|_{m=\min} > 0. \qquad (1.15)$$

2. The $S(f_1) \times S(f_2) \uparrow S(f)$ Induction Coefficient

The representation (rep) of $S(f)$ induced from the irrep $([\nu_1], [\nu_2])$ of its subgroup $S(f_1) \times S(f_2)$ is called the induced rep, or the outer-product rep of $S(f)$ denoted by $([\nu_1], [\nu_2]) \uparrow S(f)$, or $[\nu_1] \otimes [\nu_2]$, which can be reduced to the direct sum of the irreps $[\nu]$ of $S(f)$,

$$[\nu_1] \otimes [\nu_2] = \sum_\nu \{\nu_1\nu_2\nu\}[\nu]. \qquad (2.1)$$

Notice that the same coefficients appear in the right-hand side of (1.1) and (2.1) due to the well-known Frobenious reciprocity theorem (Br-72).

We can decompose the group $S(f)$ as a sum of left cosets with respect to the subgroup $S(f_1) \times S(f_2)$,

$$S(f) = \sum_\omega Q_\omega (S(f_1) \times S(f_2)). \tag{2.2}$$

Q_ω are called the coset representatives, $Q_1 = e$,

$$Q_\omega = \begin{pmatrix} 1 & 2 & \ldots & f_1 & f_1+1 & \ldots & f \\ a_1 & a_2 & & a_{f_1} & a_{f_1}+1 & \ldots & a_f \end{pmatrix} = \begin{pmatrix} \omega^0 \\ \omega \end{pmatrix} = \begin{pmatrix} \omega_1^0 \\ \omega_1 \end{pmatrix}\begin{pmatrix} \omega_2^0 \\ \omega_2 \end{pmatrix},$$
$$(\omega^0) = (\omega_1^0, \omega_2^0), \quad (\omega_1^0) = (12\ldots f_1), \quad (\omega_2^0) = (f_1+1\ldots f),$$
$$(\omega) = (\omega_1, \omega_2), \quad (\omega_1) = (a_1 a_2 \ldots a_{f_1}), \quad (\omega_2) = (a_{f_1+1}\ldots a_f), \tag{2.3}$$

$$a_1 < a_2 < \ldots < a_{f_1}, \qquad a_{f_1+1} < \ldots < a_f.$$

$(\omega^0) = (1\ldots f)$ is called the natural order sequence, while (ω) [including (ω^0)] are called the normal order sequences. There are

$$q = \binom{f}{f_1} = f!/(f_1! f_2!) \tag{2.4}$$

normal order sequences. The coset representative Q_ω is just the so-called order-preserving permutation (Ma-60). The ordering of the sequences $(\omega) = (\omega_1, \omega_2)$ is determined by that of (ω_1), which is specified in the following way. The sequence (ω_1) is regarded as a vector of dimension f_1. If the last nonzero component of the vector $(\omega_1) - (\omega_1')$ is less than zero, then we say that (ω_1) precedes (ω_1').

The irreducible basis of $S(f_1) \times S(f_2)$ is denoted by

$$|Y_{m_1}^{\nu_1}(\omega_1^0) Y_{m_2}^{\nu_2}(\omega_2^0)\rangle, \qquad m_i = 1, 2, \ldots, h_{\nu_i}, \tag{2.5}$$

where Y_m^ν signifies a Young tableau. Applying the operator Q_ω to (2.5) we get

$$Q_\omega |Y_{m_1}^{\nu_1}(\omega_1^0) Y_{m_2}^{\nu_2}(\omega_2^0)\rangle = |Y_{m_1}^{\nu_1}(\omega_1) Y_{m_2}^{\nu_2}(\omega_2)\rangle, \qquad m_i = 1, \ldots h_{\nu_i}, \omega = 1, \ldots, q, \tag{2.6}$$

which is the Yamanouchi basis $[\nu_1]m_1$ of $S(f_1)_{\omega_1}$ and $[\nu_2]m_2$ of $S(f_2)_{\omega_2}$ operating on the indices (ω_1) and (ω_2), respectively. The $h_{\nu_1} h_{\nu_2} q$ basis vectors of (2.6) carry the induced rep, which can be reduced to the irreps of $S(f)$ by means of the $(S(f_1) \times S(f_2)) \uparrow S(f)$ induction coefficient (IDC)

$$C_{\nu_1 m_1 \omega_1, \nu_2 m_2 \omega_2}^{[\nu]\tau, m} \equiv C_{\nu_1 m_1, \nu_2 m_2, \omega}^{[\nu]\tau, m}, \tag{2.7a}$$

$$\Psi_m^{[\nu]\tau} = \sum_{m_1 m_2 \omega} C_{\nu_1 m_1, \nu_2 m_2, \omega}^{[\nu]\tau, m} |Y_{m_1}^{\nu_1}(\omega_1) Y_{m_2}^{\nu_2}(\omega_2)\rangle, \qquad \tau = 1, 2, \ldots \{\nu_1 \nu_2 \nu\}. \tag{2.7b}$$

The IDC were called the outer-product reduction coefficients (ORC) in Ch-81 and Ch-84, and are the elements of a unitary matrix which effects the reduction of the induced rep.

The unitarity condition is

$$\sum_{m_1 m_2 \omega} C_{\nu_1 m_1 \omega_1, \nu_2 m_2 \omega_2}^{[\nu]\tau, m} C_{\nu_1 m_1 \omega_1, \nu_2 m_2 \omega_2}^{[\nu']\tau', m'} = \delta_{\nu\nu'} \delta_{\tau\tau'} \delta_{mm'}, \tag{2.8a}$$

$$\sum_{\nu\tau m} C_{\nu_1 m_1 \omega_1, \nu_2 m_2 \omega_2}^{[\nu]\tau, m} C_{\nu_1 m_1' \omega_1', \nu_2 m_2' \omega_2'}^{[\nu]\tau, m} = \delta_{m_1 m_1'} \delta_{m_2 m_2'} \delta_{\omega\omega'}. \tag{2.8b}$$

The IDC first appeared in Kr-67. An improved projection operator method for calculating the IDC was suggested by William and Pursey (Wi-76). A systematic study of the IDC, including definition, symmetry properties, applications, algorithm and tabulation, was undertaken by Chen et al. (Ch-78, Ch-81) where the IDC were calculated by diagonalizing the $f-1$ two-cycle class operators of $S(f), \ldots, S(2)$ in the basis (2.6).

The IDC is related to the PG-SDC (Ka-61, Kr-67, Ch-83b) as

$$C_{\nu_1 m_1, \nu_2 m_2, \omega}^{[\nu]\tau, m} = [h_\nu/(h_{\nu_1} h_{\nu_2})]^{\frac{1}{2}} [f_1! f_2!/f!]^{\frac{1}{2}} \times \sum_{m'} D_{mm'}^{[\nu]}(Q_\omega) \langle [\nu]m'|[\nu], \tau \nu_1 m_1 \nu_2 m_2 \rangle. \tag{2.9a}$$

Equation (2.9a) provides a simpler method for computing the IDC than that used in Ch-81 and is used here.

The phase of the IDC is totally decided by that of the PG-SDC. The absolute phase convention (1.15) implies that the phase convention for IDC is

$$C^{[\nu]\tau,1}_{[\nu_1]1,[\nu_2]1,\omega}|_{\omega=\min} > 0. \tag{2.9b}$$

We define the normalized generalized projection operators of $S(f)$ and $S(f_i)$ by

$$P^{[\nu]\tau\nu_1 m'_1 \nu_2 m'_2}_m = (h_\nu/f!)^{\frac{1}{2}} \sum_p \langle [\nu]m|p|[\nu],\tau\nu_1 m'_1 \nu_2 m'_2 \rangle p,$$

$$P^{[\nu_i]m'_i}_{m_i} = (h_{\nu_i}/f_i!)^{\frac{1}{2}} \sum_p \langle [\nu_i]m_i|p|[\nu_i]m'_i \rangle p. \tag{2.10}$$

It can be shown (Ho-64) that

$$P^{[\nu]\tau\nu_1 m'_1 \nu_2 m'_2}_m = \sum_{m_1 m_2 \omega} C^{[\nu]\tau,m}_{\nu_1 m_1,\nu_2 m_2,\omega} Q_\omega P^{[\nu_1]m'_1}_{m_1} P^{[\nu_2]m'_2}_{m_2}. \tag{2.11}$$

3. The Gel'fand Basis of SU(n)

The Gel'fand basis of $U(n)$ is an irreducible basis adapted to the canonical subgroup chain

$$\begin{array}{c} U(n) \supset U(n-1) \supset \ldots \supset U(2) \supset U(1) \\ |[m_{in}], \quad [m_{in-1}] \quad ,\ldots, \quad [m_{i2}], \quad [m_{11}]\rangle, \end{array} \tag{3.1}$$

where

$$[m_{ik}] = [m_{1k} m_{2k} \ldots m_{kk}] \tag{3.2}$$

is the partition specifying that the Gel'fand basis vector belongs to the irrep $[m_{ik}]$ of $U(k)$. We usually use the Gel'fand symbol

$$\begin{pmatrix} [\nu] \\ (m) \end{pmatrix} \equiv \begin{pmatrix} m_{1n} m_{2n} \ldots \ldots m_{nn} \\ m_{1n-1} \ldots m_{n-1\,n-1} \\ \ldots \ldots \ldots \\ m_{12} m_{22} \\ m_{11} \end{pmatrix} \tag{3.3a}$$

to label a Gel'fand basis vector.

The nice feature of the Gel'fand basis is that it is a multiplicity-free and orthonormal basis and has been used extensively in particle physics. However, in many cases, the Gel'fand basis is not the basis needed in physics. Even for these unfavourable cases, the Gel'fand basis still plays an important role by providing a convenient complete set of basis for expanding the physical basis (Mo-68, Pa-74, Pa-76, Ch-80).

The Gel'fand symbol, though elegant in a general expression, is awkward for labeling a basis of a high rank unitary group. The so-called Weyl tableau provides a rank independent labeling scheme for the $U(n)$ Gel'fand basis, and is very convenient for presenting the $U(n)$ CG coefficient in a rank independent way.

A Weyl tableau is a Young diagram with boxes filled by a set of ordered single particle (s.p.) states, $\alpha_1, \alpha_2, \ldots, \alpha_n$. The filling observes the rules that

(i) no two identical α's are allowed to appear in the same column,

(ii) the α's must be in nondecreasing order from left to right in any row and in increasing order from top to bottom in any column.

The 1-1 correspondence between the Gel'fand symbol (3.3a) and the Weyl tableau is realized in the following way:

$$\begin{pmatrix} [\nu] \\ (m) \end{pmatrix} = \boxed{\begin{array}{|c|c|c|c|} \hline f_{11}1\text{'s} & f_{12}2\text{'s} & \ldots\ldots & f_{1n}n\text{'s} \\ \hline f_{22}2\text{'s} & f_{23}3\text{'s} & \ldots & f_{2n}n\text{'s} \\ \hline \ldots\ldots\ldots\ldots \\ \hline f_{nn}n\text{'s} \\ \hline \end{array}} \tag{3.3b}$$

where

$$f_{1k} = m_{1k} - m_{1k-1}, \quad f_{2k} = m_{2k} - m_{2k-1}, \ldots,$$
$$f_{k-1k} = m_{k-1k} - m_{k-1k-1}, \quad f_{kk} = m_{kk}. \tag{3.3c}$$

In other words, a Weyl tableau w filled with $\alpha_1, \alpha_2, \ldots, \alpha_n$, corresponds to the n partitions, $[\nu](= [m_{in}])$, $[m_{in-1}], \ldots, [m_{i2}]$ and $[m_{11}]$ of a Gel'fand symbol, where $[m_{ik}]$ is the Young diagram resulting from deleting all the boxes in the Weyl tableau occupied by $\alpha_n, \alpha_{n-1}, \ldots, \alpha_{k+1}$. The advantage of the Weyl tableau labeling is that it is rank independent. For example, the following Weyl tableau

$$\begin{array}{l} aabc \\ bbc \\ c \end{array} \tag{3.4a}$$

could represent a Gel'fand basis vector of U(n), $n = 3, 4, 5, \ldots$, depending on the interpretation of the state indices a, b, and c. If a, b, c are understood as $\alpha_1, \alpha_2, \alpha_3$, respectively, then

$$\begin{array}{l} \alpha_1\alpha_1\alpha_2\alpha_3 \\ \alpha_2\alpha_2\alpha_3 \\ \alpha_3 \end{array} \leftrightarrow \begin{pmatrix} 4 & 3 & 1 \\ & 3 & 2 \\ & & 2 \end{pmatrix}. \tag{3.4b}$$

If a, b, c are understood as any three distinct indices out of $\alpha_1, \alpha_2, \alpha_3$, and α_4, then it represents a Gel'fand basis vector of U(4). For example, if $a = \alpha_1, b = \alpha_3, c = \alpha_4$, then

$$\begin{array}{l} \alpha_1\alpha_1\alpha_3\alpha_4 \\ \alpha_3\alpha_3\alpha_4 \\ \alpha_4 \end{array} \leftrightarrow \begin{pmatrix} 4 & 3 & 1 & 0 \\ & 3 & 2 & 0 \\ & & 2 & 0 \\ & & & 2 \end{pmatrix}. \tag{3.4c}$$

We thus see that a single Weyl tableau (3.4a) in fact may correspond to an infinite number of Gel'fand symbols. Nevertheless, once the exact meaning of the s.p. state incides is specified, the correspondence becomes 1-1.

4. The Norm $R^{[\nu]m}(\bar{\omega}^0)$

Let the natural order f-particle product state be denoted by

$$|\bar{\omega}^0\rangle = |i_1 i_2 \ldots i_f\rangle = \psi_{i_1}(x_1)\psi_{i_2}(x_2)\ldots\psi_{i_f}(x_f), \quad i_1 < i_2 < \ldots < i_f. \tag{4.1}$$

Applying the normalized generalized projection operator

$$P_{m'}^{[\nu]m} = (h_\nu/f!)^{\frac{1}{2}} \sum_p \langle [\nu]m'|p|[\nu]m\rangle p, \tag{4.2}$$

to the f-particle product state (4.1), we get an un-normalized basis vector which is the Yamanouchi basis $[\nu]m'$ of S(f) and the Gel'fand basis $[\nu]w$ of U(n),

$$P_{m'}^{[\nu]m}|\bar{\omega}^0\rangle = R^{[\nu]m}(\bar{\omega}^0)\left|\begin{array}{c} [\nu] \\ m, w \end{array}\right\rangle, \tag{4.3}$$

where $R^{[\nu]m}$ is a normalization factor (norm); $\left|\begin{array}{c} [\nu] \\ m,w \end{array}\right\rangle$ is a normalized irreducible basis of S(f) and U(n), and the Weyl tableau w is obtained from replacing the indices $1, \ldots, f$ in the Young tableau $Y_m^{[\nu]}$ by the s.p. state indices $i_1, \ldots, i_f$, respectively. Usually, there may exist several Yamanouchi symbols m which give rise to the same Weyl tableau w.

Suppose that we are dealing with a configuration $(\alpha_1)^{f_1}(\alpha_2)^{f_2}\ldots(\alpha_n)^{f_n}$. The n single particle states $\alpha_1, \alpha_2, \ldots, \alpha_n$ are assigned to the states indices in the following way,

$$i_1 = \ldots = i_{f_1} = \alpha_1, \quad i_{f_1+1} = \ldots = i_{f_1+f_2} = \alpha_2, \ldots$$
$$i_{f-f_n+1} = \ldots = i_f = \alpha_n. \tag{4.4a}$$

The natural order state is

$$|\bar{\omega}^0\rangle = |\overbrace{\alpha_1 \ldots \alpha_1}^{f_1} \overbrace{\alpha_2 \ldots \alpha_2}^{f_2} \ldots \overbrace{\alpha_n \ldots \alpha_n}^{f_n}\rangle. \tag{4.4b}$$

The norm $R^{[\nu]m}(\bar{\omega}^0)$ depends on $(\bar{\omega}^0)$ merely through the set of n numbers, $\{f_i\} = (f_1 \ldots f_n)$. Therefore one can write

$$R^{[\nu]m}(\bar{\omega}^0) = R^{[\nu]m}(\{f_i\}). \tag{4.5}$$

One can show (Ch-83a) that the norm $R^{[\nu]m}(\{f_i\})$ can be expressed in terms of the overlap between the Yamanouchi basis vector $|[\nu]m\rangle$ and a nonstandard basis vector, denoted by $|[\nu](w)\rangle$, of $S(f)$, which is uniquely associated with the Weyl tableau w,

$$R^{[\nu]m}(\{f_i\}) = (f_1! f_2! \ldots f_n!)^{\frac{1}{2}} \langle[\nu](w)|[\nu]m\rangle. \tag{4.6}$$

Corresponding to the Weyl tableau (3.3b), the nonstandard basis $|[\nu](w)\rangle$ is,

$$|[\nu](w)\rangle = |(1^{f_{11}})(1^{f_{12}}2^{f_{22}}) \ldots (1^{f_{1n}}2^{f_{2n}} \ldots n^{f_{nn}})\rangle, \tag{4.7}$$

where the kth parenthesis

$$(1^{f_{1k}} \ldots i^{f_{ik}} \ldots k^{f_{kk}}) \tag{4.8}$$

signifies a basis which is totally symmetric among the particles whose row numbers are specified by (4.8). In other words, it is symmetric with respect to the permutation group $S(f_k)$ operating on the indices $F_{k-1} + 1$, $F_{k-1} + 2, \ldots, F_k$ with

$$F_k = \sum_{i=1}^{k} f_i. \tag{4.9}$$

The symbol (w) was introduced by Sarma and Saharasbudhe (1980) and is a generalization of the Yamanouchi symbol (when $f_i = 1$, for $i = 1, 2, \ldots, n$, (w) goes over to the Yamanouchi symbol in the reversed order, i.e. $(w) = r_1 r_2 \ldots r_n$). For example

$$\begin{array}{l} a\,a\,b\,c \\ b\,c\,c \\ c \end{array} \leftrightarrow (1^2)(12)(12^2 3), \qquad \begin{array}{l} a\,b\,d\,e \\ c\,g\,h \\ f \end{array} \leftrightarrow 1^2 21^2 32^2. \tag{4.10}$$

An analytic expression has been given for the norm $R^{[\nu]m}(\{f_i\})$ [see Eq. (5.9) of Ch-83a]. The norm can also be easily calculated from the following simple procedure. Suppose that $Y_r^{[\nu]}$ and $Y_s^{[\nu]}$ are two Young tableaux which differ only by an interchange of the positions of the indices i and $i+1$, and the Yamanouchi symbol $r > s$ (in the decreasing page order). Then the following combination is symmetric in the indices i and $i+1$.

$$(\sigma - 1)^{\frac{1}{2}} Y_r^{[\nu]} + (\sigma + 1)^{\frac{1}{2}} Y_s^{[\nu]}, \tag{4.11}$$

where $\sigma > 0$ is the absolute axial distance between i and $i+1$ in the Young tableau $Y_r^{[\nu]}$ or $Y_s^{[\nu]}$. By repeatedly using (4.11) for all adjacent pairs which are to be symmetrized, we can obtain the nonstandard basis $|[\nu](w)\rangle$ of $S(f)$ as a linear combination of the Yamanouchi basis. For example,

$$\begin{array}{l} a\,b\,b\,b \\ b \end{array} \leftrightarrow (w) = (1)(1^3 2),$$

$$|(1)(1^3 2)\rangle = a_1\, \begin{array}{l} 1\,2\,3\,4 \\ 5 \end{array} + a_2\, \begin{array}{l} 1\,2\,3\,5 \\ 4 \end{array} + a_3\, \begin{array}{l} 1\,2\,4\,5 \\ 3 \end{array} + a_4\, \begin{array}{l} 1\,3\,4\,5 \\ 2 \end{array}, \tag{4.12}$$

where the coefficient a_i is just the overlap $\langle[\nu](w)|[\nu]m_i\rangle$. Notice that $\sigma_{2,3} = 2$, $\sigma_{3,4} = 3$, $\sigma_{4,5} = 4$. A symmetrization in 3 and 4 gives $a_3/a_4 = \sqrt{1/3}$, in 3 and 4 gives $a_2/a_3 = \sqrt{1/2}$; in 4 and 5 gives $a_1/a_2 = \sqrt{3/5}$. Taking into account the normalization condition, we get $(a_1, a_2, a_3, a_4) = (1/4, \sqrt{5/48}, \sqrt{5/24}, \sqrt{5/8})$.

5. The CG Coefficient of U(n) and SU(n)

Suppose $|[\nu_1]w_1\rangle$ and $|[\nu_2]w_2\rangle$ are two Gel'fand bases of U(n). They can be coupled to another Gel'fand basis by means of the U(n) CG coefficients,

$$|[\nu]\tau w\rangle = \sum_{w_1 w_2} C^{[\nu]\tau,w}_{\nu_1 w_1, \nu_2 w_2} |[\nu_1]w_1\rangle |[\nu_2]w_2\rangle, \quad \tau = 1, 2, \ldots, \{\nu_1 \nu_2 \nu\}. \tag{5.1}$$

The CG coefficients for the U(n) Gel'fand basis can be chosen as real and they satisfy the unitarity condition

$$\sum_{w_1 w_2} C^{[\nu]\tau,w}_{\nu_1 w_1, \nu_2 w_2} C^{[\nu']\tau',w'}_{\nu_1 w_1, \nu_2 w_2} = \delta_{\nu\nu'} \delta_{\tau\tau'} \delta_{ww'},$$
$$\sum_{\nu\tau w} C^{[\nu]\tau,w}_{\nu_1 w_1, \nu_2 w_2} C^{[\nu]\tau,w}_{\nu_1 w'_1, \nu_2 w'_2} = \delta_{w_1 w'_1} \delta_{w_2 w'_2}. \tag{5.2}$$

The inverse of (5.1) is

$$|[\nu_1]w_1\rangle |[\nu_2]w_2\rangle = \sum_{\nu\tau w} C^{[\nu]\tau,w}_{\nu_1 w_1, \nu_2 w_2} |[\nu]\tau, w\rangle. \tag{5.3}$$

Suppose that $\left|\begin{smallmatrix}[\nu_i]\\m_i w_i\end{smallmatrix}\right\rangle$ is the irreducible basis $[\nu_i]m_i$ of $S(f_i)$ and $[\nu_i]w_i$ of U(n). Then by means of the U(n) CG coefficients we can construct the $S(f) \supset S(f_1) \times S(f_2)$ basis $[\nu]\tau\nu_1 m'_1 \nu_2 m'_2$ and the U(n) Gel'fand basis $[\nu]w$,

$$\left|\begin{matrix}[\nu]\\ \tau\nu_1 m'_1 \nu_2 m'_2, w\end{matrix}\right\rangle = \sum_{w_1 w_2} C^{[\nu]\tau,w}_{\nu_1 w_1, \nu_2 w_2} \left|\begin{matrix}[\nu_1]\\m'_1 w_1\end{matrix}\right\rangle \left|\begin{matrix}[\nu_2]\\m'_2 w_2\end{matrix}\right\rangle. \tag{5.4}$$

In the following we are going to establish a relation between the U(n) CG coefficient and the $S(f)$ IDC. To this end, we need to introduce the state permutation group $\mathcal{S}(f)$ (Bo-69, Ch-82). The permutation operator of $\mathcal{S}(f)$ is defined by

$$\mathcal{P}|i_1 i_2 \ldots i_f\rangle = |i_{p(1)} i_{p(2)} \ldots i_{p(f)}\rangle, \tag{5.5}$$

i.e., it permutes the subscripts of the state indices.

The state permutation group $\mathcal{S}(f)$ is commuting with and isomorphic to the coordinate permutation group $S(f)$,

$$[\mathcal{P}, p] = 0, \tag{5.6a}$$
$$\mathcal{S}(f) \sim S(f). \tag{5.6b}$$

Acting on the natural order state, $\mathcal{P}$ is equal to the inverse of p,

$$\mathcal{P}|\bar{\omega}^0\rangle = p^{-1}|\bar{\omega}^0\rangle. \tag{5.7}$$

Referring to the state permutation group $\mathcal{S}(f)$, (2.11) becomes

$$\mathcal{P}^{[\nu],\tau\nu_1 m'_1 \nu_2 m'_2}_m = \sum_{m_1 m_2 \omega} C^{[\nu]\tau,m}_{\nu_1 m_1, \nu_2 m_2, \omega} \mathcal{Q}_\omega \mathcal{P}^{[\nu_1]m'_1}_{m_1} \mathcal{P}^{[\nu_2]m'_2}_{m_2}, \tag{5.8}$$

where $\mathcal{Q}_\omega = \mathcal{Q}_{\omega_1} \mathcal{Q}_{\omega_2}$ is the coset representative of $\mathcal{S}(f)$ with respect to its subgroup $\mathcal{S}(f_1) \times \mathcal{S}(f_2)$, and

$$\mathcal{P}^{[\nu],\tau\nu_1 m'_1 \nu_2 m'_2}_m = (h_\nu/f!)^{\frac{1}{2}} \sum_p \langle[\nu]m|p|[\nu], \tau\nu_1 m'_1 \nu_2 m'_2\rangle \mathcal{P},$$
$$\mathcal{P}^{[\nu_i]m'_i}_{m_i} = (h_{\nu_i}/f_i!)^{\frac{1}{2}} \sum_p \langle[\nu_i]m_i|p|[\nu_i]m'_i\rangle \mathcal{P}. \tag{5.9}$$

Corresponding to the natural [normal] order sequence $(\omega^0)[(\omega)]$, there is the natural [normal] order state $|\bar{\omega}^0\rangle[|\bar{\omega}\rangle = |\bar{\omega}_1, \bar{\omega}_2\rangle]$,

$$(\omega^0) = (12 \ldots f) \to |\bar{\omega}^0\rangle = |i_1 i_2 \ldots i_f\rangle,$$
$$(\omega_1) = (a_1 a_2 \ldots a_{f_1}) \to |\bar{\omega}_1\rangle = |i_{a_1} i_{a_2} \ldots i_{a_{f_1}}\rangle,$$
$$(\omega_2) = (a_{f_1+1} \ldots a_f) \to |\bar{\omega}_2\rangle = |i_{a_{f_1+1}} \ldots i_{a_f}\rangle. \tag{5.10}$$

Applying (5.8) to the natural order state $|\bar{\omega}^0\rangle$ and using (5.7) as well as the unitarity and reality of the irreps $\langle[\nu]m|p|[\nu],\tau\nu_1 m_1' \nu_2 m_2'\rangle$ and $\langle[\nu_i]m_i|p|[\nu_i]m_i'\rangle$, one has

$$P^{[\nu]m}_{\tau\nu_1 m_1' \nu_2 m_2'} |\bar{\omega}^0\rangle = \sum_{m_1 m_2 \omega} C^{[\nu]\tau,m}_{\nu_1 m_1 \omega_1, \nu_2 m_2 \omega_2} \mathcal{Q}_{\omega_1} \mathcal{Q}_{\omega_2} (P^{[\nu_1]m_1}_{m_1'} |\bar{\omega}_1^0\rangle P^{[\nu_2]m_2}_{m_2'} |\bar{\omega}_2^0\rangle). \tag{5.11}$$

Due to (5.6a), $\mathcal{Q}_{\omega_i}$ can be shifted to the front of $|\bar{\omega}_i^0\rangle$. Making use of the fact that

$$\mathcal{Q}_{\omega_i} |\bar{\omega}_i^0\rangle = |\bar{\omega}_i\rangle,$$

one has

$$P^{[\nu]m}_{\tau\nu_1 m_1' \nu_2 m_2'} |\bar{\omega}^0\rangle = \sum_{m_1 m_2 \omega} C^{[\nu]\tau,m}_{\nu_1 m_1 \omega_1, \nu_2 m_2 \omega_2} P^{[\nu_1]m_1}_{m_1'} |\bar{\omega}_1\rangle P^{[\nu_2]m_2}_{m_2'} |\bar{\omega}_2\rangle. \tag{5.12}$$

Using (4.3) it becomes

$$R^{[\nu]m}(\bar{\omega}^0) \left| \begin{matrix} [\nu] \\ \tau\nu_1 m_1' \nu_2 m_2', w \end{matrix} \right\rangle = \sum_{m_1 m_2 \omega} C^{[\nu]\tau,m}_{\nu_1 m_1 \omega_1, \nu_2 m_2 \omega_2} R^{[\nu_1]m_1}(\bar{\omega}_1) R^{[\nu_2]m_2}(\bar{\omega}_2) \left| \begin{matrix} [\nu_1] \\ m_1' w_1 \end{matrix} \right\rangle \left| \begin{matrix} [\nu_2] \\ m_2' w_2 \end{matrix} \right\rangle. \tag{5.13}$$

Comparing (5.13) with (5.4), one obtains a relation between the U(n) CG coefficients in the Gel'fand basis and the S(f) IDC,

$$C^{[\nu]\tau,w}_{\nu_1 w_1, \nu_2 w_2} = \{R^{[\nu]m}(\bar{\omega}^0)\}^{-1} \sum_{m_1 m_2 \omega}{}' R^{[\nu_1]m_1}(\bar{\omega}_1) R^{[\nu_2]m_2}(\bar{\omega}_2) C^{[\nu]\tau,m}_{\nu_1 m_1 \omega_1, \nu_2 m_2 \omega_2}, \tag{5.14a}$$

where the prime in the summation symbol indicates that the sum runs over only those $m_i \omega_i$, which will lead to the same Weyl tableau w_i, and the relation between $|\bar{\omega}^0\rangle$, $|\bar{\omega}_i\rangle$ and (ω^0), (ω_i) is specified by (5.10).

When all the s.p. states in the Weyl tableau w (and thus necessarily in the Weyl tableaux w_1 and w_2) are distinct, the correspondence between m_i and w_i becomes 1-1, and only one term in the right-hand side of (5.14a) survives. Therefore (5.14a) reduces to

$$C^{[\nu]\tau,w}_{\nu_1 w_1, \nu_2 w_2} = C^{[\nu]\tau,m}_{\nu_1 m_1 \omega_1, \nu_2 m_2 \omega_2}, \tag{5.14b}$$

namely, the PG-IDC is precisely the CG coefficient for the special Gel'fand basis of a unitary group.

Equation (5.14) was first derived in Ch-78. Similar expression was obtained in Sa-83.

The Yamanouchi relative phase of the PG-IDC insures that the relative phase of the U(n) CG coefficient is just the Gel'fand-Zetlin phase (Ge-50). On the other hand, the phase convention (2.9b) for the PG-IDC fixes the absolute phase of the U(n) CG coefficient,

$$C^{[\nu]\tau,HW}_{[\nu_1]HW_1,[\nu_2]W_2} > 0, \tag{5.15}$$

where $HW(HW_1)$ denotes the highest weight (h.w.) state of the irrep $[\nu]$ ($[\nu_1]$), which is a state whose Weyl tableau is formed by filling the boxes of the first row in the Young diagram $[\nu]([\nu_1])$ all with α_1's, those of the second row all with α_2's, etc. The phase convention (5.15) is identical to that used by Baird and Biendenharn (1964), and is a generalization of the Condon-Shortley phase convention for the SU(2) CG coefficient,

$$C^{J\ \ J}_{j\ j,j\ J-j} > 0. \tag{5.16}$$

Up to now, we only dwelt on the U(n) CG coefficient. Now we claim that the phase convention (5.15) ensures that our CG coefficient is also the SU(n) CG coefficient. To see this, it is sufficient to show that the U(n) CG coefficients for the irreps which are equivalent under SU(n) will have the same phase. This is obvious, since the phase of the nonhighest weight states is totally determined by that of the h.w. state, while the h.w. Gel'fand states $|[\nu]HW\rangle$ and $|[\nu_1]HW_1\rangle$ of U(n) remain to be h.w. states for the SU(n) group.

Due to the symmetry of the permutation group IDC (Ch-78)

$$C^{[\nu]\tau,m}_{\nu_1 m_1 \omega_1, \nu_2 m_2 \omega_2} = \varepsilon_2(\nu_1 \nu_2 \nu_\tau) C^{[\nu]\tau,m}_{\nu_2 m_2 \omega_2, \nu_1 m_1 \omega_1}, \tag{5.17a}$$

and Eq. (5.14), the CG coefficient satisfies the symmetry

$$C^{[\nu]\tau,w}_{\nu_1 w_1,\nu_2 w_2} = \varepsilon_2(\nu_1\nu_2\nu_\tau) C^{[\nu]\tau,w}_{\nu_2 w_2,\nu_1 w_1}. \tag{5.17b}$$

The phase factors $\varepsilon_2(\nu_1\nu_2\nu_\tau)$ have been tabulated in Table 12 of Ch-81 and are reproduced in Table 5 of Sec. II.

6. The SU(n) Racah Coefficients

The SU(n) Racah coefficient is simply a generalization of the SU(2) Racah coefficient, which are the elements of a unitary matrix between bases with two different coupling orders of three irreps of SU(n),

$$|(\nu_1\nu_2)\nu_{12},\nu_3:\nu w\rangle^{\tau_{12}\tau}$$
$$= \sum_{\nu_{23}\tau_{23}\tau'} U(\nu_1\nu_2\nu\nu_3;\nu_{12}\nu_{23})^{\tau_{12}\tau}_{\tau_{23}\tau'} |\nu_1(\nu_2\nu_3)\nu_{23}:\nu w\rangle^{\tau_{23}\tau'}, \tag{6.1}$$

where four multiplicity labels appeared,

$$\tau_{12} = 1,2,\ldots,\{\nu_1\nu_2\nu_{12}\}, \quad \tau_{23} = 1,2,\ldots,\{\nu_2\nu_3\nu_{23}\},$$
$$\tau = 1,2,\ldots,\{\nu_{12}\nu_3\nu\}, \quad \tau' = 1,2,\ldots,\{\nu_1\nu_{23}\nu\}. \tag{6.2}$$

The SU(n) Racah coefficient can be expressed in terms of the SU(n) CG coefficient,

$$U(\nu_1\nu_2\nu\nu_3;\nu_{12}\nu_{23})^{\tau_{12}\tau}_{\tau_{23}\tau'} = \sum_{\text{fix } w} C^{\nu_{12}\tau_{12},w_{12}}_{\nu_1 w_1,\nu_2 w_2} C^{\nu\tau,w}_{\nu_{12}w_{12},\nu_3 w_3}$$
$$\times C^{\nu_{23}\tau_{23},w_{23}}_{\nu_2 w_2,\nu_3 w_3} C^{\nu\tau',w}_{\nu_1 w_1,\nu_{23}w_{23}}, \tag{6.3a}$$

where the summation is carried out for all possible component indices under the condition that w is fixed. The Racah coefficients involve four triples of partitions,

$$\Delta(\nu_1\nu_2\nu_{12}), \quad \Delta(\nu_2\nu_3\nu_{23}),$$
$$\Delta(\nu_{12}\nu_3\nu), \quad \Delta(\nu_1\nu_{23}\nu). \tag{6.3b}$$

A Racah coefficient is zero whenever one of the triple of partitions does not satisfy the generalized triangular relation decided by the Littlewood rule.

The Racah coefficients satisfy the unitarity

$$\sum_{\nu_{23}\tau_{23}\tau'} U(\nu_1\nu_2\nu\nu_3;\nu_{12}\nu_{23})^{\tau_{12}\tau}_{\tau_{23}\tau'} U(\nu_1\nu_2\nu\nu_3;\bar\nu_{12}\nu_{23})^{\beta_{12}\beta}_{\tau_{23}\tau'} = \delta_{\tau_{12}\beta_{12}}\delta_{\tau\beta}\delta_{\nu_{12}\bar\nu_{12}}, \tag{6.4a}$$

$$\sum_{\nu_{12}\tau_{12}\tau} U(\nu_1\nu_2\nu\nu_3;\nu_{12}\nu_{23})^{\tau_{12}\tau}_{\tau_{23}\tau'} U(\nu_1\nu_2\nu\nu_3;\nu_{12}\bar\nu_{23})^{\tau_{12}\tau}_{\beta_{23}\beta'} = \delta_{\tau_{23}\beta_{23}}\delta_{\tau'\beta'}\delta_{\nu_{23}\bar\nu_{23}}. \tag{6.4b}$$

Hecht *et al.* gave some algebraic formulas for the SU(3) and SU(4) Racah coefficients (He-65, He-69), while Draayer *et al.* developed an algorithm and code for the SU(3) Racah coefficients (Dr-73a, Dr-73b).

Formula (6.3) is not suitable for practical computation of the SU(n) Racah coefficient. A formula relating the SU(n) Racah coefficients to the SDC of permutation groups was derived in (Kr-68) and (Ch-84), which reads

$$U(\nu_1\nu_2\nu\nu_3;\nu_{12}\nu_{23})^{\tau_{12}\tau}_{\tau_{23}\tau'} = \sum_{m_{12}m_{23}m}{}' \langle \nu m|\nu,\tau\nu_{12}m_{12}\nu_3 m_3\rangle$$
$$\langle \nu_{12}m_{12}|\nu_{12},\tau_{12}\nu_1 m_1\nu_2 m_2\rangle \langle \nu m|\nu,\tau'\nu_1 m_1\nu_{23}m_{23}\rangle \langle \nu_{23}m_{23}|\nu_{23},\tau_{23}\nu_2 m_2\nu_3 m_3\rangle, \tag{6.5}$$

where the summation is carried out under fixed m_1, m_2 and m_3.

Equation (6.5) provides the permutation group approach to the SU(n) Racah coefficients, the advantage of which is again its being rank independent.

Due to (6.5) and (1.7),the Racah coefficients have the symmetry

$$U(\tilde{\nu}_1\tilde{\nu}_2\tilde{\nu}\tilde{\nu}_3;\tilde{\nu}_{12}\tilde{\nu}_{23})_{\tau_{23}\tau'}^{\tau_{12}\tau} = \eta_1 U(\nu_1\nu_2\nu\nu_3;\nu_{12}\nu_{23})_{\tau_{23}\tau'}^{\tau_{12}\tau}. \tag{6.6a}$$

On the other hand, due to (6.3a) and (5.17b) the Racah coefficients have the symmetry

$$U(\nu_3\nu_2\nu\nu_1;\nu_{23}\nu_{12})_{\tau_{12}\tau}^{\tau_{23}\tau'} = \eta_2 U(\nu_1\nu_2\nu\nu_3;\nu_{12}\nu_{23})_{\tau_{23}\tau'}^{\tau_{12}\tau}, \tag{6.6b}$$

where the phase factors η_1 and η_2 are equal to

$$\eta_i = \varepsilon_i(\nu_1\nu_2\nu_{12}\tau_{12})\varepsilon_i(\nu_{12}\nu_3\nu\tau)\varepsilon_i(\nu_2\nu_3\nu_{23}\tau_{23})\varepsilon_i(\nu_1\nu_{23}\nu\tau'), \quad i = 1, 2. \tag{6.6c}$$

Notice that when the multiplicity is larger than one, and the multiplicity separation is based on the ad hoc orthogonal procedure, the symmetries (6.6) are in general not true.

7. The $SU(m+n) \downarrow SU(m) \times SU(n)$ Subduction Coefficients

The elegant Gel'fand basis is often referred to as the standard basis of unitary groups, however in many cases it is unfortunately not the physically required basis. One of the commonly used nonstandard basis of unitary groups is the $SU(m+n) \supset SU(m) \times SU(n)$ basis. Nevertheless the advantage of the Gel'fand basis can still be exploited if the transformation from the nonstandard basis to the standard basis is known. The transformation coefficient from the $SU(m+n) \supset SU(m) \times SU(n)$ basis to the $SU(m+n)$ Gel'fand basis is called the $SU(m+n) \downarrow SU(m) \times SU(n)$ subduction coefficient, or simply the UG-SDC (unitary group subduction coefficient). The UG-SDC was discussed in Ch-78b (re-sketched in Ch-83b) and also in Sa-82 but with a different approach.

The nonstandard basis is denoted by $|[\nu], \tau\nu_1 w_1 \nu_2 w_1\rangle$, which belongs to the irrep $[\nu]$ of $SU(m+n)$, and is the Gel'fand basis $[\nu_1]w_1$ of $SU(m)$ and $[\nu_2]w_2$ of $SU(n)$. It can be expressed in terms of the $SU(m+n)$ Gel'fand basis $|[\nu]w\rangle$,

$$|[\nu], \tau\nu_1 w_1 \nu_2 w_2\rangle = \sum_w |[\nu]w\rangle\langle[\nu]w|[\nu], \tau\nu_1 w_1 \nu_2 w_2\rangle. \tag{7.1a}$$

The expansion coefficients in (7.1a) are the UG-SDC, which satisfy the unitarity

$$\sum_w \langle[\nu]w|\nu, \tau\nu_1 w_1 \nu_2 w_2\rangle\langle[\nu]w|\nu, \tau'\nu_1' w_1' \nu_2' w_2'\rangle = \delta_{\tau\tau'}\delta_{\nu_1\nu_1'}\delta_{\nu_2\nu_2'}\delta_{w_1 w_1'}\delta_{w_2 w_2'} \tag{7.2a}$$

$$\sum_{\tau\nu_1\nu_2 w_1 w_2} \langle[\nu]w|\nu, \tau\nu_1 w_1 \nu_2 w_2\rangle\langle[\nu]w'|\nu, \tau\nu_1 w_1 \nu_2 w_2\rangle = \delta_{ww'}. \tag{7.2b}$$

The inverse of (7.1a) is

$$|[\nu]w\rangle = \sum_{\substack{\tau\nu_1\nu_2 \\ w_1 w_2}} \langle[\nu]w|\nu, \tau\nu_1 w_1 \nu_2 w_2\rangle|[\nu], \tau\nu_1 w_1 \nu_2 w_2\rangle. \tag{7.1b}$$

Similar to the process of deriving (5.14) from (2.7), from (1.4a) we can obtain

$$|[\nu], \tau\nu_1 w_1 \nu_2 w_2\rangle R^{[\nu_1]m_1}(\bar{\omega}_1^0) R^{[\nu_2]m_2}(\bar{\omega}_2^0)$$
$$= \sum_m |[\nu]w\rangle R^{[\nu]m}(\bar{\omega}^0)\langle[\nu]m|\nu, \tau\nu_1 m_1 \nu_2 m_2\rangle. \tag{7.3}$$

Comparing (7.3) with (7.1a), we get the relation between the UG-SDC and the PG-SDC,

$$\langle[\nu]w|\nu, \tau\nu_1 w_1 \nu_2 w_2\rangle = \{R^{[\nu_1]m_1}(\bar{\omega}_1^0) R^{[\nu_2]m_2}(\bar{\omega}_2^0)\}^{-1}$$
$$\sum_m{}' R^{[\nu]m}(\bar{\omega}^0)\langle[\nu]m|\nu, \tau\nu_1 m_1 \nu_2 m_2\rangle, \tag{7.4a}$$

and $(\bar{\omega}^0)$ and $(\bar{\omega}_i^0)$ are the natural order states in the Weyl tableaux w and w_i, respectively; the prime indicates that the sum is restricted to those m which gives rise to the same Weyl tableau w.

In the case when all the s.p. states in the Weyl tableau w (and thus necessarily in the Weyl tableaux w_1 and w_2) are different, Eq. (7.4a) reduces to

$$\langle[\nu]w|[\nu], \tau\nu_1 w_1 \nu_2 w_2\rangle = \langle[\nu]m|[\nu], \tau\nu_1 m_1 \nu_2 m_2\rangle, \tag{7.4b}$$

namely, the PG-SDC is just the UG-SDC for the special Gel'fand basis.

Equation (7.4a) shows that once the PG-SDC is known, the $SU(m+n)\downarrow SU(m)\times SU(n)$ SDC can be computed and the value of the UG-SDC does not depend explicitly on the ranks ($m+n$, m and n) of the unitary groups.

II. THE USE OF THE TABLES

This volume contains three types of tables: the SU(n) CG and Racah coefficients, and the SU(m + n)↓SU(m)× SU(n) subduction coefficients, referred to as CGC, RAC and SDC tables, respectively. All the entries are the square values of the coefficients with an asterisk (for CGC tables) or a minus sign (for RAC and SDC tables) denoting a negative coefficient, and blank a null one. For the CGC and SDC tables, the common denominator in each row is placed at the first column under the heading "N".

In particle physics, the irreps of SU(n) are usually labeled by their dimensions instead of partitions. Table 1 (see p.16) lists the dimensions for the irreps of SU(3)-SU(10) vs. partitions of integers up to seven (taken from It-66).

The partitions are indexed as in Table 2 (see p.17).

The CGC and SDC tables are subdivided according to the configurations which are ordered as in Table 3 (see p.17).

We define a lexical ordering for the Gel'fand basis vectors of SU(n) by considering their Gel'fand symbols as vectors

$$\mathbf{m} = (m_{1n} \ldots m_{nn}, m_{1n-1} \ldots m_{n-1 n-1}, \ldots m_{12}, m_{22}, m_{11}).$$

If the first nonvanishing component of $\mathbf{m} - \mathbf{m}'$ is positive, then the basis vector $\left| \binom{[\nu]}{(m)} \right\rangle$ precedes $\left| \binom{[\nu]}{(m')} \right\rangle$.

The components of the irreducible basis of SU(3) or SU(4) are usually labeled by a set of quantum numbers, the isospin I and its z-component I_z, the hypercharge Y and the quantum number Z (Ha-76). The relation between the Gel'fand symbol and these quantum numbers are as follows:

$$I = (m_{12} - m_{22})/2, \qquad I_z = m_{11} - (m_{12} + m_{22})/2,$$
$$Y = (m_{12} + m_{22}) - 2(m_{13} + m_{23} + m_{33})/3,$$
$$Z = (m_{13} + m_{23} + m_{33}) - 3(m_{14} + m_{24} + m_{34} + m_{44})/4.$$

The additive quantum numbers I_z, Y and Z are simply related to the flavor quark numbers of u, d, s and c,

$$I_z = (n_u - n_d)/2, \qquad Y = (n_u + n_d - 2n_s)/3,$$
$$Z = (n_u + n_d + n_s - 3n_c)/4.$$

The correspondence between the Weyl tableau and Gel'fand symbol is given by (3.3b).

As an example, Table 4 (see p.17) gives the three labeling schemes for the eight dimensional irrep [21] of SU(3) (noting the lexical ordering of the Gel'fand symbols).

1. CGC Tables

Due to the symmetry (5.17b), only the CG coefficients for $[\nu_1] \leq [\nu_2]$ are tabulated. The phase factors $\varepsilon_2(\nu_1 \nu_2 \nu_r)$ have been tabulated in Table 12 of Ch-81 and are reproduced here in Table 5 (see p.18).

The CGC tables are arranged first in the ordering of $([\nu_1], [\nu_2])$, and then of the configurations. In CGC tables the column heading is $|\nu w\rangle$ with the lexical ordering, while the row heading is $|\nu_1 w_1\rangle|\nu_2 w_2\rangle$, with the ordering first decided by the lexical ordering of the Gel'fand basis $|\nu_1 w_1\rangle$ and by that of $|\nu_2 w_2\rangle$ for given $|\nu_1 w_1\rangle$.

Some trivial CG coefficients which equal unity are omitted in the listing. The CG coefficient table for $[21] \times [21]$ with the configuration $(abcdef)$ is also omitted due to its large size. However, these CG coefficients are just the IDC of $S(6)$ and have been tabulated in Table 8f of Ch-81.

Because we use the Weyl tableau to label the Gel'fand basis of $U(n)$, the CGC table is rank-independent. For example, by letting a, b, and c be equal to the three flavor quarks u, d and s, respectively, from Table III-(22f) we obtain the following table for the SU(3) CG coefficients,

$Y_1 I_1 I_{1z}, Y_2 I_2 I_{2z}$	w_1	w_2	dim. YII_z w	27 $1\frac{3}{2}-\frac{1}{2}$ $uudd$ ds	10 $1\frac{3}{2}-\frac{1}{2}$ $uudd$ d s	27 $1\frac{1}{2}-\frac{1}{2}$ $uuds$ dd	$\overline{10}$ $1\frac{1}{2}-\frac{1}{2}$ uud dds	8 $1\frac{1}{2}-\frac{1}{2}$ uud dd (1) s	$8'$ $1\frac{1}{2}-\frac{1}{2}$ uud dd (2) s
$1\frac{1}{2}\frac{1}{2}, 01-1;$	uu d	dd s		$\frac{1}{6}$	$\frac{1}{6}$	$*\frac{1}{30}$	$\frac{1}{6}$	$\frac{3}{10}$	$\frac{1}{6}$
$1\frac{1}{2}-\frac{1}{2}, 010;$	ud d	ud s		$\frac{1}{3}$	$\frac{1}{3}$	$\frac{1}{60}$	$*\frac{1}{12}$	$*\frac{3}{20}$	$*\frac{1}{12}$
$1\frac{1}{2}-\frac{1}{2}, 000;$	ud d	us d		0	0	$\frac{9}{20}$	$\frac{1}{4}$	$\frac{1}{20}$	$*\frac{1}{4}$
$010, 1\frac{1}{2}-\frac{1}{2};$	ud s	ud d		$\frac{1}{3}$	$*\frac{1}{3}$	$\frac{1}{60}$	$\frac{1}{12}$	$*\frac{3}{20}$	$\frac{1}{12}$
$01-1, 1\frac{1}{2}\frac{1}{2};$	dd s	uu d		$\frac{1}{6}$	$*\frac{1}{6}$	$*\frac{1}{30}$	$*\frac{1}{6}$	$\frac{3}{10}$	$*\frac{1}{6}$
$000, 1\frac{1}{2}-\frac{1}{2};$	us d	ud d		0	0	$\frac{9}{20}$	$*\frac{1}{4}$	$\frac{1}{20}$	$\frac{1}{4}$

Except for the phases, this is identical with Table II of McNamee and Chilton Table II (p.1006 in Mc-64).

If we let (a, b, c) be equal to the flavor quarks (u, d, c), (u, d, b), (u, d, t), ..., (c, b, t), we can read out the CG coefficients of SU(4)–SU(8) from the same Table III-(22f).

2. RAC Table

Tables for the Racah coefficients are arranged in the ordering of the set of numbers $(f_1 f_2 f f_3; f_{12} f_{23})$. The table heading reads as follows

X-xx			$\nu = $,	$\nu_1 = $,	$\nu_{12} = $
			ν_2		
			ν_3		
		$t(t_{12}):$	....		
ν_{23}	$tp(t_{23}):$				
.	.				
.	.				

where all the v's should read as ν's, t and tp read as τ and τ', respectively. The Racah coefficients are tabulated for partitions of integers up to seven, but with the omission of the coefficients involving the triple $\Delta([21][31][421]\tau)$ and its conjugation since they cannot be converted into square roots of simple rational numbers due to the ambiguity in the multiplicity separation of the $[421] \downarrow [21] \times [31]$ SDC. If all ν's are totally symmetric or antisymmetric, then the Racah coefficient is unity and is not included in the tables.

The Racah coefficients obey the symmetry (6.6b), where the phase is given by

$\eta_2 = +1$, for multiplicity free cases and for the cases involving the triple $\Delta([21][21][321]\tau = 1)$,

$\eta_2 = -1$, for the cases involving the triple $\Delta([21][21][321]\tau = 2)$.

Therefore only the Racah coefficients for $\nu_1 \leq \nu_3$ are tabulated; the coefficients for $\nu_1 > \nu_3$ can be obtained from the symmetry (6.6b). For example, we have

$$U([21][21][421][1];[321][22])^{\tau_{12}=1} = +U([1][21][421][21];[22][321])_{\tau_{23}=1} = -\sqrt{9/40} \qquad \text{Table V-3m}$$

$$U([21][2][321][1];[32][21])_{\tau'=2} = -U([1][2][321][21];[21][32])^{\tau=2} = \sqrt{5/16} \qquad \text{Table IV-2k}$$

Since we used for $[321]\downarrow[21]\times[21]$ SDC the symmetry imposition (1.13) instead of (1.7), our Racah coefficient does not obey the symmetry (6.6a) when it involves the triple $\Delta([21][21][321]\tau)$. For example we have

$$U([1][11][321][21];[21][221])^{\tau=1} = -U([1][2][321][21];[21][32])^{\tau=2} = \sqrt{5/16} \qquad \text{Table IV-2k}$$

$$U([1][21][3211][21];[22][321])_{\tau_{23}=2} = -U([1][21][421][21];[22][321])_{\tau_{23}=1} = \sqrt{9/40} \qquad \text{Table V-3x}$$

The following is a comparison between our results and those calculated from Hecht's algebraic expression for the SU(3) Racah coefficient (He-65, Table 5).

Hecht's result $U((\lambda_1\mu_1)(\lambda_2\mu_2)(\lambda\mu)(\lambda_3\mu_3);(\lambda_{12}\mu_{12})(\lambda_{23}\mu_{23}))$	Our result $U(\nu_1\nu_2\nu\nu_3;\nu_{12}\nu_{23})$	
$U((20)(11)(51)(20);(31)(31)) = 1$	$U([2][21][61][2];[41][41]) = 1$	V-8b
$U((20)(20)(22)(20);(40)(40)) = \frac{1}{6}$	$U([2][2][42][2];[4][4]) = \frac{1}{6}$	IV-6d
$U((20)(20)(22)(20);(40)(02)) = \sqrt{\frac{5}{9}}$	$U([2][2][42][2];[4][22]) = \sqrt{\frac{5}{9}}$	IV-6d
$U((20)(20)(22)(20);(02)(02)) = \frac{1}{3}$	$U([2][2][42][2];[22][22]) = \frac{1}{3}$	IV-6g
$U((20)(20)(30)(20);(21)(21)) = -1$	$U([2][2][411][2];[31][31]) = 1$	IV-6i
$U((01)(20)(11)(20);(21)(21)) = \sqrt{\frac{3}{8}}$	$U([11][2][321][2];[31][31]) = \sqrt{\frac{3}{8}}$	IV-6r
$U((11)(20)(02)(20);(12)(21)) = \frac{1}{2}$	$U([21][2][331][2];[32][31]) = \frac{1}{2}$	V-7ad
$U((11)(20)(02)(20);(20)(21)) = \sqrt{\frac{3}{4}}$	$U([21][2][331][2];[311][31]) = \sqrt{\frac{3}{4}}$	V-7ad

We see that our results are identical with Hecht's SU(3) Racah coefficients up to phases for the multiplicity-free case.

3. SDC Table

The tables are arranged first in the ordering of $[\nu]$, and then of the configurations. The row heading is the Gel'fand basis $[\nu]w$, and the column heading is the $SU(m+n) \supset SU(m) \times SU(n)$ basis labeled by $[\nu_1]w_1[\nu_2]w_2$, (where we omit the irrep label $[\nu]$), both are in the lexical ordering. For example, from Table II-1b, we can read

$$\left|[31]; a, \begin{matrix}bb\\c\end{matrix}\right\rangle = \sqrt{\frac{8}{9}}\left|\begin{matrix}abb\\c\end{matrix}\right\rangle - \sqrt{\frac{1}{9}}\left|\begin{matrix}abc\\b\end{matrix}\right\rangle,$$

$$\left|\begin{matrix}abb\\c\end{matrix}\right\rangle = \sqrt{\frac{1}{9}}|[31]; a, bbc\rangle + \sqrt{\frac{1}{9}}\left|[31]; a, \begin{matrix}bb\\c\end{matrix}\right\rangle.$$

The following $SU(m+n) \downarrow SU(m) \times SU(n)$ SDC are trivial and have not been included in the tables:

(i) For $[\nu_2] = [1]$

$$\langle \nu w | \nu, \nu_1 w_1 \nu_2 w_2 \rangle = \delta_{(w)_1 w_1},$$

where $(w)_1$ is the Weyl tableau resulting from deleting the single particle (s.p.) state i_{m+1} in the Weyl tableau w.

(ii) For $[\nu_2] = [2]$ or $[11]$

(a) Suppose that the s.p. states i_{m+1} and i_{m+2} are either in the same row (including the case of $i_{m+1} = i_{m+2}$) or in the same column of the Weyl tableau w, then

$$\langle \nu w | \nu, \nu_1 w_1 \nu_2 w_2 \rangle = \delta_{(w)_1 w_1},$$

where $(w)_1$ is the Weyl tableau resulting from deleting the s.p. states i_{m+1} and i_{m+2} in the Weyl tableau w.

(b) Suppose that the s.p. states i_{m+1} and i_{m+2} are neither in the same row nor the same column of the Weyl tableau w. If w' is the Weyl tableau resulting from an interchange of i_{m+1} and i_{m+2} in w, and w precedes w' then we have the special SDC table

	w	w'
$(w)_1$, $\boxed{a\,b}$	$\left(\dfrac{\sigma-1}{2\sigma}\right)^{1/2}$	$\left(\dfrac{\sigma+1}{2\sigma}\right)^{1/2}$
$(w)_1$, $\boxed{\begin{array}{c}a\\b\end{array}}$	$\left(\dfrac{\sigma+1}{2\sigma}\right)^{1/2}$	$-\left(\dfrac{\sigma-1}{2\sigma}\right)^{1/2}$

where $\sigma > 0$ is the absolute axial distance between i_{m+1} and i_{m+2} in the Weyl tableau w or w'.

Table 1 Dimensions of irreps of S(f) and SU(3)−SU(10)

	S(f)	SU(3)	SU(4)	SU(5)	SU(6)	SU(7)	SU(8)	SU(9)	SU(10)
[1]	1	3	4	5	6	7	8	9	10
[2]	1	6	10	15	21	28	36	45	55
$[1^2]$	1	3	6	10	15	21	28	36	45
[3]	1	10	20	35	56	84	120	165	220
[2,1]	2	8	20	40	70	112	168	240	330
$[1^3]$	1	1	4	10	20	35	56	84	120
[4]	1	15	35	70	126	210	330	495	715
[3,1]	3	15	45	105	210	378	630	990	1485
$[2^2]$	2	6	20	50	105	196	336	540	825
$[2,1^2]$	3	3	15	45	105	210	378	630	990
$[1^4]$	1	*	1	5	15	35	70	126	210
[5]	1	21	56	126	252	462	792	1287	2002
[4,1]	4	24	84	224	504	1008	1848	3168	5148
[3,2]	5	15	60	175	420	882	1680	2970	4950
$[3,1^2]$	6	6	36	126	336	756	1512	2772	4752
$[2^2,1]$	5	3	20	75	210	490	1008	1890	3300
$[2,1^3]$	4	*	4	24	84	224	504	1008	1848
$[1^5]$	1	*	*	1	6	21	56	126	252
[6]	1	28	84	210	462	924	1716	3003	5005
[5,1]	5	35	140	420	1050	2310	4620	8580	15015
[4,2]	9	27	126	420	1134	2646	5544	10692	19305
$[4,1^2]$	10	10	70	280	840	2100	4620	9240	17160
$[3^2]$		10	50	175	490	1176	2520	4950	9075
[3,2,1]	16	8	64	280	896	2352	5376	11088	21120
$[3,1^3]$	10	*	10	70	280	840	2100	4620	9240
$[2^3]$	5	1	10	50	175	490	1176	2520	4950
$[2^2 1^2]$	9	*	6	45	189	588	1512	3402	6930
$[2,1^4]$	5	*	*	5	35	140	420	1050	2310
$[1^6]$	1	*	*	*	1	7	28	84	210
[7]	1	36	120	330	792	1716	3432	6435	11440
[6,1]	6	48	216	720	1980	4752	10296	20592	38610
[5,2]	14	42	224	840	2520	6468	14784	30888	60060
$[5,1^2]$	15	15	120	540	1800	4950	11880	25740	51480
[4,3]	14	24	140	560	1764	4704	11088	23760	47190
[4,2,1]	35	15	140	700	2520	7350	18480	41580	85800
$[4,1^3]$	20	*	20	160	720	2400	6600	15840	34320
$[3^2,1]$	21	6	60	315	1176	3528	9072	20790	43560
$[3,2^2]$	21	3	36	210	840	2646	7056	16632	35640
$[3,2,1^2]$	35	*	20	175	840	2940	8400	20790	46200
$[3,1^4]$	15	*	*	15	120	540	1800	4950	11880
$[2^3,1]$	14	*	4	40	210	784	2352	6048	13860
$[2^2,1^3]$	14	*	*	10	84	392	1344	3780	9240
$[2,1^5]$	6	*	*	*	6	48	216	720	1980
$[1^7]$	1	*	*	*	*	1	8	36	120

Table 2 The indexing of the partitions

part.	[1];	[2]	[11];	[3]	[21]	$[1^3]$;	[4]	[31]	[22]	[211]	$[1^4]$
index	(1,1)	(2,1)	(2,2)	(3,1)	(3,2)	(3,3)	(4,1)	(4,2)	(4,3)	(4,4)	(4,5)
part.	[5]	[41]	[32]	[311]	[221]	$[21^3]$	$[1^5]$;	[6]	[51]	[42]	[411]
index	(5,1)	(5,2)	(5,3)	(5,4)	(5,5)	(5,6)	(5,7)	(6,1)	(6,2)	(6,3)	(6,4)
part.	[33]	[321]	$[31^3]$	[222]	$[2^21^2]$	$[21^4]$	$[1^6]$;	[7]	[61]	[52]	[511]
index	(6,5)	(6,6)	(6,7)	(6,8)	(6,9)	(6,10)	(6,11)	(7,1)	(7,2)	(7,3)	(7,4)
part.	[43]	[421]	$[41^3]$	$[3^21]$	$[32^2]$	$[321^2]$	$[31^4]$	$[2^31]$	$[2^21^3]$	$[21^5]$	$[1^7]$
index	(7,5)	(7,6)	(7,7)	(7,8)	(7,9)	(7,10)	(7,11)	(7,12)	(7,13)	(7,14)	(7,15)

Table 3 The ordering of configurations

$f = 3$: a^2b, ab^2, abc; $f = 4$: a^3b, ab^3, a^2b^2, a^2bc, ab^2c, abc^2, $abcd$;

$f = 5$: a^4b, ab^4, a^3b^2, a^2b^3, a^3bc, ab^3c, abc^3, a^2b^2c, a^2bc^2, ab^2c^2, a^2bcd, ab^2cd, abc^2d, $abcd^2$, $abcde$

$f = 6$: a^5b, ab^5, a^4b^2, a^2b^4, a^4bc, ab^4c, abc^4, a^3b^3, a^3b^2c, a^3bc^2, a^2b^3c, a^2bc^3, ab^3c^2, ab^2c^3, a^3bcd, ab^3cd, abc^3d, $abcd^3$, $a^2b^2c^2$, a^2b^2cd, a^2bc^2d, a^2bcd^2, ab^2c^2d, ab^2cd^2, abc^2d^2, a^2bcde, ab^2cde, abc^2de, $abcd^2e$, $abcde^2$, $abcdef$

Table 4 Three labeling schemes for the irrep [21] of SU(3)

Particles	P	N	Σ^+	Σ^0	Σ^-	Λ	Ξ^0	Ξ^-
(II_z, Y)	$(\frac{1}{2}, \frac{1}{2}, 1)$	$(\frac{1}{2}, -\frac{1}{2}, 1)$	$(1, 1, 0)$	$(1, 0, 0)$	$(1, -1, 0)$	$(0, 0, 0)$	$(\frac{1}{2}, \frac{1}{2}, -1)$	$(\frac{1}{2}, -\frac{1}{2}, -1)$
Weyl Tableaux	$\begin{array}{\|c\|c\|} \hline u & u \\ \hline d \\ \cline{1-1} \end{array}$	$\begin{array}{\|c\|c\|} \hline u & d \\ \hline d \\ \cline{1-1} \end{array}$	$\begin{array}{\|c\|c\|} \hline u & u \\ \hline s \\ \cline{1-1} \end{array}$	$\begin{array}{\|c\|c\|} \hline u & d \\ \hline s \\ \cline{1-1} \end{array}$	$\begin{array}{\|c\|c\|} \hline d & d \\ \hline s \\ \cline{1-1} \end{array}$	$\begin{array}{\|c\|c\|} \hline u & s \\ \hline d \\ \cline{1-1} \end{array}$	$\begin{array}{\|c\|c\|} \hline u & s \\ \hline s \\ \cline{1-1} \end{array}$	$\begin{array}{\|c\|c\|} \hline d & s \\ \hline s \\ \cline{1-1} \end{array}$
Gel'fand symbols	$\begin{pmatrix} 2 & 1 & 0 \\ & 2 & 1 \\ & & 2 \end{pmatrix}$	$\begin{pmatrix} 2 & 1 & 0 \\ & 2 & 1 \\ & & 1 \end{pmatrix}$	$\begin{pmatrix} 2 & 1 & 0 \\ & 2 & 0 \\ & & 2 \end{pmatrix}$	$\begin{pmatrix} 2 & 1 & 0 \\ & 2 & 0 \\ & & 1 \end{pmatrix}$	$\begin{pmatrix} 2 & 1 & 0 \\ & 2 & 0 \\ & & 0 \end{pmatrix}$	$\begin{pmatrix} 2 & 1 & 0 \\ & 1 & 1 \\ & & 1 \end{pmatrix}$	$\begin{pmatrix} 2 & 1 & 0 \\ & 1 & 0 \\ & & 1 \end{pmatrix}$	$\begin{pmatrix} 2 & 1 & 0 \\ & 1 & 0 \\ & & 0 \end{pmatrix}$

Table 5 The phase factors $\epsilon_2(\nu_1 \nu_2 \nu_\tau)$

$[\nu_1][\nu_2]$	$[\nu]$	ϵ_2	$[\nu_1][\nu_2]$	$[\nu]$	ϵ_2	$[\nu_1][\nu_2]$	$[\nu]$	ϵ_2
[1][1]	[2]	1	[1³][11]	[221]	1	[1⁴][2]	[31³]	1
	[11]	−1		[21³]	1		[21⁴]	1
				[1⁵]	1			
[2][1]	[3]	1				[31][2]	[51]	1
	[21]	−1	[3][11]	[41]	1		[42]	−1
				[311]	1		[411]	1
[1²][1]	[1³]	1					[33]	1
	[21]	1	[1³][2]	[311]	1		[321]	−1
				[21³]	−1			
[3][1]	[4]	1				[22][2]	[42]	1
	[31]	−1	[21][2]	[41]	1		[321]	−1
				[32]	−1		[222]	1
[1³][11]	[1⁴]	−1		[311]	1			
	[211]	1		[221]	−1	[211][2]	[411]	1
							[321]	−1
[2][2]	[4]	1	[21][11]	[32]	1		[31³]	−1
	[31]	−1		[311]	−1		[2²1²]	1
	[22]	1		[221]	−1			
				[21³]	1	[3][3]	[6]	1
[1²][1²]	[1⁴]	1					[51]	−1
	[211]	−1	[5][1]	[6]	1		[42]	1
	[22]	1		[51]	−1		[33]	−1
[2][11]	[31]	1	[1⁵][1]	[21⁴]	1	[3][1³]	[411]	1
	[211]	1		[1⁶]	−1		[31³]	−1
[21][1]	[31]	1	[41][1]	[51]	1		[2³]	1
	[211]	1		[42]	−1	[1³][1³]	[2²1²]	−1
	[22]	−1		[411]	1		[21⁴]	1
							[1⁶]	−1
[4][1]	[5]	1	[32][1]	[42]	1			
	[41]	−1		[33]	−1	[21][3]	[51]	1
				[321]	1		[42]	−1
[1⁴][1]	[21³]	1					[411]	1
	[1⁵]	1	[311][1]	[411]	1		[321]	−1
				[321]	−1			
[31][1]	[41]	1		[31³]	−1	[21][21]	[42]	1
	[32]	−1					[411]	−1
	[311]	1	[221][1]	[321]	1		[33]	−1
				[222]	1		[321α]	1
[211][1]	[311]	1		[2²1²]	−1		[321β]	−1
	[221]	−1					[2³]	1
	[21³]	−1	[21³][1]	[31³]	1		[31³]	1
				[2²1²]	−1		[2²1²]	−1
[22][1]	[32]	1		[21⁴]	1			
	[221]	1						
			[4][2]	[6]	1			
[3][2]	[5]	1		[51]	−1			
	[41]	−1		[42]	1			
	[32]	1						

III. TABLES

1. Tables of the SU(n) Clebsch-Gordan Coefficients

I. TABLE I, f=2,3,4

    TABLE I-1   [1]x[1]
    TABLE I-2   [1]x[2]
    TABLE I-3   [1]x[3]
    TABLE I-4   [2]x[2]
    TABLE I-5   [2]x[11]
    TABLE I-6   [1]x[21]
    TABLE I-7   [11]x[11]

II. TABLE II, f=5

    TABLE II-1   [1]x[4]
    TABLE II-2   [1]x[31]
    TABLE II-3   [1]x[22]
    TABLE II-4   [1]x[211]
    TABLE II-5   [2]x[3]
    TABLE II-6   [2]x[21]
    TABLE II-7   [2]x[111]
    TABLE II-8   [11]x[3]
    TABLE II-9   [11]x[21]
    TABLE II-10   [11]x[111]

III. TABLE III, f=6

    TABLE III-1   [1]x[5]
    TABLE III-2   [1]x[41]
    TABLE III-3   [1]x[32]
    TABLE III-4   [1]x[311]
    TABLE III-5   [1]x[221]
    TABLE III-6   [1]x[2111]
    TABLE III-7   [2]x[4]
    TABLE III-8   [2]x[31]
    TABLE III-9   [2]x[22]
    TABLE III-10   [2]x[211]
    TABLE III-11   [2]x[1111]
    TABLE III-12   [11]x[4]
    TABLE III-13   [11]x[31]
    TABLE III-14   [11]x[22]
    TABLE III-15   [11]x[211]
    TABLE III-16   [11]x[1111]
    TABLE III-17   [3]x[3]
    TABLE III-18   [3]x[21]
    TABLE III-19   [3]x[111]
    TABLE III-20   [111]x[21]
    TABLE III-21   [111]x[111]

THE ORDERING OF (w)

	f=5		f=6
1.	aaaab	1.	aaaaab
2.	abbbb	2.	abbbbb
3.	aaabb	3.	aaaabb
4.	aabbb	4.	aabbbb
5.	aaabc	5.	aaaabc
6.	abbbc	6.	abbbbc
7.	abccc	7.	abcccc
8.	aabbc	8.	aaabbb
9.	aabcc	9.	aaabbc
10.	abbcc	10.	aaabcc
11.	aabcd	11.	aabbbc
12.	abbcd	12.	aabccc
13.	abccd	13.	abbbcc
14.	abcdd	14.	abbccc
15.	abcde	15.	aaabcd
		16.	abbbcd

TABLE I-1 [1]x[1]

(1a). ab

	N	a b	b a
ab	2	1	1
a b	2	1	*1

TABLE I-2 [1]x[2]

(2a). aab   [1]X[2]=[3]+[21]

	N	a ab	b aa
aab	3	2	1
aa b	3	1	*2

(2b). abb

	N	a bb	b ab
abb	3	1	2
ab b	3	2	*1

(2c). abc

	N	a bc	b ac	c ab
abc	3	1	1	1
ab c	6	1	1	*4
ac b	2	1	*1	0

TABLE I-3 [1]x[3]

(3a). aaab   [1]X[3]=[4]+[31]

	N	a aab	b aaa
aaab	4	3	1
aaa b	4	1	*3

(3b). abbb

	N	a bbb	b abb
abbb	4	1	3
abb b	4	3	*1

(3c). aabb

	N	a abb	b aab
aabb	2	1	1
aab b	2	1	*1

(3d). aabc

	N	a abc	b aac	c aab
aabc	4	2	1	1
aab c	12	2	1	*9
aac b	3	1	*2	0

(3e). abbc

	N	a bbc	b abc	c abb
abbc	4	1	2	1
abb c	12	1	2	*9
abc b	3	2	*1	0

(3f). abcc

	N	a bcc	b acc	c abc
abcc	4	1	1	2
abc c	4	1	1	*2
acc b	2	1	*1	0

(3g). abcd

	N	a bcd	b acd	c abd	d abc
abcd	4	1	1	1	1
abc d	12	1	1	1	*9
abd c	6	1	1	*4	0
acd b	2	1	*1	0	0

TABLE I-4 [2]x[2]

(4a). aaab   [2]X[2]=[4]+[31]

	N	aa ab	ab aa
aaab	2	1	1
aaa b	2	1	*1

(4b). abbb

	N	ab bb	bb ab
abbb	2	1	1
abb b	2	1	*1

(4c). aabb   [2]X[2]=[4]+[31]+[22]

	N	aa bb	ab ab	bb aa
aabb	6	1	4	1
aab b	2	1	0	*1
aa bb	3	1	*1	1

(4d). aabc

	N	aa bc	ab ac	ac ab	bc aa
aabc	6	1	2	2	1
aab c	6	1	2	*2	*1
aac b	6	2	*1	1	*2
aa bc	6	2	*1	*1	2

(4e). abbc

	N	ab bc	ac bb	bb ac	bc ab
abbc	6	2	1	1	2
abbc	6	2	*1	1	*2
abcb	6	1	2	*2	*1
abbc	6	1	*2	*2	1

(4f). abcc

	N	ab cc	ac bc	bc ac	cc ab
abcc	6	1	2	2	1
abcc	2	1	0	0	*1
accb	2	0	1	*1	0
abcc	6	2	*1	*1	2

(4g). abcd

	N	ab cd	ac bd	bc ad	ad bc	bd ac	cd ab
abcd	6	1	1	1	1	1	1
abcd	6	1	1	1	*1	*1	*1
abdc	12	4	*1	*1	1	1	*4
acdb	4	0	1	*1	1	*1	0
abcd	12	4	*1	*1	*1	*1	4
acbd	4	0	1	*1	*1	1	0

TABLE I-5 [2]×[11]

(5a). aabc   [2]X[11]=[31]+[211]

	N	aa b c	ab a c	ac a b
aabc	3	1	2	0
aacb	12	*2	1	9
aabc	4	2	*1	1

(5b). abbc

	N	ab b c	bb a c	bc a b
abbc	3	2	1	0
abcb	12	*1	2	9
abbc	4	1	*2	1

(5c). abcc

	N	ac b c	bc a c	cc a b
abcc	2	1	1	0
accb	4	*1	1	2
acbc	4	1	*1	2

(5d). abcd

	N	ab c d	ac b d	bc a d	ad b c	bd a c	cd a b
abcd	3	1	1	1	0	0	0
abdc	24	*4	1	1	9	9	0
acdb	8	0	*1	1	*1	1	4
abcd	8	4	*1	*1	1	1	0
acbd	24	0	9	*9	*1	1	4
adbc	3	0	0	0	1	*1	1

TABLE I-6 [1]×[21]

(6a). aabc   [1]X[21]=[31]+[22]+[211]

	N	a ab c	a ac b	b aa c	c aa b
aabc	3	0	2	1	0
aacb	48	27	*1	2	18
aabc	8	3	1	*2	*2
aabc	16	*1	3	*6	6

(6b). abbc

	N	a bb c	b ab c	b ac b	c ab b
abbc	3	0	1	2	0
abcb	48	27	*2	1	18
abbc	8	3	2	*1	*2
abbc	16	*1	6	*3	6

(6c). abcc

	N	a bc c	b ac c	c ab c	c ac b
abcc	4	1	1	0	2
accb	8	*1	1	6	0
abcc	4	1	1	0	*2
accb	8	3	*3	2	0

(6d). abcd

	N	a bc d	a bd c	b ac d	b ad c	c ab d	c ad b	d ab c	d ac b
abcd	3	1	0	1	0	1	0	0	0
abdc	96	*1	27	*1	27	4	0	36	0
acdb	32	*1	*3	1	3	0	12	0	12
abcd	16	1	3	1	3	*4	0	*4	0
acbd	16	3	*1	*3	1	0	4	0	*4
abcd	32	3	*1	3	*1	*12	0	12	0
acbd	96	27	1	*27	*1	0	*4	0	36
adbc	3	0	1	0	*1	0	1	0	0

TABLE I-7 [11]×[11]

(7a). aabc

	N	a a b c	a a c b
aabc	2	1	1
aabc	2	1	*1

(7b). abbc

	N	a b b c	b a c b
abbc	2	1	1
abbc	2	1	*1

(7c). abcc

	N	a b c c	b a c c
abcc	2	1	1
abcc	2	1	*1

CGC Tables II-1 (1a) — II-2 (2e)

TABLE II-1   [1]X[4]

(1a). aaaab

	a aaab	b aaaa
aaaab	4/5	1/5
aaaab	1/5	*4/5

(1b). abbbb

	a bbbb	b abbb
abbbb	1/5	4/5
abbbb	4/5	*1/5

(1c). aaabb

	a aabb	b aaab
aaabb	3/5	2/5
aaabb	2/5	*3/5

(1d). aabbb

	a abbb	b aabb
aabbb	2/5	3/5
aabbb	3/5	*2/5

(1e). aaabc

	a aabc	b aaac	c aaab
aaabc	3/5	1/5	1/5
aaabc	3/20	1/20	*4/5
aaac b	1/4	*3/4	0

(1f). abbbc

	a bbbc	b abbc	c abbb
abbbc	1/5	3/5	1/5
abbbc	1/20	3/20	*4/5
abbc b	3/4	*1/4	0

(1g). abccc

	a bccc	b accc	c abcc
abccc	1/5	1/5	3/5
abccc	3/10	3/10	*2/5
accc b	1/2	*1/2	0

(1h). aabbc

	a abbc	b aabc	c aabb
aabbc	2/5	2/5	1/5
aabbc	1/10	1/10	*4/5
aabc b	1/2	*1/2	0

(1i). aabcc

	a abcc	b aacc	c aabc
aabcc	2/5	1/5	2/5
aabcc	4/15	2/15	*3/5
aacc b	1/3	*2/3	0

(1j). abbcc

	a bbcc	b abcc	c abbc
abbcc	1/5	2/5	2/5
abbcc	2/15	4/15	*3/5
abcc b	2/3	*1/3	0

(1k). aabcd

	a abcd	b aacd	c aabd	d aabc
aabcd	2/5	1/5	1/5	1/5
aabcd	1/10	1/20	1/20	*4/5
aabd c	1/6	1/12	*3/4	0
aacd b	1/3	*2/3	0	0

(1l). abbcd

	a bbcd	b abcd	c abbd	d abbc
abbcd	1/5	2/5	1/5	1/5
abbcd	1/20	1/10	1/20	*4/5
abbd c	1/12	1/6	*3/4	0
abcd b	2/3	*1/3	0	0

(1m). abccd

	a bccd	b accd	c abcd	d abcc
abccd	1/5	1/5	2/5	1/5
abccd	1/20	1/20	1/10	*4/5
abcd c	1/4	1/4	1/2	0
accd b	1/2	*1/2	0	0

(1n). abcdd

	a bcdd	b acdd	c abdd	d abcd
abcdd	1/5	1/5	1/5	2/5
abcdd	2/15	2/15	2/15	*3/5
abdd c	1/6	1/6	*2/3	0
acdd b	1/2	*1/2	0	0

(1o). abcde

	N	a bcde	b acde	c abde	d abce	e abcd
abcde	5	1	1	1	1	1
abcd e	20	1	1	1	1	*16
abce d	12	1	1	1	*9	0
abde c	6	1	1	*4	0	0
acde b	2	1	*1	0	0	0

TABLE II-2   [1]X[31]

(2a). aaabb

	a aab b	b aaa b
aaab b	2/3	1/3
aaa bb	1/3	*2/3

(2b). aabbb

	a abb b	b aab b
aabb b	1/3	2/3
aab bb	2/3	*1/3

(2c). aaabc

	a aab c	a aac b	b aaa c	c aaa b
aaab c	3/4	0	1/4	0
aaac b	*1/180	32/45	1/60	4/45
aaa bc	1/9	2/9	*1/3	*1/3
aaa cb	2/15	*1/15	*2/5	2/5

(2d). abbbc

	a bbb c	b abb c	b abc b	c abb b
abbb c	1/4	3/4	0	0
abbc b	*1/60	1/180	32/45	4/15
abb bc	1/3	*1/9	2/9	*1/3
abb cb	2/5	*2/15	*1/15	2/5

(2e). abccc

	a bcc c	b acc c	c abc c	c acc b
abcc c	1/6	1/6	2/3	0
accc b	*1/10	1/10	0	4/5
abc cc	1/3	1/3	*1/3	0
acc bc	2/5	*2/5	0	1/5

CGC Tables II-2 (2f) — (21)

(2f). aabbc

	a abb c	a abc b	b aab c	b aac b	c aab b
aabb c	1/2	0	1/2	0	0
aabc b	*1/90	16/45	1/90	16/45	4/15
aab bc	2/9	1/9	*2/9	1/9	*1/3
aac bb	0	1/2	0	*1/2	0
aab b c	4/15	*1/30	*4/15	*1/30	2/5

(2g). aabcc

	a abc c	a acc b	b aac c	c aab c	c aac b
aabc c	4/9	0	2/9	1/3	0
aacc b	*1/45	2/5	2/45	0	8/15
aab cc	2/9	0	1/9	*2/3	0
aac bc	1/9	1/2	*2/9	0	1/6
aac b c	1/5	*1/10	*2/5	0	3/10

(2h). abbcc

	a bbc c	b abc c	b acc b	c abb c	c abc b
abbc c	2/9	4/9	0	1/3	0
abcc b	*2/45	1/45	2/5	0	8/15
abb cc	1/9	2/9	0	*2/3	0
abc bc	2/9	*1/9	1/2	0	*1/6
abc b c	2/5	*1/5	*1/10	0	3/10

(2i). aabcd

	a abc d	a abd c	a acd b	b aac d	b aad c	c aab d
aabc d	1/2	0	0	1/4	0	1/4
aabd c	*1/270	64/135	0	*1/540	32/135	1/60
aacd b	*1/135	*2/135	2/5	2/135	4/135	0
aab cd	2/27	4/27	0	1/27	2/27	*1/3
aac bd	4/27	*1/216	1/8	*8/27	1/108	0
aad bc	0	1/8	3/8	0	*1/4	0
aab c d	4/45	*2/45	0	2/45	*1/45	*2/5
aac b d	8/45	1/720	*3/80	*16/45	*1/360	0
aad b c	0	3/16	*1/16	0	*3/8	0

(2j). abbcd

	a bbc d	a bbd c	b abc d	b abd c	b acd b	c abb d
abbc d	1/4	0	1/2	0	0	1/4
abbd c	*1/540	32/135	*1/270	64/135	0	1/60
abcd b	*2/135	*4/135	1/135	2/135	2/5	0
abb cd	1/27	2/27	2/27	4/27	0	*1/3
abc bd	8/27	*1/108	*4/27	1/216	1/8	0
abd bc	0	1/4	0	*1/8	3/8	0
abb c d	2/45	*1/45	4/45	*2/45	0	*2/5
abc b d	16/45	1/360	*8/45	*1/720	*3/80	0
abd b c	0	3/8	0	*3/16	*1/16	0

(2k). abccd

	a bcc d	a bcd c	b acc d	b acd c	c abc d	c abd c	c acd b	d abc c
abcc d	1/4	0	1/4	0	1/2	0	0	0
abcd c	*1/180	8/45	*1/180	8/45	1/90	16/45	0	4/15
accd b	*1/90	*4/45	1/90	4/45	0	0	8/15	0
abc cd	1/9	1/18	1/9	1/18	*2/9	1/9	0	*1/3
acc bd	2/9	*1/36	*2/9	1/36	0	0	1/6	0
abd cc	0	1/4	0	1/4	0	*1/2	0	0
abc c d	2/15	*1/60	2/15	*1/60	*4/15	*1/30	0	2/5
acc b d	4/15	1/120	*4/15	*1/120	0	0	*1/20	0
acd b c	0	3/8	0	*3/8	0	0	1/4	0

(2l). abcdd

	a bcd d	a bdd c	b acd d	b add c	c abd d	c add b	d abc d	d abd c	d acd b
abcd d	2/9	0	2/9	0	2/9	0	1/3	0	0
abdd c	*1/90	1/5	*1/90	1/5	2/45	0	0	8/15	0
acdd b	*1/30	*1/15	1/30	1/15	0	4/15	0	0	8/15
abc dd	1/9	0	1/9	0	1/9	0	*2/3	0	0
abd cd	1/18	1/4	1/18	1/4	*2/9	0	0	*1/6	0
acd bd	1/6	*1/12	*1/6	1/12	0	1/3	0	0	*1/6
abd c d	1/10	*1/20	1/10	*1/20	*2/5	0	0	3/10	0
acd b d	3/10	1/60	*3/10	*1/60	0	*1/15	0	0	3/10
add b c	0	1/3	0	*1/3	0	1/3	0	0	0

CGC Table II-2 (2m)

(2m), abcde   [1] × [31] = [41] + [32] + [311]

	N	a bcd e	a bce d	a bde c	b acd e	b ace d	b ade c	c abd e	c abe d	c ade b	d abc e	d abe c	d ace b	e abc d	e abd c	e acd b
abcd/e	4	1	0	0	1	0	0	1	0	0	1	0	0	0	0	0
abce/d	540	*1	128	0	*1	128	0	*1	128	0	9	0	0	144	0	0
abde/c	270	*1	*2	54	*1	*2	54	4	8	0	0	72	0	0	72	0
acde/b	90	*1	*2	*6	1	2	6	0	0	24	0	0	24	0	0	24
abc/de	27	1	2	0	1	2	0	1	2	0	*9	0	0	*9	0	0
abd/ce	432	32	*1	27	32	*1	27	*128	4	0	0	36	0	0	*144	0
acd/be	144	32	*1	*3	*32	1	3	0	0	12	0	0	12	0	0	*48
abe/cd	16	0	1	3	0	1	3	0	*4	0	0	*4	0	0	0	0
ace/bd	16	0	3	*1	0	*3	1	0	0	4	0	0	*4	0	0	0
abc/d/e	45	2	*1	0	2	*1	0	2	*1	0	*18	0	0	18	0	0
abd/c/e	1440	128	1	*27	128	1	*27	*512	*4	0	0	*36	0	0	576	0
acd/b/e	480	128	1	3	*128	*1	*3	0	0	*12	0	0	*12	0	0	192
abe/c/d	32	0	3	*1	0	3	*1	0	*12	0	0	12	0	0	0	0
ace/b/d	96	0	27	1	0	*27	*1	0	0	*4	0	0	36	0	0	0
ade/b/c	3	0	0	1	0	0	*1	0	0	1	0	0	0	0	0	0

CGC Tables II-3 (3a) — II-4 (4c)

TABLE II-3   [1]X[22]

(3a). aabbc

	a ab bc	b aa bc	c aa bb
aab bc	1/2	1/2	0
aac bb	*1/4	1/4	1/2
aa bb c	1/4	*1/4	1/2

(3b). aabcc

	a ab cc	b aa cc	c aa bc
aab cc	2/3	1/3	0
aac bc	*1/12	1/6	3/4
aa bc c	1/4	*1/2	1/4

(3c). abbcc

	a bb cc	b ab cc	c ab bc
abb cc	1/3	2/3	0
abc bc	*1/6	1/12	3/4
ab bc c	1/2	*1/4	1/4

(3d). aabcd

	a ab cd	a ac bd	b aa cd	c aa bd	d aa bc
aab cd	2/3	0	1/3	0	0
aac bd	*1/48	9/16	1/24	3/8	0
aad bc	*1/16	*3/16	1/8	1/8	1/2
aa bc d	1/16	3/16	*1/8	*1/8	1/2
aa bd c	3/16	*1/16	*3/8	3/8	0

(3e). abbcd

	a bb cd	b ab cd	b ac bd	c ab bd	d ab bc
abb cd	1/3	2/3	0	0	0
abc bd	*1/24	1/48	9/16	3/8	0
abd bc	*1/8	1/16	*3/16	1/8	1/2
ab bc d	1/8	*1/16	3/16	*1/8	1/2
ab bd c	3/8	*3/16	*1/16	3/8	0

(3f). abccd

	a bc cd	b ac cd	c ab cd	c ac bd	d ab cc
abc cd	1/4	1/4	1/2	0	0
acc bd	*1/8	1/8	0	3/4	0
abd cc	*1/8	*1/8	1/4	0	1/2
ab cc d	1/8	1/8	*1/4	0	1/2
ac bd c	3/8	*3/8	0	1/4	0

(3g). abcdd

	a bc dd	b ac dd	c ab dd	d ab cd	d ac bd
abc dd	1/3	1/3	1/3	0	0
abd cd	*1/24	*1/24	1/6	3/4	0
acd bd	*1/8	1/8	0	0	3/4
ab cd d	1/8	1/8	*1/2	1/4	0
ac bd d	3/8	*3/8	0	0	1/4

(3h). abcde   [1]x[22]=[32]+[221]

	N	a bc de	a bd ce	b ac de	b ad ce	c ab de	c ad be	d ab ce	d ac be	e ab cd	e ac bd
abc de	3	1	0	1	0	1	0	0	0	0	0
abd ce	96	*1	27	*1	27	4	0	36	0	0	0
acd be	32	*1	*3	1	3	0	12	0	12	0	0
abe cd	32	*1	*3	*1	*3	4	0	4	0	16	0
ace bd	32	*3	1	3	*1	0	*4	0	4	0	16
ab cd e	32	1	3	1	3	*4	0	*4	0	16	0
ac bd e	32	3	*1	*3	1	0	4	0	*4	0	16
ab ce d	32	3	*1	3	*1	*12	0	12	0	0	0
ac be d	96	27	1	*27	*1	0	*4	0	36	0	0
ad be c	3	0	1	0	*1	0	1	0	0	0	0

TABLE II-4   [1]X[211]

(4a). aabbc

	a ab b c	b aa b c
aab b c	1/2	1/2
aa bb c	1/2	*1/2

(4b). aabcc

	a ac b c	c aa b c
aac b c	1/2	1/2
aa bc c	1/2	*1/2

(4c). abbcc

	b ac b c	c ab b c
abc b c	1/2	1/2
ab bc c	1/2	*1/2

CGC Tables II-4 (4d) — (4h)

(4d). aabcd

	a ab c d	a ac b d	a ad b c	b aa c d	c aa b d	d aa b c
aab c d	2/3	0	0	1/3	0	0
aac b d	*1/48	9/16	0	1/24	3/8	0
aad b c	1/80	*1/240	8/15	*1/40	1/40	2/5
aa bc d	1/8	3/8	0	*1/4	*1/4	0
aa bd c	*1/24	1/72	4/9	1/12	*1/12	*1/3
aa b c d	2/15	*2/45	1/45	*4/15	4/15	*4/15

(4e). abbcd

	a bb c d	b ab c d	b ac b d	b ad b c	c ab b d	d ab b c
abb c d	1/3	2/3	0	0	0	0
abc b d	*1/24	1/48	9/16	0	3/8	0
abd b c	1/40	*1/80	*1/240	8/15	1/40	2/5
ab bc d	1/4	*1/8	3/8	0	*1/4	0
ab bd c	*1/12	1/24	1/72	4/9	*1/12	*1/3
ab b c d	4/15	*2/15	*2/45	1/45	4/15	*4/15

(4f). abccd

	a bc c d	b ac c d	c ab c d	c ac b d	c ad b c	d ac b c
abc c d	1/4	1/4	1/2	0	0	0
acc b d	*1/8	1/8	0	3/4	0	0
acd b c	1/40	*1/40	0	1/60	8/15	2/5
ab cc d	1/4	1/4	*1/2	0	0	0
ad bc c	*1/12	1/12	0	*1/18	4/9	*1/3
ac b c d	4/15	*4/15	0	8/45	1/45	*4/15

(4g). abcdd

	a bd c d	b ad c d	c ad b d	d ab c d	d ac b d	d ad b c
abd c d	1/4	1/4	0	1/2	0	0
acd b d	*1/12	1/12	1/3	0	1/2	0
add b c	1/15	*1/15	1/15	0	0	4/5
ab cd d	1/4	1/4	0	*1/2	0	0
ac bd d	*1/12	1/12	1/3	0	*1/2	0
ad b c d	4/15	*4/15	4/5	0	0	*1/5

(4h). abcde   [1] + [211] = [311] + [221] + [2111]

	N	a bc d e	a bd c e	a be c d	b ac d e	b ad c e	b ae c d	c ab d e	c ad b e	c ae b d	d ab c e	d ac b e	d ab c e	e ab c d	e ac b d	e ad b c
abc d e	3	1	0	0	1	0	0	1	0	0	0	0	0	0	0	0
abd c e	96	*1	27	0	*1	27	0	4	0	0	36	0	0	0	0	0
acd b e	32	*1	*3	0	1	3	0	0	12	0	0	12	0	0	0	0
abe c d	480	3	*1	128	3	*1	128	*12	0	0	12	0	0	192	0	0
ace b d	1440	27	1	*128	*27	*1	128	0	*4	512	0	36	0	0	576	0
ade b c	45	0	1	2	0	*1	*2	0	1	2	0	0	18	0	0	18
ab cd e	16	1	3	0	1	3	0	*4	0	0	*4	0	0	0	0	0
ac bd e	16	3	*1	0	*3	1	0	0	4	0	0	*4	0	0	0	0
ab ce d	144	*3	1	32	*3	1	32	12	0	0	*12	0	0	*48	0	0
ac be d	432	*27	*1	*32	27	1	32	0	4	128	0	*36	0	0	*144	0
ad bc e	27	0	*2	1	0	2	*1	0	*2	1	0	0	9	0	0	*9
ab c d e	90	*6	2	*1	*6	2	*1	24	0	0	*24	0	0	24	0	0
ac b d e	270	*54	*2	1	54	2	*1	0	8	*4	0	*72	0	0	72	0
ad b c e	540	0	*128	*1	0	128	1	0	*128	*1	0	0	*9	0	0	144
ae b c d	4	0	0	*1	0	0	1	0	0	*1	0	0	1	0	0	0

TABLE II-5 [2]×[3]

(5a). aaaab

	aa aab	ab aaa
aaaab	3/5	2/5
aaaab	2/5	*3/5

(5b). abbbb

	ab bbb	bb abb
abbbb	2/5	3/5
abbbb	3/5	*2/5

(5c). aaabb

	aa abb	ab aab	bb aaa
aaabb	3/10	3/5	1/10
aaabb	8/15	*1/15	*2/5
aaabb	1/6	*1/3	1/2

(5d). aabbb

	aa bbb	ab abb	bb aab
aabbb	1/10	3/5	3/10
aabbb	2/15	1/15	*8/15
aabbb	1/2	*1/3	1/6

(5e). aaabc

	aa abc	ab aac	ac aab	bc aaa
aaabc	3/10	3/10	3/10	1/10
aaabc	1/5	1/5	*9/20	*3/20
aaabc	1/3	*1/3	1/12	*1/4
aaabc	1/6	*1/6	*1/6	1/2

(5f). abbbc

	ab bbc	bb abc	ac bbb	bc abb
abbbc	3/10	3/10	1/10	3/10
abbbc	1/5	1/5	*3/20	*9/20
abbbc	1/3	*1/3	1/4	*1/12
abbbc	1/6	*1/6	*1/2	1/6

(5g). abccc

	ab ccc	ac bcc	bc acc	cc abc
abccc	1/10	3/10	3/10	3/10
abccc	2/5	1/30	1/30	*8/15
abccc	0	1/2	*1/2	0
abccc	1/2	*1/6	*1/6	1/6

(5h). aabbc

	aa bbc	ab abc	bb aac	ac abb	bc aab
aabbc	1/10	2/5	1/10	1/5	1/5
aabbc	1/15	4/15	1/15	*3/10	*3/10
aabbc	1/3	0	*1/3	1/6	*1/6
aabbc	1/6	0	*1/6	*1/3	1/3
aabbc	1/3	*1/3	1/3	0	0

(5i). aabcc

	aa bcc	ab acc	ac abc
aabcc	1/10	1/5	2/5
aabcc	8/45	16/45	*2/45
aabcc	2/9	*1/9	2/9
aabcc	1/18	1/9	*2/9
aabcc	4/9	*2/9	*1/9

(5j). abbcc

	ab bcc	bb acc	ac bbc	bc abc	cc abb
abbcc	1/5	1/10	1/5	2/5	1/10
abbcc	16/45	8/45	*1/45	*2/45	*2/5
abbcc	1/9	*2/9	4/9	*2/9	0
abbcc	1/9	1/18	*1/9	*2/9	1/2
abbcc	2/9	*4/9	*2/9	1/9	0

CGC Tables II-5 (5k) — (5o)

(5k). aabcd

	aa bcd	ab acd	ac abd	bc aad	ad abc	bd aac	cd aab
aabcd	1/10	1/5	1/5	1/10	1/5	1/10	1/10
aabc d	1/15	2/15	2/15	1/15	*3/10	*3/20	*3/20
aabd c	1/9	2/9	*2/9	*1/9	1/18	1/36	*1/4
aacd b	2/9	*1/9	1/9	*2/9	1/9	*2/9	0
aab cd	1/18	1/9	*1/9	*1/18	*1/9	*1/18	1/2
aac bd	1/9	*1/18	1/18	*1/9	*2/9	4/9	0
aad bc	1/3	*1/6	*1/6	1/3	0	0	0

(5l). abbcd

	ab bcd	bb acd	ac bbd	bc abd	ad bbc	bd abc	cd abb
abbcd	1/5	1/10	1/10	1/5	1/10	1/5	1/10
abbc d	2/15	1/15	1/15	2/15	*3/20	*3/10	*3/20
abbd c	2/9	1/9	*1/9	*2/9	1/36	1/18	*1/4
abcd b	1/9	*2/9	2/9	*1/9	2/9	*1/9	0
abb cd	1/9	1/18	*1/18	*1/9	*1/18	1/9	1/2
abc bd	1/18	*1/9	1/9	*1/18	*4/9	2/9	0
abd bc	1/6	*1/3	*1/3	1/6	0	0	0

(5m). abccd

	ab ccd	ac bcd	bc acd	cc abd	ad bcc	bd acc	cd abc
abccd	1/10	1/5	1/5	1/10	1/10	1/10	1/5
abcc d	1/15	2/15	2/15	1/15	*3/20	*3/20	*3/10
abcd c	1/3	0	0	*1/3	1/12	1/12	*1/6
accd b	0	1/3	*1/3	0	1/6	*1/6	0
abc cd	1/6	0	0	*1/6	*1/6	*1/6	1/3
acc bd	0	1/6	*1/6	0	*1/3	1/3	0
abd cc	1/3	*1/6	*1/6	1/3	0	0	0

(5n). abcdd

	ab cdd	ac bdd	bc add	ad bcd	bd acd	cd abd	dd abc
abcdd	1/10	1/10	1/10	1/5	1/5	1/5	1/10
abcd d	8/45	8/45	8/45	*1/45	*1/45	*1/45	*2/5
abdd c	2/9	*1/18	*1/18	1/9	1/9	*4/9	0
acdd b	0	1/6	*1/6	1/3	*1/3	0	0
abc dd	1/18	1/18	1/18	*1/9	*1/9	*1/9	1/2
abd cd	4/9	*1/9	*1/9	*1/18	*1/18	2/9	0
acd bd	0	1/3	*1/3	*1/6	1/6	0	0

(5o). abcde   [2]x[3]=[5]+[41]+[32]

	N	ab cde	ac bde	bc ade	ad bce	bd ace	cd abe	ae bcd	be acd	ce abd	de abc
abcde	10	1	1	1	1	1	1	1	1	1	1
abcd e	60	4	4	4	4	4	4	*9	*9	*9	*9
abce d	36	4	4	4	*4	*4	*4	1	1	1	*9
abde c	18	4	*1	*1	1	1	*4	1	1	*4	0
acde b	6	0	1	*1	1	*1	0	1	*1	0	0
abc de	18	1	1	1	*1	*1	*1	*1	*1	*1	9
abd ce	36	4	*1	*1	1	1	*4	*4	*4	16	0
acd be	12	0	1	*1	1	*1	0	*4	4	0	0
abe cd	12	4	*1	*1	*1	*1	4	0	0	0	0
ace bd	4	0	1	*1	*1	1	0	0	0	0	0

CGC Tables II-6 (6a) — (6i)

TABLE II-6   [2]X[21]

(6a). aabb

	aa ab b	ab aa b
aaab b	1/3	2/3
aaa bb	2/3	*1/3

(6b). aabbb

	ab ab b	bb aa b
aabb b	1/3	2/3
aaa bb	1/3	*2/3

(6c). aaabc

	aa ab c	aa ac b	ab aa c	ac aa b
aaab c	1/2	0	1/2	0
aaac b	*1/30	2/5	1/30	8/15
aaa bc	1/6	1/2	*1/6	*1/6
aaa b c	3/10	*1/10	*3/10	3/10

(6d). abbbc

	ab bb c	bb ab c	bb ac b	bc ab b
abbb c	1/2	1/2	0	0
abbc b	*1/30	1/30	2/5	8/15
abb bc	1/6	*1/6	1/2	*1/6
abb b c	3/10	*3/10	*1/10	3/10

(6e). abccc

	ac bc c	bc ac c	cc ab c	cc ac b
abcc c	1/3	1/3	1/3	0
accc b	*1/5	1/5	0	3/5
abc cc	1/6	1/6	*2/3	0
acc b c	3/10	*3/10	0	2/5

(6f). aabbc

	aa bb c	ab ab c	ab ac b	bb aa c	ac ab b	bc aa b
aabb c	1/6	2/3	0	1/6	0	0
aabc b	*1/30	0	2/5	1/30	4/15	4/15
aab bc	1/6	0	1/2	*1/6	*1/12	*1/12
aac bb	*1/12	1/12	0	*1/12	3/8	*3/8
aab b c	3/10	0	*1/10	*3/20	3/20	3/20
aa bb c	1/4	*1/4	0	1/4	1/8	*1/8

(6g). aabcc

	aa bc c	ab ac c	ac ab c	ac ac b	bc aa c	cc aa b
aabc c	1/9	2/9	4/9	0	2/9	0
aacc b	*4/45	2/45	*1/45	3/5	2/45	1/5
aab cc	2/9	4/9	*2/9	0	*1/9	0
aac bc	*1/36	1/72	25/144	3/16	*25/72	*1/4
aac b c	3/10	*3/20	3/40	1/40	*3/20	3/10
aa bc c	1/4	*1/8	*1/16	3/16	1/8	*1/4

(6h). abbcc

	ab bc c	bb ac c	ac bb c	bc ab c	bc ac b	cc ab b
abbc c	2/9	1/9	2/9	4/9	0	0
abcc b	*2/45	4/45	*2/45	1/45	3/5	1/5
abb cc	4/9	2/9	*1/9	*2/9	0	0
abc bc	*1/72	1/36	25/72	*25/144	3/16	*1/4
abc b c	3/10	3/40	*3/20	1/40	*3/20	3/10
ab bc c	1/8	*1/4	*1/8	1/16	3/16	*1/4

(6i). aabcd

	aa bc d	aa bd c	ab ac d	ab ad c	ac ab d	ac ad b	bc aa d	ad ab c	ad ac b	bd aa c	cd aa b
aabc d	1/6	0	1/3	0	1/3	0	1/6	0	0	0	0
aabd c	*1/90	2/15	*1/45	4/15	1/45	0	1/90	16/45	0	8/45	0
aacd b	*1/45	*1/15	1/90	1/30	*1/90	3/10	1/45	*1/90	3/10	1/45	1/5
aab cd	1/18	1/6	1/9	1/3	*1/9	0	*1/18	*1/9	0	*1/18	0
aac bd	1/9	*1/12	*1/18	1/24	1/18	3/8	*1/9	1/288	*3/32	*1/144	*1/16
aad bc	*1/12	0	1/24	0	1/24	0	*1/12	3/32	9/32	*3/16	*3/16
aab c d	1/10	*1/30	1/5	*1/15	*1/5	0	*1/10	1/5	0	1/10	0
aac b d	1/5	!/60	*1/10	*1/120	1/10	*3/40	*1/5	*1/160	27/160	1/80	9/80
aad b c	0	1/4	0	*1/8	0	1/8	0	3/32	*1/32	*3/16	3/16
aa bc d	1/4	0	*1/8	0	*1/8	0	1/4	1/32	3/32	*1/16	*1/16
aa bd c	0	1/4	0	*1/8	0	1/8	0	*3/32	1/32	3/16	*3/16

CGC Tables II-6 (6j) — (6l)

(6j). abbcd

	ab bc d	ab bd c	bb ac d	bb ad c	ac bb d	bc ab d	bc ad b	ad bb c	bd ab c	bd ac b	cd ab b
abbc d	1/3	0	1/6	0	1/6	1/3	0	0	0	0	0
abbd c	*1/45	4/15	*1/90	2/15	1/90	1/45	0	8/45	16/45	0	0
abcd b	*1/90	*1/30	1/45	1/15	*1/45	1/90	3/10	*1/45	1/90	3/10	1/15
abb cd	1/9	1/3	1/18	1/6	*1/18	*1/9	0	*1/18	*1/9	0	0
abc bd	1/18	*1/24	*1/9	1/12	1/9	*1/18	3/8	1/144	*1/288	*3/32	*1/16
abd bc	*1/24	0	1/12	0	1/12	*1/24	0	3/16	*3/32	9/32	*3/16
abb c d	1/5	*1/15	1/10	*1/30	*1/10	*1/5	0	1/10	1/5	0	0
abc b d	1/10	1/120	*1/5	*1/60	1/5	*1/10	*3/40	*1/80	1/160	27/160	9/80
abd b c	0	1/8	0	*1/4	0	0	1/8	3/16	*3/32	*1/32	3/16
ab bc d	1/8	0	*1/4	0	*1/4	1/8	0	1/16	*1/32	3/32	*1/16
ab bd c	0	1/8	0	*1/4	0	0	1/8	*3/16	3/32	1/32	*3/16

(6k). abccd

	ab cc d	ac bc d	ac bd c	bc ac d	bc ad c	cc ab d	cc ad b	ad bc c	bd ac c	cd ab c	cd ac b
abcc d	1/6	1/3	0	1/3	0	1/6	0	0	0	0	0
abcd c	*1/30	0	1/5	0	1/5	1/30	0	2/15	2/15	4/15	0
accd b	0	*1/30	*1/10	1/30	1/10	0	1/5	*1/15	1/15	0	2/5
abc cd	1/6	0	1/4	0	1/4	*1/6	0	*1/24	*1/24	*1/12	0
acc bd	0	1/6	*1/8	*1/6	1/8	0	1/4	1/48	*1/48	0	*1/8
abd cc	*1/12	1/24	0	1/24	0	*1/12	0	3/16	3/16	*3/8	0
abc c d	3/10	0	*1/20	0	*1/20	*3/10	0	3/40	3/40	3/20	0
acc b d	0	3/10	1/40	*3/10	*1/40	0	*1/20	*3/80	3/80	0	9/40
acd b c	0	0	1/8	0	*1/8	0	1/4	3/16	*3/16	0	1/8
ab cc d	1/4	*1/8	0	*1/8	0	1/4	0	1/16	1/16	*1/8	0
ac bd c	0	0	1/8	0	*1/8	0	1/4	*3/16	3/16	0	*1/8

(6l). abcdd

	ab cd d	ac bd d	bc ad d	ad bc d	ad bd c	bd ac d	bd ad c	cd ab d	cd ad b	dd ab c	dd ac b
abcd d	1/9	1/9	1/9	2/9	0	2/9	0	2/9	0	0	0
abdd c	*4/45	1/45	1/45	*1/90	3/10	*1/90	3/10	2/45	0	1/5	0
acdd b	0	*1/15	1/15	*1/30	*1/10	1/30	1/10	0	2/5	0	1/5
abc dd	2/9	2/9	2/9	*1/9	0	*1/9	0	*1/9	0	0	0
abd cd	*1/36	1/144	1/144	25/288	3/32	25/288	3/32	*25/72	0	*1/4	0
acd bd	0	*1/48	1/48	25/96	*1/32	*25/96	1/32	0	1/8	0	*1/4
abd c d	3/10	*3/40	*3/40	3/80	1/80	3/80	1/80	*3/20	0	3/10	0
acd b d	0	9/40	*9/40	9/80	*1/240	*9/80	1/240	0	1/60	0	3/10
add b c	0	0	0	0	1/3	0	*1/3	0	1/3	0	0
ab cd d	1/4	*1/16	*1/16	*1/32	3/32	*1/32	3/32	1/8	0	*1/4	0
ac bd d	0	3/16	*3/16	*3/32	*1/32	3/32	1/32	0	1/8	0	*1/4

CGC Tables II-7 (7a) — II-8 (8h)

TABLE II-7 [2]X[111]

(7a). aabcd

	aa b c d	ab a c d	ac a b d	ad a b c
aab c d	1/3	2/3	0	0
aac b d	*1/6	1/12	3/4	0
aad b c	1/10	*1/20	1/20	4/5
aa b c d	2/5	*1/5	1/5	*1/5

(7b). abbcd

	ab b c d	bb a c d	bc a b d	bd a b c
abb c d	2/3	1/3	0	0
abc b d	*1/12	1/6	3/4	0
abd b c	1/20	*1/10	1/20	4/5
ab b c d	1/5	*2/5	1/5	*1/5

(7c). abccd

	ac b c d	bc a c d	cc a b d	cd a b c
abc c d	1/2	1/2	0	0
acc b d	*1/4	1/4	1/2	0
acd b c	1/20	*1/20	1/10	4/5
ac b c d	1/5	*1/5	2/5	*1/5

(7d). abcdd

	ad b c d	bd a c d	cd a b d	dd a b c
abd c d	1/2	1/2	0	0
acd b d	*1/6	1/6	2/3	0
add b c	2/15	*2/15	2/15	3/5
ad b c d	1/5	*1/5	1/5	*2/5

TABLE II-8 [11]X[3]

(8a). aaabc

	a aac b	a aab c	b aaa c
aaab c	0	3/4	1/4
aaac b	4/5	1/20	*3/20
aaa b c	1/5	*1/5	3/5

(8b). abbbc

	a bbc b	a bbb c	b abb c
abbb c	0	1/4	3/4
abbc b	4/5	3/20	*1/20
abb b c	1/5	*3/5	1/5

(8c). abccc

	a ccc b	a bcc c	b acc c
abcc c	0	1/2	1/2
accc b	2/5	3/10	*3/10
acc b c	3/5	*1/5	1/5

(8d). aabbc

	a abc b	a abb c	b aab c
aabb c	0	1/2	1/2
aabc b	4/5	1/10	*1/10
aab b c	1/5	*2/5	2/5

(8e). aabcc

	a acc b	a abc c	b aac c
aabc c	0	2/3	1/3
aacc b	3/5	2/15	*4/15
aac b c	2/5	*1/5	2/5

(8f). abbcc

	a bcc b	a bbc c	b abc c
abbc c	0	1/3	2/3
abcc b	3/5	4/15	*2/15
abc b c	2/5	*2/5	1/5

(8g). aabcd

	a acd b	a abd c	b aad c	a abc d	b aac d	c aab d
aabc d	0	0	0	1/2	1/4	1/4
aabd c	0	8/15	4/15	1/30	1/60	*3/20
aacd b	3/5	1/15	*2/15	1/15	*2/15	0
aab c d	0	2/15	1/15	*2/15	*1/15	3/5
aac b d	3/20	1/60	*1/30	*4/15	8/15	0
aad b c	1/4	*1/4	1/2	0	0	0

(8h). abbcd

	a bcd b	a bbd c	b abd c	a bbc d	b abc d	c abb d
abbc d	0	0	0	1/4	1/2	1/4
abbd c	0	4/15	8/15	1/60	1/30	*3/20
abcd b	3/5	2/15	*1/15	2/15	*1/15	0
abb c d	0	1/15	2/15	*1/15	*2/15	3/5
abc b d	3/20	1/30	*1/60	*8/15	4/15	0
abd b c	1/4	*1/2	1/4	0	0	0

CGC Tables II-8 (8i) — II-9 (9f)

(8i). abccd

	a ccd b	a bcd c	b acd c	a bcc d	b acc d	c abc d
abccd	0	0	0	1/4	1/4	1/2
abcdc	0	2/5	2/5	1/20	1/20	*1/10
accdb	2/5	1/5	*1/5	1/10	*1/10	0
abccd	0	1/10	1/10	*1/5	*1/5	2/5
accbd	1/10	1/20	*1/20	*2/5	2/5	0
acdbc	1/2	*1/4	1/4	0	0	0

(8j). abcdd

	a cdd b	a bdd c	b add c	a bcd d	b acd d	c abd d
abcdd	0	0	0	1/3	1/3	1/3
abddc	0	3/10	3/10	1/15	1/15	*4/15
acddb	2/5	1/10	*1/10	1/5	*1/5	0
abdcd	0	1/5	1/5	*1/10	*1/10	2/5
acdbd	4/15	1/15	*1/15	*3/10	3/10	0
addbc	1/3	*1/3	1/3	0	0	0

(8k) abcde

	N	a cde b	a bde c	b ade c	a bce d	b ace d	c abe d	a bcd e	b acd e	c abd e	d abc e
abcde	4	0	0	0	0	0	0	1	1	1	1
abced	60	0	0	0	16	16	16	1	1	1	*9
abdec	30	0	9	9	1	1	*4	1	1	*4	0
acdeb	10	4	1	*1	1	*1	0	1	*1	0	0
abcde	15	0	0	0	1	1	1	*1	*1	*1	9
abdce	120	0	9	9	1	1	*4	*16	*16	64	0
acdbe	40	4	1	*1	1	*1	0	*16	16	0	0
abecd	8	0	1	1	*1	*1	4	0	0	0	0
acebd	24	4	1	*1	*9	9	0	0	0	0	0
adebc	3	1	*1	1	0	0	0	0	0	0	0

TABLE II-9 [11]x[21]

(9a). aaabc

	a aa b c	a aa c b
aaabc	1/2	1/2
aaabc	1/2	*1/2

(9b). abbbc

	a bb b c	b ab c b
abbbc	1/2	1/2
abbbc	1/2	*1/2

(9c). abccc

	a bc c c	b ac c c
abccc	1/2	1/2
accbc	1/2	*1/2

(9d). aabbc

	a ab b c	a ac b b	a ab c b	b aa c b
aabbc	1/2	0	1/4	1/4
aacbb	0	3/4	1/8	*1/8
aabbc	1/2	0	*1/4	*1/4
aabbc	0	1/4	*3/8	3/8

(9e). aabcc

	a ac b c	a ab c c	a ac c b	b aa c c
aabcc	0	2/3	0	1/3
aacbc	3/8	1/48	9/16	*1/24
aacbc	1/4	1/8	*3/8	*1/4
aabcc	3/8	*3/16	*1/16	3/8

(9f). abbcc

	a bc b c	a bb c c	b ab c c	b ac c b
abbcc	0	1/3	2/3	0
abcbc	3/8	1/24	*1/48	9/16
abcbc	1/4	1/4	*1/8	*3/8
abbcc	3/8	*3/8	3/16	*1/16

CGC Tables II-9 (9g) — (9i)

(9g).   aabcd

	a ac b d	a ad b c	a ab c d	a ad c b	b aa c d	a ab d c	a ac d b	b aa d c	c aa d b
aab cd	0	0	1/3	0	1/6	1/3	0	1/6	0
aac bd	3/8	0	1/24	0	*1/12	*1/96	9/32	1/48	3/16
aad bc	0	3/8	0	3/8	0	1/32	3/32	*1/16	*1/16
aab c d	0	0	1/3	0	1/6	*1/3	0	*1/6	0
aac b d	3/8	0	1/24	0	*1/12	1/96	*9/32	*1/48	*3/16
aad b c	*1/40	3/10	1/40	*3/10	*1/20	9/160	*3/160	*9/80	9/80
aa bc d	0	1/8	0	1/8	0	*3/32	*9/32	3/16	·3/16
aa bd c	1/8	1/6	*1/8	*1/6	1/4	*1/32	1/96	1/16	*1/16
aa b c d	1/10	*1/30	*1/10	1/30	1/5	1/10	*1/30	*1/5	1/5

(9h).   abbcd

	a bc b d	a bd b c	a bb c d	b ab c d	b ad c b	a bb d c	b ab d c	b ac d b	c ab d b
abb cd	0	0	1/6	1/3	0	1/6	1/3	0	0
abc bd	3/8	0	1/12	*1/24	0	*1/48	1/96	9/32	3/16
abd bc	0	3/8	0	0	3/8	1/16	*1/32	3/32	*1/16
abb c d	0	0	1/6	1/3	0	*1/6	*1/3	0	0
abc b d	3/8	0	1/12	*1/24	0	1/48	*1/96	*9/32	*3/16
abd b c	*1/40	3/10	1/20	*1/40	*3/10	9/80	*9/160	*3/160	9/80
ab bc d	0	1/8	0	0	1/8	*3/16	3/32	*9/32	3/16
ab bd c	1/8	1/6	*1/4	1/8	*1/6	*1/16	1/32	1/96	*1/16
ab b c d	1/10	*1/30	*1/5	1/10	1/30	1/5	*1/10	*1/30	1/5

(9i).   abccd

	a cc b d	a bc c d	a bd c c	b ac c d	b ad c c	a bc d c	b ac d c	c ab d c	c ac d b
abc cd	0	1/4	0	1/4	0	1/8	1/8	1/4	0
acc bd	1/4	1/8	0	*1/8	0	*1/16	1/16	0	3/8
abd cc	0	0	3/8	0	3/8	1/16	1/16	*1/8	0
abc c d	0	1/4	0	1/4	0	*1/8	*1/8	*1/4	0
acc b d	1/4	1/8	0	*1/8	0	1/16	*1/16	0	*3/8
acd b c	*1/20	1/40	3/10	*1/40	*3/10	9/80	*9/80	0	3/40
ab cc d	0	0	1/8	0	1/8	*3/16	*3/16	3/8	0
ac bd c	1/4	*1/8	1/6	1/8	*1/6	*1/16	1/16	0	*1/24
ac b c d	1/5	*1/10	*1/30	1/10	1/30	1/5	*1/5	0	2/15

CGC Tables II-9 (9j) — II-10 (10d)

(9j). abcdd

	a cd b d	a bd c d	b ad c d	a bc d d	a bd d c	b ac d d	b ad d c	c ab d d	c ad d b
abc dd	0	0	0	1/3	0	1/3	0	1/3	0
abd cd	0	3/16	3/16	1/96	9/32	1/96	9/32	*1/24	0
acd bd	1/4	1/16	*1/16	1/32	*3/32	*1/32	3/32	0	3/8
abd c d	0	1/8	1/8	1/16	*3/16	1/16	*3/16	*1/4	0
acd b d	1/6	1/24	*1/24	3/16	1/16	*3/16	*1/16	0	*1/4
add b c	*2/15	2/15	*2/15	0	1/5	0	*1/5	0	1/5
ab cd d	0	3/16	3/16	*3/32	*1/32	*3/32	*1/32	3/8	0
ac bd d	1/4	1/16	*1/16	*9/32	1/96	9/32	*1/96	0	*1/24
ad b c d	1/5	*1/5	1/5	0	2/15	0	*2/15	0	2/15

(9k). abcde

	N	a cd b e	a ce b d	a bd c e	a be c d	b ad c e	b ae c d	a bc d e	a be d c	b ac d e	b ae d c	c ab d e	c ae d b	a bc e d	a bd e c	b ac e d	b ad e c	c ab e d	c ad e b	d ab e c	d ac e b
abc de	6	0	0	0	0	0	0	1	0	1	0	1	0	1	0	1	0	1	0	0	0
abd ce	192	0	0	36	0	36	0	4	0	4	0	*16	0	*1	27	*1	27	4	0	36	0
acd be	64	16	0	4	0	*4	0	4	0	*4	0	0	0	*1	*3	1	3	0	12	0	12
abe cd	64	0	0	0	12	0	12	0	12	0	12	0	0	1	3	1	3	*4	0	*4	0
ace bd	64	0	16	0	4	0	*4	0	*4	0	4	0	16	3	*1	*3	1	0	4	0	*4
abc d e	6	0	0	0	0	0	0	1	0	1	0	1	0	*1	0	*1	0	*1	0	0	0
abd c e	192	0	0	36	0	36	0	4	0	4	0	*16	0	1	*27	1	*27	*4	0	*36	0
acd b e	64	16	0	4	0	*4	0	4	0	*4	0	0	0	1	3	*1	*3	0	*12	0	*12
abe c d	320	0	0	*4	48	*4	48	4	*48	4	*48	*16	0	9	*3	9	*3	*36	0	36	0
ace b d	960	*16	192	*4	48	4	*48	36	48	*36	*48	0	*192	81	3	*81	*3	0	*12	0	108
ade b c	30	*1	*3	1	3	*1	*3	0	3	0	*3	0	3	0	3	0	*3	0	3	0	0
ab cd e	64	0	0	0	*4	0	*4	0	*4	0	*4	0	0	3	9	3	9	*12	0	*12	0
ac bd e	192	0	*16	0	*4	0	4	0	4	0	*4	0	*16	27	*9	*27	9	0	36	0	*36
ab ce d	192	0	0	*12	*16	*12	*16	12	16	12	16	*48	0	3	*1	3	*1	*12	0	12	0
ac be d	576	*48	*64	*12	*16	12	16	108	*16	*108	16	0	64	27	1	*27	*1	0	*4	0	36
ad be c	18	*3	1	3	*1	*3	1	0	*1	0	1	0	*1	0	1	0	*1	0	1	0	0
ab c d e	60	0	0	3	*1	3	*1	*3	1	*3	1	12	0	3	*1	3	*1	*12	0	12	0
ac b d e	180	12	*4	3	*1	*3	1	*27	*1	27	1	0	4	27	1	*27	*1	0	*4	0	36
ad b c e	90	12	1	*12	*1	12	1	0	*1	0	1	0	*1	0	16	0	*16	0	16	0	0
ae b c d	6	0	1	0	*1	0	1	0	1	0	*1	0	1	0	0	0	0	0	0	0	0

TABLE II-10   [11]X[111]

(10a). aabcd

	a a b c d	a a c b d	a a d b c
aa bc d	1/2	1/2	0
aa bd c	*1/6	1/6	2/3
aa b c d	1/3	*1/3	1/3

(10b). abbcd

	a b b c d	b a c d d	b a d b c
ab bc d	1/2	1/2	0
ab bd c	*1/6	1/6	2/3
ab b c d	1/3	*1/3	1/3

(10c). abccd

	a b c c d	b a c c d	c a d b c
ab cc d	1/2	1/2	0
ac bc d	*1/6	1/6	2/3
ac b c d	1/3	*1/3	1/3

(10d). abcdd

	a b d c d	b a d c d	c a d b d
ab cd d	1/2	1/2	0
ac bd d	*1/6	1/6	2/3
ad b c d	1/3	*1/3	1/3

CGC Tables III-1 (1a) — (1s)

TABLE III-1 [1]x[5]

(1a). aaaaab

	N	a aaaab	b aaaaa
aaaaab	6	5	1
aaaaa b	6	1	*5

(1b). abbbb

	N	a bbbbb	b abbbb
abbbbb	6	1	5
abbbb b	6	5	*1

(1c). aaaabb

	N	a aaabb	b aaaab
aaaabb	3	2	1
aaaab b	3	1	*2

(1d). aabbbb

	N	a abbbb	b aabbb
aabbbb	3	1	2
b	3	2	*1

(1e). aaaabc

	N	a aaabc	b aaaac	c aaaab
aaaabc	6	4	1	1
aaaab c	30	4	1	*25
aaaac b	5	1	*4	0

(1f). abbbbc

	N	a bbbbc	b abbbc	c abbbb
abbbbc	6	1	4	1
abbbb c	30	1	4	*25
abbbc b	5	4	*1	0

(1g). abcccc

	N	a bcccc	b acccc	c abccc
abcccc	6	1	1	4
abccc c	3	1	1	*1
acccc b	2	1	*1	0

(1h). aaabbb

	N	a aabbb	b aaabb
aaabbb	2	1	1
aaabb b	2	1	*1

(1i). aaabbc

	N	a aabbc	b aaabc	c aaabb
aaabbc	6	3	2	1
aaabb c	30	3	2	*25
aaabc b	5	2	*3	0

(1j). aaabcc

	N	a aabcc	b aaacc	c aaabc
aaabcc	6	3	1	2
aaabc c	12	3	1	*8
aaacc b	4	1	*3	0

(1k). aabbbc

	N	a abbbc	b aabbc	c aabbb
aabbbc	6	2	3	1
aabbb c	30	2	3	*25
aabbc b	5	3	*2	0

(1l). aabccc

	N	a abccc	b aaccc	c aabcc
aabccc	6	2	1	3
aabcc c	6	2	1	*3
aaccc b	3	1	*2	0

(1m). abbbcc

	N	a bbbcc	b abbcc	c abbbc
abbbcc	6	1	3	2
abbbc c	12	1	3	*8
abbcc b	4	3	*1	0

(1n). abbccc

	N	a bbccc	b abccc	c abbcc
abbccc	6	1	2	3
abbcc c	6	1	2	*3
abccc b	3	2	*1	0

(1o). aaabcd

	N	a aabcd	b aaacd	c aaabd	d aaabc
aaabcd	6	3	1	1	1
aaabc d	30	3	1	1	*25
aaabd c	20	3	1	*16	0
aaacd b	4	1	*3	0	0

(1p). abbbcd

	N	a bbbcd	b abbcd	c abbbd	d abbbc
abbbcd	6	1	3	1	1
abbbc d	30	1	3	1	*25
abbbd c	20	1	3	*16	0
abbcd b	4	3	*1	0	0

(1q). abcccd

	N	a bcccd	b acccd	c abccd	d abccc
abcccd	6	1	1	3	1
abccc d	30	1	1	3	*25
abccd c	10	3	3	*4	0
acccd b	2	1	*1	0	0

(1r). abcddd

	N	a bcddd	b acddd	c abddd	d abcdd
abcddd	6	1	1	1	3
abcdd d	6	1	1	1	*3
abddd c	6	1	1	*4	0
acddd b	2	1	*1	0	0

(1s). aabbcc

	N	a abbcc	b aabcc	c aabbc
aabbcc	3	1	1	1
aabbc c	6	1	1	*4
aabcc b	2	1	*1	0

CGC Tables III-1 (1t) — (1ae)

(1t). aabbcd

	N	a abbcd	b aabcd	c aabbd	d aabbc
aabbcd	6	2	2	1	1
aabbc d	30	2	2	1	*25
aabbd c	10	1	1	*8	0
aabcd b	2	1	*1	0	0

(1u). aabccd

	N	a abccd	b aaccd	c aabcd	d aabcc
aabccd	6	2	1	2	1
aabcc d	30	2	1	2	*25
aabcd c	15	4	2	*9	0
aaccd b	3	1	*2	0	0

(1v). aabcdd

	N	a abcdd	b aacdd	c aabdd	d aabcd
aabcdd	6	2	1	1	2
aabcd d	12	2	1	1	*8
aabdd c	12	2	1	*9	0
aacdd b	3	1	*2	0	0

(1w). abbccd

	N	a bbccd	b abccd	c abbcd	d abbcc
abbccd	6	1	2	2	1
abbcc d	30	1	2	2	*25
abbcd c	15	2	4	*9	0
abccd b	3	2	*1	0	0

(1x). abbcdd

	N	a bbcdd	b abcdd	c abbdd	d abbcd
abbcdd	6	1	2	1	2
abbcd d	12	1	2	1	*8
abbdd c	12	1	2	*9	0
abcdd b	3	2	*1	0	0

(1y). abccdd

	N	a bccdd	b accdd	c abcdd	d abccd
abccdd	6	1	1	2	2
abccd d	12	1	1	2	*8
abcdd c	4	1	1	*2	0
accdd b	2	1	*1	0	0

(1z). aabcde

	N	a abcde	b aacde	c aabde	d aabce	e aabcd
aabcde	6	2	1	1	1	1
aabcd e	30	2	1	1	1	*25
aabce d	20	2	1	1	*16	0
aabde c	12	2	1	*9	0	0
aacde b	3	1	*2	0	0	0

(1aa). abbcde

	N	a bbcde	b abcde	c abbde	d abbce	e abbcd
abbcde	6	1	2	1	1	1
abbcd e	30	1	2	1	1	*25
abbce d	20	1	2	1	*16	0
abbde c	12	1	2	*9	0	0
abcde b	3	2	*1	0	0	0

(1ab). abccde

	N	a bccde	b accde	c abcde	d abcce	e abccd
abccde	6	1	1	2	1	1
abccd e	30	1	1	2	1	*25
abcce d	20	1	1	2	*16	0
abcde c	4	1	1	*2	0	0
accde b	2	1	*1	0	0	0

(1ac). abcdde

	N	a bcdde	b acdde	c abdde	d abcde	e abcdd
abcdde	6	1	1	1	2	1
abcdd e	30	1	1	1	2	*25
abcde d	15	2	2	2	*9	0
abdde c	6	1	1	*4	0	0
acdde b	2	1	*1	0	0	0

(1ad). abcdee

	N	a bcdee	b acdee	c abdee	d abcee	e abcde
abcdee	6	1	1	1	1	2
abcde e	12	1	1	1	1	*8
abcee d	12	1	1	1	*9	0
abdee c	6	1	1	*4	0	0
acdee b	2	1	*1	0	0	0

(1ae). abcdef

	N	a bcdef	b acdef	c abdef	d abcef	e abcdf	f abcde
abcdef	6	1	1	1	1	1	1
abcde f	60	1	1	1	1	1	*25
abcdf e	20	1	1	1	1	*16	0
abcef d	12	1	1	1	*9	0	0
abdef c	6	1	1	*4	0	0	0
acdef b	2	1	*1	0	0	0	0

CGC Tables III-2 (2a) — (2l)

TABLE III-2 [1]×[41]

(2a). aaaabb

	N	a aaab b	b aaaa b
aaaab b	4	3	1
aaaa bb	4	1	*3

(2b). aabbbb

	N	a abbb b	b aabb b
aabbb b	4	1	3
aabb bb	4	3	*1

(2c). aaaabc

	N	a aaab c	a aaac b	b aaaa c	c aaaa b
aaaab c	5	4	0	1	0
aaaac b	480	*1	375	4	100
aaaa bc	32	3	5	*12	*12
aaaa b c	48	5	*3	*20	20

(2d). abbbbc

	N	a bbbb c	b abbb c	b abbc b	c abbb b
abbbb c	5	1	4	0	0
abbbc b	480	*4	1	375	100
abbb bc	32	12	*3	5	*12
abbb b c	48	20	*5	*3	20

(2e). abcccc

	N	a bccc c	b accc c	c abcc c	c accc b
abccc c	8	1	1	6	0
accc b	12	*1	1	0	10
abcc cc	8	3	3	*2	0
accc b c	12	5	*5	0	2

(2f). aaabbb

	N	a aabb b	b aaab b
aaabb b	2	1	1
aaab bb	2	1	*1

(2g). aaabbc

	N	a aabb c	a aabc b	b aaab c	b aaac b	c aaab b
aaabb c	5	3	0	2	0	0
aaabc b	480	*2	250	3	125	100
aaab bc	96	18	10	*27	5	*36
aaac bb	3	0	1	0	*2	0
aaab b c	48	10	*2	*15	*1	20

(2h). aaabcc

	N	a aabc c	a aacc b	b aaac c	c aaab c	c aaac b
aaabc c	16	9	0	3	4	0
aaacc b	144	*1	80	3	0	60
aaab cc	16	3	0	1	*12	0
aaac bc	48	5	16	*15	0	*12
aaac b c	36	5	*4	*15	0	12

(2i). aabbbc

	N	a abbb c	a abbc b	b aabb c	b aabc b	c aabb b
aabbb c	5	2	0	3	0	0
aabbc b	480	*3	125	2	250	100
aabb bc	96	27	5	*18	10	*36
aabc bb	3	0	2	0	*1	0
aabb b c	48	15	*1	*10	*2	20

(2j). aabccc

	N	a abcc c	a accc b	b aacc c	c aabc c	c aacc b
aabcc c	6	2	0	1	3	0
aaccc b	48	*1	15	2	0	30
aabc cc	6	2	0	1	*3	0
aacc bc	48	5	27	*10	0	*6
aacc b c	24	5	*3	*10	0	6

(2k). abbbcc

	N	a bbbc c	b abbc c	b abcc b	c abbb c	c abbc b
abbbc c	16	3	9	0	4	0
abbcc b	144	*3	1	80	0	60
abbb cc	16	1	3	0	*12	0
abbc bc	48	15	*5	16	0	*12
abbc b c	36	15	*5	*4	0	12

(2l). abbccc

	N	a bbcc c	b abcc c	b accc b	c abbc c	c abcc b
abbcc c	6	1	2	0	3	0
abccc b	48	*2	1	15	0	30
abbc cc	6	1	2	0	*3	0
abcc bc	48	10	*5	27	0	*6
abcc b c	24	10	*5	*3	0	6

CGC Tables III-2 (2m) — (2r)

(2m). aaabcd

	N	a aabcd	a aabcd	a aabdc	a aacdb	b aaacd	b aaadc	c aaabd	c aaadb	d aaabc	d aaacb
aaabcd	5	3	0	0	1	0	1	0	0	0	0
aaabdc	1920	*3	1125	0	*1	375	16	0	400	0	
aaacdb	1152	*3	*5	640	9	15	0	240	0	240	
aaabcd	128	9	15	0	3	5	*48	0	*48	0	
aaacbd	1152	135	*1	128	*405	3	0	48	0	*432	
aaadbc	9	0	1	2	0	*3	0	*3	0	0	
aaabcd	192	15	*9	0	5	*3	*80	0	80	0	
aaacbd	2880	375	1	*128	*1125	*3	0	*48	0	1200	
aaadbc	15	0	2	*1	0	*6	0	6	0	0	

(2n). abbbcd

	N	a bbbcd	a bbbdc	b abbcd	b abbdc	b abcdb	c abbbd	c abbdb	d abbbc	d abbcb
abbbcd	5	1	0	3	0	0	1	0	0	0
abbbdc	1920	*1	375	*3	1125	0	16	0	400	0
abbcdb	1152	*9	*15	3	5	640	0	240	0	240
abbbcd	128	3	5	9	15	0	*48	0	*48	0
abbcbd	1152	405	*3	*135	1	128	0	48	0	*432
abbdbc	9	0	3	0	*1	2	0	*3	0	0
abbbcd	192	5	*3	15	*9	0	*80	0	80	0
abbcbd	2880	1125	3	*375	*1	*128	0	*48	0	1200
abbdbc	15	0	6	0	*2	*1	0	6	0	0

(2o). abcccd

	N	a bcccd	a bccdc	b accdc	b accdc	c abccd	c abcdc	c accdb	d abccc	d acccb
abcccd	5	1	0	1	0	3	0	0	0	0
abccdc	1920	*6	250	*6	250	8	1000	0	400	0
accdcb	192	*1	*15	1	15	0	0	120	0	40
abcccd	192	27	5	27	5	*36	20	0	*72	0
acccbd	64	15	*1	*15	1	0	0	8	0	*24
abcdcc	3	0	1	0	1	0	*1	0	0	0
abcccd	96	15	*1	15	*1	*20	*4	0	40	0
acccbd	480	125	3	*125	*3	0	0	*24	0	200
accdbc	5	0	2	0	*2	0	0	1	0	0

(2p). abcddd

	N	a bcddd	a bdddc	b acddd	b adddc	c abddd	c adddb	d abcdd	d abddc	d acddb
abcddd	6	1	0	1	0	1	0	3	0	0
abdddc	96	*1	15	*1	15	4	0	0	60	0
acdddb	96	*3	*5	3	5	0	20	0	0	60
abcddd	6	1	0	1	0	1	0	*3	0	0
abddcd	96	5	27	5	27	*20	0	0	*12	0
acddbd	32	5	*3	*5	3	0	12	0	0	*4
abddcd	48	5	*3	5	*3	*20	0	0	12	0
acddbd	48	15	1	*15	*1	0	*4	0	0	12
adddbc	3	0	1	0	*1	0	1	0	0	0

(2q). aabbcc

	N	a abbcc	a abccb	b aabcc	b aaccb	c aabbc	c aabcb
aabbcc	8	3	0	3	0	2	0
aabccb	72	*1	20	1	20	0	30
aabbcc	8	1	0	1	0	*6	0
aabcbc	24	5	4	*5	4	0	*6
aaccbb	2	0	1	0	*1	0	0
aabcbc	18	5	*1	*5	*1	0	6

(2r). aabbcd

	N	a abbcd	a abbdc	a abcdb	b aabcd	b aabdc	b aacdb	c aabbd	c aabdb	d aabbc	d aabcb
aabbcd	5	2	0	0	2	0	0	1	0	0	0
aabbdc	960	*1	375	0	*1	375	0	8	0	200	0
aabcdb	576	*3	*5	160	3	5	160	0	120	0	120
aabbcd	64	3	5	0	3	5	0	*24	0	*24	0
aabcbd	576	135	*1	32	*135	1	32	0	24	0	*216
aabdbc	9	0	2	1	0	*2	1	0	*3	0	0
aacdbb	2	0	0	1	0	0	*1	0	0	0	0
aabbcd	96	5	*3	0	5	*3	0	*40	0	40	0
aabcbd	1440	375	1	*32	*375	*1	*32	0	*24	0	600
aabdbc	30	0	8	*1	0	*8	*1	0	12	0	0

(2s). aabccd

	N	a abcc d	a abcd c	a accd b	b aacc d	b aacd c	c aabc d	c aabd c	c aacd b	d aabc c	d aacc b
aabccd	5	2	0	0	1	0	2	0	0	0	0
aabcdc	1440	*4	500	0	*2	250	9	375	0	300	0
aaccdb	288	*1	*5	90	2	10	0	0	120	0	60
aabccd	288	36	20	0	18	10	*81	15	0	*108	0
aaccbd	288	45	*1	18	*90	2	0	0	24	0	*108
aabccd	9	0	2	0	0	1	0	*6	0	0	0
aacdbc	18	0	2	9	0	*4	0	0	*3	0	0
aabccd	144	20	*4	0	10	*2	*45	*3	0	60	0
aaccbd	720	125	1	*18	*250	*2	0	0	*24	0	300
aacdbc	10	0	2	*1	0	*4	0	0	3	0	0

(2t). aabcdd

	N	a abcd d	a abdd c	a acdd b	b aacd d	b aadd c	c aabd d	c aadd b	d aabc d	d aabd c	d aacd b
aabcdd	16	6	0	0	3	0	3	0	4	0	0
aabddc	432	*2	160	0	*1	80	9	0	0	180	0
aacddb	432	*4	*5	135	8	10	0	90	0	0	180
aabcdd	16	2	0	0	1	0	1	0	*12	0	0
aabdcd	144	10	32	0	5	16	*45	0	0	*36	0
aacdbd	144	20	*1	27	*40	2	0	18	0	0	*36
aaddbc	8	0	1	3	0	*2	0	*2	0	0	0
aabdc	108	10	*8	0	5	*4	*45	0	0	36	0
aacdbd	432	80	1	*27	160	*2	0	*18	0	0	144
aaddbc	16	0	3	*1	0	*6	0	6	0	0	0

(2u). abbccd

	N	a bbcc d	a bbcd c	b abcc d	b abcd c	b accd c	c abbc d	c abbd c	c abcd b	d abbc c	d abcc b
abbccd	5	1	0	2	0	0	2	0	0	0	0
abbcdc	1440	*2	250	*4	500	0	9	375	0	300	0
abccdb	288	*2	*10	1	5	90	0	0	120	0	60
abbbcd	288	18	10	36	20	0	*81	15	0	*108	0
abbcbd	288	90	*2	*45	1	18	0	0	24	0	*108
abbdcd	9	0	1	0	2	0	0	*6	0	0	0
abddbc	18	0	4	0	*2	9	0	0	*3	0	0
abbccd	144	10	*2	20	*4	0	*45	*3	0	60	0
abccbd	720	250	2	*125	*1	*18	0	0	*24	0	300
abcdbc	10	0	4	0	*2	*1	0	0	3	0	0

CGC Tables III-2 (2v) — (2x)

(2v). abbcdd

	N	a bbcd d	a bbdd c	b abcd d	b abdd c	b acdd b	c abbd d	c abdd b	d abbc d	d abbd c	d abcd b
abbcdd	16	3	0	6	0	0	3	0	4	0	0
abbddc	432	*1	80	*2	160	0	9	0	0	180	0
abcddb	432	*8	*10	4	5	135	0	90	0	0	180
abbcdd	16	1	0	1	0	2	0	0	*12	0	0
abbdcd	144	5	16	10	32	0	*45	0	0	*36	0
abcdbd	144	40	*2	*20	1	27	0	18	0	0	*36
abddbc	8	0	2	0	*1	3	0	*2	0	0	0
abbdcd	108	5	*4	10	*8	0	*45	0	0	36	0
abcdbd	432	160	2	*80	*1	*27	0	*18	0	0	144
abddbc	16	0	6	0	*3	*1	0	6	0	0	0

(2w). abccdd

	N	a bccd d	a bcdd c	b accd d	b acdd c	c abcd d	c abdd c	c acdd b	d abcc d	d abcd c	d accd b
abccdd	16	3	0	3	0	6	0	0	4	0	0
abcddc	144	*1	20	*1	20	2	40	0	0	60	0
accddb	72	*1	*5	1	5	0	0	30	0	0	30
abccdd	16	1	0	1	0	2	0	0	*12	0	0
abcdcd	48	5	4	5	4	*10	8	0	0	*12	0
accdbd	24	5	*1	*5	1	0	0	6	0	0	*6
acddbc	4	0	1	0	1	0	*2	0	0	0	0
abcdcd	36	5	*1	5	*1	*10	*10	0	0	12	0
accdbd	72	20	1	*20	*1	0	0	*6	0	0	24
acddbc	8	0	3	0	*3	0	0	2	0	0	0

(2x). aabcde   [1]x[41]=[51]+[42]+[411]

	N	a abcd e	a abce d	a abde c	a acde b	b aacd e	b aace d	b aade c	c aabd e	c aabe d	c aade b	d aabc e	d aabe c	d aace b	e aabc d	e aabd c	e aacd b
aabcde	5	2	0	0	0	1	0	0	1	0	0	1	0	0	0	0	0
aabced	1920	*2	750	0	0	*1	375	0	*1	375	0	16	0	0	400	0	0
aabdec	3456	*6	*10	1280	0	*5	*3	640	27	45	0	0	720	0	0	720	0
aacdeb	864	*3	*5	*10	270	6	19	20	0	0	180	0	0	180	0	0	180
aabcde	128	6	10	0	0	3	5	0	3	5	0	*48	0	0	*48	0	0
aabdce	3456	270	*2	256	0	135	10	128	1215	9	0	0	144	0	0	*1296	0
aacdbe	864	135	*1	*2	54	*270	2	4	0	0	36	0	0	36	0	0	*324
aabecd	27	0	2	4	0	0	1	2	0	*9	0	*9	0	0	0	0	0
aacebd	216	0	32	*1	27	0	*64	2	0	0	18	0	0	*72	0	0	0
aadebc	8	0	0	1	3	0	0	*2	0	*2	0	0	0	0	0	0	0
aabcde	192	10	*6	0	0	5	*3	0	5	*3	0	*80	0	0	80	0	0
aabdce	8640	750	2	*256	0	375	1	*128	*3375	*9	0	0	*144	0	0	3600	0
aacdbe	2160	375	1	2	*54	*750	*2	*4	0	*36	0	0	*36	0	0	0	900
aabecd	45	0	4	*2	0	0	2	*1	0	*18	0	18	0	0	0	0	0
aacebd	720	0	128	1	*27	0	*256	*2	0	0	*18	0	0	288	0	0	0
aadebc	16	0	0	3	*1	0	0	*6	0	0	6	0	0	0	0	0	0

(2y). abbcde

	N	a bbcd/e	a bbce/d	a bbde/c	b abcd/e	b abce/d	b abde/c	b acde/b	c abbd/e	c abbe/d	c abde/b	d abbc/e	d abbe/c	d abce/b	e abbc/d	e abbd/c	e abcd/b
abbcd/e	5	1	0	0	2	0	0	0	1	0	0	1	0	0	0	0	0
abbce/d	1920	*1	375	0	*2	750	0	0	*1	375	0	16	0	0	400	0	0
abbde/c	3456	*5	*3	640	*6	*10	1280	0	27	45	0	0	720	0	0	720	0
abcde/b	864	*6	*10	*20	3	5	10	270	0	0	180	0	0	180	0	0	180
abbc/de	128	3	5	0	6	10	0	0	3	5	0	*48	0	0	*48	0	0
abbd/ce	3456	135	*10	128	270	*2	256	0	*1215	9	0	0	144	0	0	*1296	0
abcd/be	864	270	*2	*4	*135	1	2	54	0	0	36	0	0	36	0	0	*324
abbe/cd	27	0	1	2	0	2	4	0	0	*9	0	0	*9	0	0	0	0
abce/bd	216	0	64	*2	0	*32	1	27	0	0	18	0	0	*72	0	0	0
abde/bc	8	0	0	2	0	0	*1	3	0	0	*2	0	0	0	0	0	0
abbc/d/e	192	5	*3	0	10	*6	0	0	5	*3	0	*80	0	0	80	0	0
abbd/c/e	8640	375	1	*128	750	2	*256	0	*3375	*9	0	0	*144	0	0	3600	0
abcd/b/e	2160	750	2	4	*375	*1	*2	*54	0	0	*36	0	0	*36	0	0	900
abbe/c/d	45	0	2	*1	0	4	*2	0	0	*18	0	0	18	0	0	0	0
abce/b/d	720	0	256	2	0	*128	*1	*27	0	0	*18	0	0	288	0	0	0
abde/b/c	16	0	0	6	0	0	*3	*1	0	0	6	0	0	0	0	0	0

(2z). abccde

	N	a bccd/e	a bcce/d	a bcde/c	b accd/e	b acce/d	b acde/c	c abcd/e	c abce/d	c abde/c	c acde/b	d abcc/e	d abce/c	d acce/b	e abcc/d	e abcd/c	e accd/b
abccd/e	5	1	0	0	1	0	0	2	0	0	0	1	0	0	0	0	0
abcce/d	1920	*1	375	0	*1	375	0	*2	750	0	0	16	0	0	400	0	0
abcde/c	1152	*3	*5	160	*3	*5	160	6	10	320	0	0	240	0	0	240	0
accde/b	576	*3	*5	*40	3	5	40	0	0	0	240	0	0	120	0	0	120
abcc/de	128	3	5	0	3	5	0	6	10	0	0	*48	0	0	*48	0	0
abcd/ce	1152	135	*1	32	135	*1	32	*270	2	64	0	0	48	0	0	*432	0
accd/be	576	135	*1	*8	*135	1	8	0	0	0	48	0	0	24	0	0	*216
abce/cd	18	0	2	1	0	2	1	0	*4	2	0	0	*6	0	0	0	0
abde/cc	36	0	8	*1	0	*8	1	0	0	0	6	0	0	*12	0	0	0
acce/bd	4	0	0	1	0	0	1	0	0	*2	0	0	0	0	0	0	0
abcc/d/e	192	5	*3	0	5	*3	0	10	*6	0	0	*80	0	0	80	0	0
abcd/c/e	2880	375	1	*32	375	1	*32	*750	2	*64	0	0	*48	0	0	1200	0
accd/b/e	1440	375	1	8	*375	*1	*8	0	0	0	*48	0	0	*24	0	0	600
abce/c/d	60	0	8	*1	0	8	*1	0	*16	*2	0	0	24	0	0	0	0
acce/b/d	120	0	32	1	0	*32	*1	0	0	0	*6	0	0	48	0	0	0
acde/b/c	8	0	0	3	0	0	*3	0	0	0	2	0	0	0	0	0	0

CGC Tables III-2 (2aa) — (2ab)

(2aa).   abcdde

	N	a bcde	a bcde d	a bdde c	b acdd e	b acde d	b adde c	c abdd e	c abde d	c adde b	d abcd e	d abce d	d abde c	d acde b	e abcd d	e abdd c	e acdd b
abcdde	5	1	0	0	1	0	0	1	0	0	2	0	0	0	0	0	0
abcded	1440	*2	250	0	*2	250	0	*2	250	0	9	375	0	0	300	0	0
abddec	576	*1	*5	90	*1	*5	90	4	20	0	0	0	240	0	0	120	0
acddeb	192	*1	*5	*10	1	5	10	0	0	40	0	0	0	80	0	0	40
abcdde	288	18	10	0	18	10	0	18	10	0	*81	15	0	0	*108	0	0
abddce	576	45	*1	18	45	*1	18	*180	4	0	0	0	48	0	0	*216	0
acddbe	192	45	*1	*2	*45	1	2	0	0	8	0	0	0	16	0	0	*72
abcedd	144	5	16	0	5	16	0	5	16	0	*45	0	0	0	*36	0	0
abdecd	36	0	2	9	0	2	9	0	*8	0	0	0	*6	0	0	0	0
acdebd	12	0	2	*1	0	*2	1	0	0	4	0	0	0	*2	0	0	0
abcde	144	10	*2	0	10	*2	0	10	*2	0	*45	*3	0	0	60	0	0
abddce	1440	125	1	*18	125	1	*18	*500	*4	0	0	0	*48	0	0	600	0
acddbe	480	125	1	2	*125	*1	*2	0	*8	0	0	0	*16	0	0	0	200
abdecd	20	0	2	*1	0	2	*1	0	*8	0	0	0	6	0	0	0	0
acdebd	60	0	18	1	0	*18	*1	0	*4	0	0	0	0	18	0	0	0
addebc	3	0	0	1	0	0	*1	0	0	1	0	0	0	0	0	0	0

(2ab).   abcdee

	N	a bcde e	a bcee d	a bdee c	b acde e	b acee d	b adee c	c abde e	c abee d	c adee b	d abce e	d abee c	d acee b	e abcd e	e abce d	e abde c	e acde b
abcdee	16	3	0	0	3	0	0	3	0	0	3	0	0	4	0	0	0
abceed	432	*1	80	0	*1	80	0	*1	80	0	9	0	0	0	180	0	0
abdeec	864	*4	*5	135	*4	*5	135	16	20	0	0	180	0	0	0	360	0
acdeeb	288	*4	*5	*15	4	5	15	0	0	60	0	0	60	0	0	0	120
abcdee	16	1	0	0	1	0	0	1	0	0	1	0	0	*12	0	0	0
abcede	144	5	16	0	5	16	0	5	16	0	*45	0	0	0	*36	0	0
abdece	288	20	*1	27	20	*1	27	*80	4	0	0	36	0	0	0	*72	0
acdebe	96	20	*1	*3	*20	1	3	0	0	12	0	0	12	0	0	0	*24
abeecd	16	0	1	3	0	1	3	0	*4	0	0	*4	0	0	0	0	0
aceebd	16	0	3	*1	0	*3	1	0	0	4	0	0	*4	0	0	0	0
adeebc	108	5	*4	0	5	*4	0	5	*4	0	*45	0	0	0	36	0	0
abcde	864	80	1	*27	80	1	*27	*320	*4	0	0	*36	0	0	0	288	0
abdece	288	80	1	3	*80	*1	*3	0	0	*12	0	0	*12	0	0	0	96
acdebe	32	0	3	*1	0	3	*1	0	*12	0	0	12	0	0	0	0	0
aceebd	96	0	27	1	0	*27	*1	0	0	*4	0	0	36	0	0	0	0
adeebc	3	0	0	1	0	0	*1	0	0	1	0	0	0	0	0	0	0

CGC Table III-2 (2ac)

(2ac).	abcdef	a bcde f	a bcdf e	a bcef d	a bdef c	b acde f	b acdf e	b acef d	b adef c	c abde f	c abdf e	c abef d	c adef b	d abce f	d abcf e	d abef c	d acef b	e abcd f	e abcf d	e abdf c	e acdf b	f abcd e	f abce d	f abde c	f acd b
	N																								
abcde f	5	1	0	0	0	0	0	0	0	0	0	0	0	0	1	0	0	1	0	0	0	0	0	0	0
abcdf e	1920	*1	375	0	0	0	0	0	0	375	0	0	0	*1	375	*1	0	16	0	0	0	0	0	0	0
abcef d	3456	*3	*5	640	0	640	0	0	0	*5	640	0	0	27	45	0	0	0	720	0	0	720	0	0	0
abdef c	1728	*3	*5	*10	270	*10	270	0	0	*5	40	360	0	0	0	360	0	0	0	360	0	0	0	360	0
acdef b	576	*3	*5	*10	*30	10	30	12	0	20	0	0	120	0	0	0	120	0	0	0	120	0	0	0	120
abcd ef	128	3	5	5	0	0	0	0	0	0	0	0	0	0	0	0	0	0	0	0	0	0	0	0	0
abce df	3456	135	*1	*1	0	128	0	*27	3	5	128	0	0	*48	5	144	0	*48	0	*1296	0	*48	0	0	0
abde cf	1728	135	*1	*2	54	*2	54	*3	*1	*1	8	72	0	*1215	9	0	0	0	144	0	0	0	*648	0	0
acde bf	576	135	*1	*2	6	*6	*540	*1	128	4	0	0	24	0	0	72	0	0	0	0	24	0	0	0	*216
abcf de	27	0	1	1	*135	0	0	0	0	4	0	0	24	0	0	0	0	0	0	0	0	0	0	0	0
abdf ce	432	0	32	0	0	0	0	1	0	*128	0	36	0	0	*9	0	0	0	*9	0	*144	0	0	0	0
acdf be	144	0	32	*1	27	*1	27	3	0	0	0	0	*4	12	0	0	*4	0	0	0	0	*48	0	0	0
abef cd	16	0	0	*1	*3	*32	*3	*1	3	0	0	0	*4	0	0	*4	0	0	0	0	0	0	0	0	0
acef bd	16	0	0	1	3	0	1	3	0	*3	0	*4	0	4	0	0	0	0	0	0	0	0	0	0	0
abcd ef	192	5	*3	0	*1	0	*3	1	0	*3	0	0	0	0	*3	5	0	*80	0	0	0	0	0	0	0
abce df	8640	375	1	*128	0	*128	0	*128	1	1	*128	*128	0	*3375	*9	0	0	0	*144	0	0	3600	0	0	0
abde cf	4320	375	1	2	*54	2	*54	*1500	*4	*4	*8	*8	0	0	0	375	0	0	0	0	0	0	1800	0	0
acde bf	1440	375	1	2	6	*2	*6	375	*1500	0	0	0	*24	0	0	*1500	*24	0	0	*72	*24	0	0	0	600
abcf de	45	0	1	*1	*375	*1	0	0	0	2	*1	0	0	0	0	0	0	0	0	0	0	0	0	0	0
abdf ce	1440	0	2	0	0	0	0	0	0	*512	*4	0	0	*18	0	0	0	18	0	576	0	0	0	0	0
abef cd	480	128	128	1	*27	1	*27	128	*27	0	0	*12	*12	0	0	0	*12	0	0	0	192	0	0	0	0
acdf be	32	0	0	1	3	*128	*3	*128	*3	0	0	0	0	0	0	0	0	0	0	0	0	0	0	0	0
abef cd	96	0	0	3	*1	0	*1	0	*1	0	*12	0	36	0	0	0	0	0	0	0	0	0	0	0	0
acef bd	3	0	0	27	1	*27	*1	0	*1	0	0	*4	1	0	0	0	0	0	0	0	0	0	0	0	0
adef bc	3	0	0	0	1	0	*1	0	*1	0	0	0	1	0	0	0	0	0	0	0	0	0	0	0	0

CGC Tables III-3 (3a) — (3l)

TABLE III-3 [1]×[32]

(3a). aaabbb

	N	a aab bb	b aaa bb
aaabbb	2	1	1
aaabbb	2	1	*1

(3b). aaabbc

	N	a aab bc	a aac bb	b aaa bc	c aaa bb
aaabbc	3	2	0	1	0
aaacbb	30	*1	18	2	9
aaabbc	6	1	2	*2	*1
aaabbc	15	2	*1	*4	8

(3c). aaabcc

	N	a aab cc	a aac bc	b aaa cc	c aaa bc
aaabcc	4	3	0	1	0
aaacbc	60	*1	32	3	24
aaabcc	18	1	8	*3	*6
aaabcc	45	8	*1	*24	12

(3d). aabbbc

	N	a abb bc	b aab bc	b aac bb	c aab bb
aabbbc	3	1	2	0	0
aabcbb	30	*2	1	18	9
aabbbc	6	2	*1	2	*1
aabbbc	15	4	*2	*1	8

(3e). aabccc

	N	a abc cc	b aac cc	c aab cc	c aac bc
aabccc	6	2	1	3	0
aabccc	15	*1	2	0	12
aabccc	6	2	1	*3	0
aabccc	15	4	*8	0	3

(3f). abbbcc

	N	a bbb cc	b abb cc	b abc bc	c abb bc
abbbcc	4	1	3	0	0
abbcbc	60	*3	1	32	24
abbbcc	18	3	*1	8	*6
abbbcc	45	24	*8	*1	12

(3g). abbccc

	N	a bbc cc	b abc cc	c abb cc	c abb bc
abbccc	6	1	2	3	0
abbccc	15	*2	1	0	12
abbccc	6	1	2	*3	0
abbccc	45	24	*8	*1	12

(3h). aaabcd

	N	a aab cd	a aac bd	a aad bc	b aaa cd	c aaa bd	d aaa bc
aaabcd	4	3	0	0	1	0	0
aaacbd	180	*1	128	0	3	48	0
aaadbc	90	*1	*2	54	3	3	27
aaabcd	18	1	2	6	*3	*3	*3
aaabcd	45	2	4	*3	*6	*6	24
aaabcd	15	2	*1	0	*6	6	0

(3i). abbbcd

	N	a bbb cd	b abb cd	b abc bd	b abd bc	c abb bd	d abb bc
abbbcd	4	1	3	0	0	0	0
abbcbd	180	*3	1	128	0	48	0
abbdbc	90	*3	1	*2	54	3	27
abbbcd	18	3	*1	2	6	*3	*3
abbbcd	45	6	*2	4	*3	*6	24
abbbcd	15	6	*2	*1	0	6	0

(3j). abcccd

	N	a bcc cd	b acc cd	c abc cd	c acc bd	c abd cc	d abc cc
abcccd	6	1	1	4	0	0	0
accbcd	10	*1	1	0	8	0	0
abcdcc	30	*1	*1	1	0	18	9
abcccd	6	1	1	*1	0	2	*1
abcccd	15	2	2	*2	0	*1	8
accbcd	5	2	*2	0	1	0	0

(3k). abcddd

	N	a bcd dd	b acd dd	c abd dd	d abc dd	d abd cd	d add bc
abcddd	6	1	1	1	3	0	0
abdcdd	30	*1	*1	4	0	24	0
acddbd	10	*1	1	0	0	0	8
abcdddd	6	1	1	1	*3	0	0
abcddd	15	2	2	*8	0	3	0
acdbdd	5	2	*2	0	0	0	1

(3l). aabbcc

	N	a abb cc	a abc bc	b aab cc	b aac bc	c aab bc	c aac bb
aabbcc	2	1	0	1	0	0	0
aabcbc	30	*1	8	1	8	12	0
aaccbb	5	0	*1	0	1	0	3
aabbcc	9	1	2	*1	2	*3	0
aabbcc	90	32	*1	*32	*1	24	0
aacbbc	10	0	3	0	*3	0	4

(3m). aabbcd

	N	a abb cd	a abc bd	a abd bc	b aab cd	b aac bd	b aad bc	c aab bd	c aad bb	d aab bc	d aac bb
aabb cd	2	1	0	0	1	0	0	0	0	0	0
aabc bd	90	*1	32	0	1	32	0	24	0	0	0
aabd bc	90	*2	*1	27	2	*1	27	3	0	27	0
aacd bb	20	0	*1	*3	0	1	3	0	6	0	6
aab bcd	18	2	1	3	*2	1	3	*3	0	*3	0
aac bbd	12	0	3	*1	0	*3	1	0	2	0	*2
aab bc d	90	8	4	*3	*8	4	*3	*12	0	48	0
aab bd c	60	0	12	1	0	*12	*1	0	*2	0	32
aac bb d	30	8	*1	0	*8	*1	0	12	0	0	0
aad bb c	4	0	0	1	0	0	*1	0	2	0	0

(3n). aabccd

	N	a abc cd	a acc bd	a abd cc	b aac cd	b aad cc	c aab cd	c aac bd	c aad bc	d aab cc	d aac bc
aabc cd	9	4	0	0	2	0	3	0	0	0	0
aabd cc	45	*1	18	0	2	0	0	24	0	0	0
aacc bd	90	*2	0	36	*1	18	6	0	0	27	0
aacd bc	180	*2	*9	*9	4	18	0	3	81	0	54
aab ccd	18	2	0	4	1	2	*6	0	0	*3	0
aac bcd	36	2	9	*1	*4	2	0	*3	9	0	*6
aab cc d	45	4	0	*2	2	*1	*12	0	0	24	0
aac bc d	180	8	36	1	*16	*2	0	*12	*9	0	96
aac bd c	10	2	*1	0	*4	0	0	3	0	0	0
aad bc c	4	0	0	1	0	*2	0	1	0	0	0

(3o). aabcdd

	N	a abc dd	a abd cd	a acd bd	b aac dd	b aad cd	c aab dd	c aad bd	d aab cd	d aac bd	d aad bc
aabc dd	4	2	0	0	1	0	1	0	0	0	0
aabd cd	180	*2	64	0	*1	32	9	0	72	0	0
aacd bd	90	*2	*1	27	4	2	0	18	0	36	0
aadd bc	20	0	*1	*3	0	2	0	2	0	0	12
aab cdd	54	2	16	0	1	8	*9	0	*18	0	0
aac bdd	108	8	*1	27	*16	2	0	18	0	*36	0
aab cd d	135	16	*2	0	8	*1	*72	0	36	0	0
aac bd d	2160	512	1	*27	*1024	*2	0	*18	0	576	0
aad bc d	40	0	3	9	0	*6	0	*6	0	0	16
aad bd c	16	0	3	*1	0	*6	0	6	0	0	0

CGC Tables III-3 (3p) — (3r)

(3p). abbccd

	N	a bbc cd	a bbd cc	b abc cd	b acc bd	b abd cc	c abb cd	c abc bd	c abd bc	d abb cc	d abc bc
abbc cd	9	2	0	4	0	0	3	0	0	0	0
abcc bd	45	*2	0	1	18	0	0	24	0	0	0
abbd cc	90	*1	18	*2	0	36	6	0	0	27	0
abcd bc	180	*4	18	2	*9	9	0	3	81	0	54
abb ccd	18	1	2	2	0	4	*6	0	0	*3	0
abc bcd	36	4	*2	*2	9	1	0	*3	9	0	*6
abb cc d	45	2	*1	4	0	*2	*12	0	0	24	0
abc bc d	180	16	2	*8	36	*1	0	*12	*9	0	96
abc bd c	10	4	0	*2	*1	0	0	3	0	0	0
abd bc c	4	0	2	0	0	*1	0	0	1	0	0

(3q). abbcdd

	N	a bbc dd	a bbd cd	b abc dd	b abd cd	b acd bd	c abb dd	c abd bd	d abb cd	d abc bd	d abd bc
abbc dd	4	1	0	2	0	0	1	0	0	0	0
abbd cd	180	*1	32	*2	64	0	9	0	72	0	0
abcd bd	90	*4	*2	2	1	27	0	18	0	36	0
abdd bc	20	0	*2	0	1	*3	0	2	0	0	12
abb cdd	54	1	8	2	16	0	*9	0	*18	0	0
abc bdd	108	16	*2	*8	1	27	0	18	0	*36	0
abb cd d	135	8	*1	16	*2	0	*72	0	36	0	0
abc bd d	2160	1024	2	*512	*1	*27	0	*18	0	576	0
abd bc d	40	0	6	0	*3	9	0	*6	0	0	16
abd bd c	16	0	6	0	*3	*1	0	6	0	0	0

(3r). abccdd

	N	a bcc dd	a bcd cd	b acc dd	b acd cd	c abc dd	c abd cd	c acd bd	d abc cd	d acc bd	d abd bc
abcc dd	4	1	0	1	0	2	0	0	0	0	0
abcd cd	60	*1	8	*1	8	2	16	0	24	0	0
accd bd	30	*1	*2	1	2	0	0	12	0	12	0
abdd cc	10	0	*1	0	*1	0	2	0	0	0	6
abc cdd	18	1	2	1	2	*2	4	0	*6	0	0
acc bdd	18	1	*1	*2	1	0	0	6	0	*6	0
abc cd d	180	32	*1	32	*1	*64	*2	0	48	0	0
acc bd d	360	128	1	*128	*1	0	0	*6	0	96	0
abd cc d	20	0	3	0	3	0	*6	0	0	0	8
acd bd c	8	0	3	0	*3	0	0	2	0	0	0

CGC Tables III-3 (3s) — (3t)

(3s) aabcde |1| × |32| = |42| + |33| + |321|

	N	a abc de	a abd ce	a acd be	a abe cd	a ace bd	b aac de	b aad ce	b aae cd	c aab de	c aad be	c aae bd	d aab ce	d aac be	d aae bc	e aab cd	e aac bd	e aad bc
aabcde	4	2	0	0	0	0	1	0	0	1	0	0	0	0	0	0	0	0
aabdce	540	*2	256	0	0	0	*1	128	0	9	0	0	144	0	0	0	0	0
aacdbe	135	*1	*2	54	0	0	2	4	0	0	36	0	0	36	0	0	0	0
aabecd	270	*2	*4	0	108	0	*1	*2	54	9	0	0	9	0	0	81	0	0
aacebd	2160	*32	1	*27	*27	729	64	*2	54	0	*18	486	0	72	0	0	648	0
aadebc	80	0	*1	*3	*3	*9	0	2	6	0	2	6	0	0	24	0	0	24
aabcde	54	2	4	0	12	0	1	2	6	*9	0	0	*9	0	0	*9	0	0
aacbde	432	32	*1	27	*3	81	*64	2	6	0	18	54	0	*72	0	0	*72	0
aadbce	48	0	3	9	*1	*3	0	*6	2	0	*6	2	0	0	8	0	0	*8
aabcde	135	4	8	0	*6	0	2	4	*3	*18	0	0	*18	0	0	72	0	0
aacbde	2160	128	*4	1080	3	*81	*256	8	*6	0	72	*54	0	*288	0	0	1152	0
aadbce	240	0	12	36	1	3	0	*24	*2	0	*24	*2	0	0	*8	0	0	128
aabced	45	4	*2	0	0	0	2	*1	0	*18	0	0	18	0	0	0	0	0
aacbed	720	128	1	*27	0	0	*256	*2	0	0	*18	0	0	288	0	0	0	0
aadbec	16	0	3	*1	0	0	0	*6	0	0	6	0	0	0	0	0	0	0
aaebcd	16	0	0	0	1	3	0	0	*2	0	0	*2	0	0	8	0	0	0
aaebdc	16	0	0	0	3	*1	0	0	*6	0	0	6	0	0	0	0	0	0

(3t). abbcde

	N	a bbc de	a bbd ce	a bbe cd	b abc de	b abd ce	b acd be	b abe cd	b ace bd	c abb de	c abd be	c abe bd	d abb ce	d abc be	d abe bc	e abb cd	e abc bd	e abd bc
abbcde	4	1	0	0	2	0	0	0	0	1	0	0	0	0	0	0	0	0
abbdce	540	*1	128	0	*2	256	0	0	0	9	0	0	144	0	0	0	0	0
abcdbe	135	*2	*4	0	1	2	54	0	0	0	36	0	0	36	0	0	0	0
abbecd	270	*1	*2	54	*2	*4	0	108	0	9	0	0	9	0	0	81	0	0
abcebd	2160	*64	2	*54	32	*1	*27	27	729	0	*18	486	0	72	0	0	648	0
abdebc	80	0	*2	*6	0	1	*3	3	*9	0	2	6	0	0	24	0	0	24
abbcde	54	1	2	6	2	4	0	12	0	*9	0	0	*9	0	*9	0	0	0
abcbde	432	64	*2	*6	*32	1	27	3	81	0	18	54	0	*72	0	0	*72	0
abdbce	48	0	6	*2	0	*3	9	1	*3	0	*6	2	0	0	8	0	0	*8
abbcde	135	2	4	*3	4	8	0	*6	0	*18	0	0	*18	0	0	72	0	0
abcbde	2160	256	*8	6	*128	4	1080	*3	*81	0	72	*54	0	*288	0	0	1152	0
abdbce	240	0	24	2	0	*12	36	*1	3	0	*24	*2	0	*8	0	0	0	128
abbced	45	2	*1	0	4	*2	0	0	0	*18	0	0	18	0	0	0	0	0
abcbed	720	256	2	0	*128	*1	*27	0	0	0	*18	0	0	288	0	0	0	0
abdbec	16	0	6	0	0	*3	*1	0	0	0	6	0	0	0	0	0	0	0
abebcd	16	0	0	2	0	0	0	*1	3	0	0	*2	0	0	8	0	0	0
abebdc	16	0	0	6	0	0	0	*3	*1	0	0	6	0	0	0	0	0	0

CGC Tables III-3 (3u) — (3v)

(3u).   abccde

	N	a bcc de	a bcd ce	a bce cd	b acc de	b acd ce	b ace cd	c abc de	c abd ce	c acd be	c abe cd	c ace bd	d abc ce	d acc be	d abe cc	e abc cd	e acc bd	e abd cc
abccde	4	1	0	0	1	0	0	2	0	0	0	0	0	0	0	0	0	0
abcdce	180	*1	32	0	*1	32	0	2	64	0	0	0	48	0	0	0	0	0
accdbe	90	*1	*8	0	1	8	0	0	0	48	0	0	0	24	0	0	0	0
abcecd	180	*2	*1	27	*2	*1	27	4	*2	0	54	0	6	0	0	54	0	0
accebd	360	*8	1	*27	8	*1	27	0	0	*6	0	162	0	12	0	0	108	0
abdecc	40	0	*1	*3	0	*1	*3	0	3	0	6	0	0	0	12	0	0	12
abccde	36	2	1	3	2	1	3	*6	2	0	6	0	*6	0	0	*6	0	0
accbde	72	8	*1	*3	*8	1	3	0	0	6	0	18	0	*12	0	0	*12	0
abdcce	24	0	3	*1	0	3	*1	0	*6	0	2	0	0	0	4	0	0	*4
abccde	180	8	4	*3	8	4	*3	*16	8	0	*6	0	*24	0	0	96	0	0
accbde	360	32	*4	3	*32	4	*3	0	0	24	0	*18	0	*48	0	0	192	0
abdcce	120	0	12	1	0	12	1	0	*24	0	*4	0	0	0	*4	0	0	64
abcced	60	8	*1	0	8	*1	0	*16	*2	0	0	0	24	0	0	0	0	0
accbde	120	32	1	0	*32	*1	0	0	0	*6	0	0	0	48	0	0	0	0
acdbec	8	0	3	0	0	*3	0	0	0	2	0	0	0	0	0	0	0	0
abeccd	8	0	0	1	0	0	1	0	0	0	*2	0	0	0	4	0	0	0
acebdc	8	0	0	3	0	0	*3	0	0	0	0	2	0	0	0	0	0	0

(3v).   abcdde

	N	a bcd de	a bdd ce	a bce dd	b acd de	b add ce	b ace dd	c abd de	c add be	c abe dd	d abc de	d abd ce	d acd be	d abe cd	d ace bd	e abc dd	e abd cd	e acd bd
abcdde	9	2	0	0	2	0	0	2	0	0	3	0	0	0	0	0	0	0
abddce	90	*1	18	0	*1	18	0	8	0	0	0	48	0	0	0	0	0	0
acddbe	30	*1	*2	0	1	2	0	0	8	0	0	0	16	0	0	0	0	0
abcedd	90	*1	0	18	*1	0	18	*1	0	18	6	0	0	0	0	27	0	0
abdecd	360	*2	*9	*9	*2	*9	*9	8	0	36	0	6	0	162	0	0	108	0
acdebd	120	*2	1	*9	2	*1	9	0	*4	0	0	0	2	0	54	0	0	36
abcdde	18	1	0	2	1	0	2	1	0	2	*6	0	0	0	0	*3	0	0
abdcde	72	2	9	*1	2	9	*1	*8	0	4	0	*6	0	18	0	0	*12	0
acdbde	24	2	*1	*1	*2	1	1	0	4	0	0	0	*2	0	6	0	0	*4
abcdde	45	2	0	*1	2	0	*1	2	0	*1	*4	0	0	0	0	24	0	0
abdcde	360	8	36	1	8	36	1	*32	0	*4	0	*24	0	*18	0	0	192	0
acdbde	120	8	*4	1	*8	4	*1	0	16	0	0	0	*8	0	*6	0	0	64
abdced	20	2	*1	0	2	*1	0	*8	0	0	0	6	0	0	0	0	0	0
acdbed	60	18	1	0	*18	*1	0	0	*4	0	0	0	18	0	0	0	0	0
addbec	3	0	1	0	0	*1	0	0	1	0	0	0	0	0	0	0	0	0
abecdd	8	0	0	1	0	0	1	0	0	*4	0	0	0	2	0	0	0	0
acebdd	8	0	0	3	0	0	*3	0	0	0	0	0	0	0	2	0	0	0

CGC Table III-3 (3w)

(3w). abcdee

	N	a bcd ee	a bce de	a bde ce	b acd ee	b ace de	b ade ce	c abd ee	c abe de	c ade be	d abc ee	d abe ce	d ace be	e abc de	e abd ce	e acd be	e abe cd	e ace bd
abcd ee	4	1	0	0	1	0	0	1	0	0	1	0	0	0	0	0	0	0
abce de	180	*1	32	0	*1	32	0	*1	32	0	9	0	0	0	0	0	0	0
abde ce	180	*2	*1	27	*2	*1	27	8	4	0	0	36	0	72	72	0	0	0
acde be	60	*2	*1	*3	2	1	3	0	0	12	0	0	12	0	0	24	0	0
abee cd	40	0	*1	*3	0	*1	*3	0	4	0	0	4	0	0	0	0	0	0
acee bd	40	0	*3	1	0	3	*1	0	0	*4	0	0	4	0	0	0	24	24
abc dee	54	1	8	0	1	8	0	1	8	0	*9	0	0	*18	0	0	0	0
abd cee	216	8	*1	27	8	*1	27	*32	4	0	0	36	0	0	*72	*24	0	0
acd bee	72	8	*1	*3	*8	1	3	0	0	12	0	0	12	0	0	0	0	0
abc de e	135	8	*1	0	8	*1	0	8	*1	0	*72	0	0	36	0	0	0	0
abd ce e	4320	512	1	*270	512	1	*270	*2048	*4	0	0	*36	0	0	1152	0	0	0
acd be e	1440	512	1	3	*512	*1	*3	0	0	*12	0	0	*12	0	0	384	0	0
abe cd e	80	0	3	9	0	3	9	0	*12	0	0	*12	0	0	0	0	0	0
ace bd e	80	0	9	*3	0	*9	3	0	0	12	0	0	*12	0	0	0	32	32
abe ce d	32	0	3	*1	0	3	*1	0	*12	0	0	12	0	0	0	0	0	0
ace be d	96	0	27	1	0	*27	*1	0	0	*4	0	0	36	0	0	0	0	0
ade be c	3	0	0	0	0	0	*1	0	0	1	0	0	0	0	0	0	0	0

CGC Table III-3 (3x)

(3x). abcdef |1| x |32| = |42| + |33| + |321|

	N	a bcd ef	a bce df	a bde cf	a bcf de	a bdf ce	b acd ef	b ace df	b ade cf	b acf de	b adf ce	c abd ef	c abe df	c ade bf	c abf de
abcd ef	4	1	0	0	0	0	1	0	0	0	0	1	0	0	0
abce df	540	*1	128	0	0	0	*1	128	0	0	0	*1	128	0	0
abde cf	270	*1	*2	54	0	0	*1	*2	54	0	0	4	8	0	0
acde bf	90	*1	*2	*6	0	0	1	2	6	0	0	0	0	24	0
abcf de	270	*1	*2	0	54	0	*1	*2	0	54	0	*1	*2	0	54
abdf ce	4320	*32	1	*27	*27	729	*32	1	*27	*27	729	128	*4	0	108
acdf be	1440	*32	1	3	*27	*81	32	*1	*3	27	81	0	0	*12	0
abef cd	160	0	*1	*3	*3	*9	0	*1	*3	*3	*9	0	4	0	12
acef bd	160	0	*3	1	*9	3	0	3	*1	9	*3	0	0	*4	0
abc def	54	1	2	0	6	0	1	2	0	6	0	1	2	0	6
abd cef	864	32	*1	27	*3	81	32	*1	27	*3	81	*128	4	0	12
acd bef	288	32	*1	*3	*3	*9	*32	1	3	3	9	0	0	12	0
abe cdf	96	0	3	9	*1	*3	0	3	9	*1	*3	0	*12	0	4
ace bdf	96	0	9	*3	*3	1	0	*9	3	3	*1	0	0	12	0
abc def	135	2	4	0	*3	0	2	4	0	*3	0	2	4	0	*3
abd cef	4320	128	*4	108	3	*81	128	*4	108	3	*81	*512	16	0	*12
acd bef	1440	128	*4	*12	3	9	*128	4	12	*3	*9	0	0	48	0
abe cdf	480	0	12	36	1	3	0	12	36	1	3	0	*48	0	*4
ace bdf	480	0	36	*12	3	*1	0	*36	12	*3	1	0	0	48	0
abc dfe	45	2	*1	0	0	0	2	*1	0	0	0	2	*1	0	0
abd cfe	1440	128	1	*27	0	0	128	1	*27	0	0	*512	*4	0	0
acd bfe	480	128	1	3	0	0	*128	*1	*3	0	0	0	0	*12	0
abe cfd	32	0	3	*1	0	0	0	3	*1	0	0	0	*12	0	0
ace bfd	96	0	27	1	0	0	0	*27	*1	0	0	0	0	*4	0
ade bfc	3	0	0	1	0	0	0	0	*1	0	0	0	0	1	0
abf cde	32	0	0	0	1	3	0	0	0	1	3	0	0	0	*4
acf bde	32	0	0	0	3	*1	0	0	0	*3	1	0	0	0	0
abf ced	32	0	0	0	3	*1	0	0	0	3	*1	0	0	0	*12
acf bed	96	0	0	0	27	1	0	0	0	*27	*1	0	0	0	0
adf bec	3	0	0	0	0	1	0	0	0	0	*1	0	0	0	0

CGC Table III-3 (3x)

c adf be	d abc ef	d abe cf	d ace bf	d abf ce	d acf be	e abc df	e abd cf	e acd bf	e abf cd	e acf bd	f abc de	f abd ce	f acd be	f abe cd	f ace bd
0	1	0	0	0	0	0	0	0	0	0	0	0	0	0	0
0	9	0	0	0	0	144	0	0	0	0	0	0	0	0	0
0	0	72	0	0	0	0	72	0	0	0	0	0	0	0	0
0	0	0	24	0	0	0	0	24	0	0	0	0	0	0	0
0	9	0	0	0	0	9	0	0	0	0	81	0	0	0	0
0	0	*36	0	972	0	0	144	0	0	0	0	1296	0	0	0
324	0	0	*12	0	324	0	0	48	0	0	0	0	432	0	0
0	0	4	0	12	0	0	0	0	48	0	0	0	0	48	0
*12	0	0	4	0	12	0	0	0	0	48	0	0	0	0	48
0	*9	0	0	0	0	*9	0	0	0	0	*9	0	0	0	0
0	0	36	0	108	0	0	*144	0	0	0	0	*144	0	0	0
36	0	0	12	0	36	0	0	*48	0	0	0	0	*48	0	0
0	0	*12	0	4	0	0	0	0	16	0	0	0	0	*16	0
*4	0	0	*12	0	4	0	0	0	0	16	0	0	0	0	*16
0	*18	0	0	0	0	*18	0	0	0	0	72	0	0	0	0
0	0	144	0	*108	0	0	*576	0	0	0	0	2304	0	0	0
*36	0	0	48	0	*36	0	0	*192	0	0	0	0	768	0	0
0	0	*48	0	*4	0	0	0	0	*16	0	0	0	0	256	0
4	0	0	*48	0	*4	0	0	0	0	*16	0	0	0	0	256
0	*18	0	0	0	0	18	0	0	0	0	0	0	0	0	0
0	0	*36	0	0	0	0	576	0	0	0	0	0	0	0	0
0	0	0	*12	0	0	0	0	192	0	0	0	0	0	0	0
0	0	12	0	0	0	0	0	0	0	0	0	0	0	0	0
0	0	0	36	0	0	0	0	0	0	0	0	0	0	0	0
0	0	0	0	0	0	0	0	0	0	0	0	0	0	0	0
0	0	0	0	*4	0	0	0	0	16	0	0	0	0	0	0
4	0	0	0	0	*4	0	0	0	0	16	0	0	0	0	0
0	0	0	0	12	0	0	0	0	0	0	0	0	0	0	0
*4	0	0	0	0	36	0	0	0	0	0	0	0	0	0	0
1	0	0	0	0	0	0	0	0	0	0	0	0	0	0	0

CGC Tables III-4 (4a) — (4k)

TABLE III-4 [1]×[311]

(4a). aaabbc

N	a aab b aaa b b c c
aaab b c	3 2 1
aaa bb c	3 1 *2

(4b). aaabcc

N	a aac c aaa b b c c
aaac b c	3 2 1
aaa bc c	3 1 *2

(4c). aabbbc

N	a abb b aab b b c c
aabb b c	3 1 2
aab bb c	3 2 *1

(4d). aabccc

N	a acc c aac b b c c
aacc b c	3 1 2
aac bc c	3 2 *1

(4e). abbbcc

N	b abc c abb b b c c
abbc b c	3 2 1
abb bc c	3 1 *2

(4f). abbccc

N	b acc c abc b b c c
abcc b c	3 1 2
abc bc c	3 2 *1

(4g). aaabcd

N	a aab c d	a aac b d	a aad b c	b aaa c d	c aaa b d	d aaa b c
aaab c d	4	3	0	0	1	0	0
aaac b d	180	*1	128	0	3	48	0
aaad b c	540	2	*1	375	*6	6	150
aaa bc d	9	1	2	0	*3	*3	0
aaa bd c	54	*2	1	15	6	*6	*24
aaa b c d	108	10	*5	3	*30	30	*30

(4h). abbbcd

N	a bbb c d	b abb c d	b abc b d	b abd b c	c abb b d	d abb b c
abbb c d	4	1	3	0	0	0	0
abbc b d	180	*3	1	128	0	48	0
abbd b c	540	6	*2	*1	375	6	150
abb bc d	9	3	*1	2	0	*3	0
abb bd c	54	*6	2	1	15	*6	*24
abb b c d	108	30	*10	*5	3	30	*30

(4i). abcccd

N	a bcc c d	b acc c d	c abc c d	c acc b d	c acd b c	d acc b c
abcc c d	6	1	1	4	0	0	0
accc b d	10	*1	1	0	8	0	0
accd b c	180	2	*2	0	1	125	50
abc cc d	9	3	3	*3	0	0	0
acc bd c	18	*2	2	0	*1	5	*8
acc b c d	36	10	*10	0	5	1	*10

(4j). abcddd

N	a bdd c d	b add c d	c add b d	d abd c d	d acd b d	d add b c
abdd c d	6	1	1	0	4	0	0
acdd b d	18	*1	1	4	0	12	0
addd b c	18	1	*1	1	0	0	15
abd cd d	3	1	1	0	*1	0	0
acd bd d	9	*1	1	4	0	*3	0
add b c d	18	5	*5	5	0	0	*3

(4k). aabbcc

N	a abc b c	b aac b c	c aab b c
aabc b c	3	1	1	1
aab bc c	6	1	1	*4
aac bb c	2	1	*1	0

CGC Tables III-4 (41) — (4q)

(41).   aabbcd

	N	a abb c d	a abc b d	a abd b c	b aab c d	b aac b d	b aad b c	c aab b d	d aab b c
aabb c d	2	1	0	0	1	0	0	0	0
aabc b d	90	*1	32	0	1	32	0	24	0
aabd b c	1080	8	*1	375	*8	*1	375	12	300
aab bc d	9	2	1	0	*2	1	0	*3	0
aac bb d	2	0	1	0	0	*1	0	0	0
aab bd c	108	*8	1	15	8	1	15	*12	*48
aad bb c	2	0	0	1	0	0	*1	0	0
aab b c d	216	40	*5	8	*40	*5	8	60	*60

(4m).   aabccd

	N	a abc c d	a acc b d	a acd b c	b aac c d	c aab b d	c aac b d	c aad b c	d aac b c
aabc c d	9	4	0	0	2	3	0	0	0
aacc b d	45	*1	18	0	2	0	24	0	0
aacd b c	360	2	*1	125	*4	0	3	125	100
aab cc d	9	2	0	0	1	*6	0	0	0
aac bc d	18	2	9	0	*4	0	*3	0	0
aac bd c	36	*2	1	5	4	0	*3	5	*16
aad bc c	2	0	0	1	0	0	0	*1	0
aac b c d	72	10	*5	1	*20	0	15	1	*20

(4n).   aabcdd

	N	a abd c d	a acd b d	a add b c	b aad c d	c aad b d	d aab c d	d aac b d	d aad b c
aabd c d	9	4	0	0	2	0	3	0	0
aacd b d	72	*1	27	0	2	18	0	24	0
aadd b c	216	3	*1	80	*6	6	0	0	120
aab cd d	9	2	0	0	1	0	*6	0	0
aac bd d	144	*1	27	0	2	18	0	*96	0
aad bc d	8	1	3	0	*2	*2	0	0	0
aad bd c	432	*15	5	256	30	*30	0	0	*96
aad b c d	108	15	*5	4	*30	30	0	0	*24

(4o).   abbccd

	N	a bbc c d	b abc c d	b acc b d	b acd b c	c abb c d	c abc b d	c abd b c	d abc b c
abbc c d	9	2	4	0	0	3	0	0	0
abcc b d	45	*2	1	18	0	0	24	0	0
abcd b c	360	4	*2	*1	125	0	3	125	100
abb cc d	9	1	2	0	0	*6	0	0	0
abc bc d	18	4	*2	9	0	0	*3	0	0
abc bd c	36	*4	2	1	5	0	*3	5	*16
abd bc c	2	0	0	0	1	0	0	*1	0
abc b c d	72	20	*10	*5	1	0	15	1	*20

(4p).   abbcdd

	N	a bbd c d	b abd c d	b acd b d	b add b c	c abd b d	d abb c d	d abc b d	d abd b c
abbd c d	9	2	4	0	0	0	3	0	0
abcd b d	72	*2	1	27	0	18	0	24	0
abdd b c	216	6	*3	*1	80	6	0	0	120
abb cd d	9	1	2	0	0	0	*6	0	0
abc bd d	144	*2	1	27	0	18	0	*96	0
abd bc d	8	2	*1	3	0	*2	0	0	0
abd bd c	432	*30	15	5	256	*30	0	0	*96
abd b c d	108	30	*15	*5	4	30	0	0	*24

(4q).   abccdd

	N	a bcd c d	b acd c d	c abd c d	c acd b d	c add b c	d abc b d	d acc b d	d acd b c
abcd c d	6	1	1	2	0	0	2	0	0
accd b d	12	*1	1	0	6	0	0	4	0
acdd b c	108	3	*3	0	2	40	0	0	60
abc cd d	12	1	1	2	0	0	*8	0	0
acc bd d	24	*1	1	0	6	0	0	*16	0
abd cc d	4	1	1	*2	0	0	0	0	0
acd bd c	648	*45	45	0	*30	384	0	0	*144
acd b c d	54	15	*15	0	10	2	0	0	*12

CGC Table III-4 (4r)

(4r).   aabcde

	N	a abcde	a abdce	a acdbe	a abecd	a acebd	a adebc	b aacde	b aadce	b aaecd	c aabde	c aadbe	c aaebd	d aabce	d aacbe	d aaebc	e aabcd	e aacbd	e aadbc
aabcde	4	2	0	0	0	0	0	1	0	0	1	0	0	0	0	0	0	0	0
aabdce	540	*2	256	0	0	0	0	*1	128	0	9	0	0	144	0	0	0	0	0
aacdbe	135	*1	*2	54	0	0	0	2	4	0	0	36	0	0	36	0	0	0	0
aabecd	1620	4	*2	0	750	0	0	2	*1	375	*18	0	0	18	0	0	450	0	0
aacebd	25920	128	1	*27	*375	10125	0	*256	*2	750	0	*18	6750	0	288	0	0	7200	0
aadebc	1728	0	9	*3	15	*5	640	0	*18	*30	0	18	30	0	0	480	0	0	480
aabcde	27	2	4	0	0	0	0	1	2	0	*9	0	0	*9	0	0	0	0	0
aacbde	216	32	*1	27	0	0	0	*64	2	0	0	18	0	0	*72	0	0	0	0
aadbce	8	0	1	3	0	0	0	0	*2	0	0	*2	0	0	0	0	0	0	0
aabced	162	*4	2	0	30	0	0	*2	1	15	18	0	0	*18	0	0	*72	0	0
aacbed	2592	*128	*1	27	*15	405	0	256	2	30	0	18	270	0	*288	0	0	*1152	0
aadbec	864	0	*45	15	3	*1	128	0	90	*6	0	*90	6	0	0	96	0	0	*384
aaebcd	8	0	0	0	1	3	0	0	0	*2	0	0	*2	0	0	0	0	0	0
aaebdc	72	0	0	0	*3	1	32	0	0	6	0	0	*6	0	0	*24	0	0	0
aabcde	972	60	*30	0	18	0	0	30	*15	9	*270	0	0	270	0	0	*270	0	0
aacbde	5184	640	5	*135	*3	81	0	*1280	*10	6	0	*90	54	0	1440	0	0	*1440	0
aadbce	8640	0	1152	*375	3	*1	128	0	*2250	*6	0	2250	6	0	96	0	0	0	*2400
aaebcd	45	0	0	0	6	*2	1	0	0	*12	0	0	12	0	0	*12	0	0	0

CGC Table III-4 (4s)

(4s).   abbcde

	N	a bbcde	a bbdce	a bbecd	b abcde	b abdce	b acdbe	b abecd	b acebd	b adebc	c abbde	c abdbe	c abebd	d abbce	d abcbe	d abebc	e abbcd	e abcbd	e abdbc
abbcde	4	1	0	0	2	0	0	0	0	0	1	0	0	0	0	0	0	0	0
abbdce	540	*1	128	0	*2	256	0	0	0	0	9	0	0	144	0	0	0	0	0
abcdbe	135	*2	*4	0	1	2	54	0	0	0	0	36	0	0	36	0	0	0	0
abbecd	1620	2	*1	375	4	*2	0	750	0	0	*18	0	0	18	0	0	450	0	0
abcebd	25920	256	2	*750	*128	*1	*27	375	10125	0	0	*18	6750	0	288	0	0	7200	0
abdebc	1728	0	18	30	0	*9	*3	*15	*5	640	0	18	30	0	0	480	0	0	480
abbcde	27	1	2	0	2	4	0	0	0	0	*9	0	0	*9	0	0	0	0	0
abcbde	216	64	*2	0	*32	1	27	0	0	0	0	18	0	0	*72	0	0	0	0
abdbce	8	0	2	0	0	*1	3	0	0	0	0	*2	0	0	0	0	0	0	0
abbced	162	*2	1	15	*4	2	0	30	0	0	18	0	0	*18	0	0	*72	0	0
abcbed	2592	*256	*2	*30	128	1	27	15	405	0	0	18	270	0	*288	0	0	*1152	0
abdbec	864	0	*90	6	0	45	15	*3	*1	128	0	*90	6	0	0	96	0	0	*384
abebcd	8	0	0	2	0	0	0	*1	3	0	0	0	*2	0	0	0	0	0	0
abebdc	72	0	0	*6	0	0	0	3	1	32	0	0	*6	0	0	*24	0	0	0
abbcde	972	30	*15	9	60	*30	0	18	0	0	*270	0	0	270	0	0	*270	0	0
abcbde	5184	1280	10	*6	*640	*5	*135	3	81	0	0	*90	54	0	1440	0	0	*1440	0
abdbce	8640	0	2250	6	0	*1152	*375	*3	*1	128	0	2250	6	0	0	96	0	0	*2400
abebcd	45	0	0	12	0	0	0	*6	*2	1	0	0	12	0	0	*12	0	0	0

CGC Table III-4 (4t)

(4t).   abccde

	N	a bcc de	a bcd ce	a bce cd	b acc de	b acd ce	b ace cd	c abc de	c abd ce	c acd be	c abe cd	c ace bd	c ade bc	d abc ce	d acc be	d ace bc	e abc cd	e acc bd	e acd bc
abccde	4	1	0	0	1	0	0	2	0	0	0	0	0	0	0	0	0	0	0
abcdce	180	*1	32	0	*1	32	0	2	64	0	0	0	0	24	0	0	0	0	0
accdbe	90	*1	*8	0	1	8	0	0	0	48	0	0	0	0	24	0	0	0	0
abcecd	2160	8	*1	375	8	*1	375	*16	*2	0	750	0	0	24	0	0	600	0	0
accebd	4320	32	1	*375	*32	*1	375	0	0	*6	0	2250	0	0	48	0	0	1200	0
acdebc	864	0	9	15	0	*9	*15	0	0	6	0	10	320	0	0	240	0	0	240
abccde	18	2	1	0	2	1	0	*4	2	0	0	0	0	*6	0	0	0	0	0
accbde	36	8	*1	0	*8	1	0	0	0	6	0	0	0	0	*12	0	0	0	0
abdcce	4	0	1	0	0	1	0	0	*2	0	0	0	0	0	0	0	0	0	0
abcced	216	*8	1	15	*8	1	15	16	2	0	30	0	0	*24	0	0	*96	0	0
accbed	432	*32	*1	*15	32	1	15	0	0	2	0	90	0	0	*48	0	0	*192	0
acdbec	432	0	*45	3	0	45	*3	0	0	*30	0	2	64	0	0	48	0	0	*192
abeccd	4	0	0	1	0	0	1	0	0	0	*2	0	0	0	0	0	0	0	0
acebdc	36	0	0	*3	0	0	3	0	0	0	0	*2	16	0	0	*12	0	0	0
abccde	432	40	*5	3	40	*5	3	*80	*10	0	6	0	0	120	0	0	*120	0	0
accbde	864	160	5	*3	*160	*5	3	0	0	*30	0	18	0	0	240	0	0	*240	0
acdbce	4320	0	1152	3	0	*1152	*3	0	0	750	0	2	64	0	0	48	0	0	*1200
acebcd	45	0	0	12	0	0	*12	0	0	0	0	8	1	0	0	*12	0	0	0

CGC Table III-4 (4u)

(4u).   abcdde

	N	a bcd d e	a bdd c e	a bde c d	b acd d e	b add c e	b ade c d	c abd d e	c add b e	c ade b d	d abc d e	d abd c e	d acd b e	d abe c d	d ace b d	d ade b c	e abd c d	e acd b d	e add b c
abcd d e	9	2	0	0	2	0	0	2	0	0	3	0	0	0	0	0	0	0	0
abdd c e	90	*1	18	0	*1	18	0	4	0	0	0	48	0	0	0	0	0	0	0
acdd b e	30	*1	*2	0	1	2	0	0	8	0	0	0	16	0	0	0	0	0	0
abde c d	720	2	*1	125	2	*1	125	*8	0	0	0	6	0	250	0	0	200	0	0
acde b d	2160	18	1	*125	*18	*1	125	0	*4	500	0	0	18	0	750	0	0	600	0
adde b c	108	0	1	5	0	*1	*5	0	1	5	0	0	0	0	60	0	0	0	30
abc dd e	9	1	0	0	1	0	0	1	0	0	*6	0	0	0	0	0	0	0	0
abd cd e	36	2	9	0	2	9	0	*8	0	0	0	*6	0	0	0	0	0	0	0
acd bd e	12	2	*1	0	*2	1	0	0	4	0	0	0	*2	0	0	0	0	0	0
abd ce d	72	*2	1	5	*2	1	5	8	0	0	0	*6	0	10	0	0	*32	0	0
acd be d	216	*18	*1	*5	18	1	5	0	4	20	0	0	*18	0	30	0	0	*96	0
add be c	54	0	*5	1	0	5	*1	0	*5	1	0	0	0	0	12	0	0	0	*24
abe cd d	4	0	0	1	0	0	1	0	0	0	0	0	0	*2	0	0	0	0	0
ace bd d	12	0	0	*1	0	0	1	0	0	4	0	0	0	0	*6	0	0	0	0
abd c d e	144	10	*5	1	10	*5	1	*40	0	0	0	30	0	2	0	0	*40	0	0
acd b d e	432	90	5	*1	*90	*5	1	0	*20	4	0	0	90	0	6	0	0	*120	0
add b c e	540	0	125	1	0	*125	*1	0	125	1	0	0	0	0	0	12	0	0	*150
ade b c d	15	0	0	4	0	0	*4	0	0	4	0	0	0	0	0	*3	0	0	0

CGC Table III-4 (4w)

See p. 62 for Table III-4 (4v)

(4w).   abcdef

	N	a bcd ef	a bce df	a bde cf	a bcf de	a bdf ce	a bef cd	b acd ef	b ace df	b ade cf	b acf de	b adf ce	b aef cd	c abd ef	c abe df	c ade bf	c abf de	c adf be
abcdef	4	1	0	0	0	0	0	1	0	0	0	0	0	1	0	0	0	0
abcedf	540	*1	128	0	0	0	0	*1	128	0	0	0	0	*1	128	0	0	0
abdecf	270	*1	*2	54	0	0	0	*1	*2	54	0	0	0	4	8	0	0	0
acdebf	90	*1	*2	*6	0	0	0	1	2	6	0	0	0	0	0	24	0	0
abcfde	1620	2	*1	0	375	0	0	2	*1	0	375	0	0	2	*1	0	375	0
abdfce	51840	128	1	*27	*375	10125	0	128	1	*27	*375	10125	0	*512	*4	0	1500	0
acdfbe	17280	128	1	3	*375	*1125	0	*128	*1	*3	375	1125	0	0	0	*12	0	4500
abefcd	3456	0	9	*3	15	*5	640	0	9	*3	15	*5	640	0	*36	0	*60	0
acefbd	10368	0	81	3	135	5	*640	0	*81	*3	*135	*5	640	0	0	*12	0	*20
adefbc	324	0	0	3	0	5	10	0	0	*3	0	*5	*10	0	0	3	0	5
abcdef	27	1	2	0	0	0	0	1	2	0	0	0	0	1	2	0	0	0
abdcef	432	32	*1	27	0	0	0	32	*1	27	0	0	0	*128	4	0	0	0
acdbef	144	32	*1	*3	0	0	0	*32	1	3	0	0	0	0	0	12	0	0
abecdf	16	0	1	3	0	0	0	0	1	3	0	0	0	0	*4	0	0	0
acebdf	16	0	3	*1	0	0	0	0	*3	1	0	0	0	0	0	4	0	0
abcdfe	162	*2	1	0	15	0	0	*2	1	0	15	0	0	*2	1	0	15	0
abdcfe	5184	*128	*1	27	*15	405	0	*128	*1	27	*15	405	0	512	4	0	60	0
acdbfe	1728	*128	*1	*3	*15	*45	0	128	1	3	15	45	0	0	0	12	0	180
abecfd	1728	0	*45	15	3	*1	128	0	*45	15	3	*1	128	0	180	0	*12	0
acebfd	5184	0	*405	*15	27	1	*128	0	405	15	*27	*1	128	0	0	60	0	*4
adebfc	162	0	0	*15	0	1	2	0	0	15	0	*1	*2	0	0	*15	0	1
abfcde	16	0	0	0	1	3	0	0	0	0	1	3	0	0	0	0	*4	0
acfbde	16	0	0	0	3	*1	0	0	0	0	*3	1	0	0	0	0	0	4
abfced	144	0	0	0	*3	1	32	0	0	0	*3	1	32	0	0	0	12	0
acfbed	432	0	0	0	*27	*1	*32	0	0	0	27	1	32	0	0	0	0	4
adfbec	27	0	0	0	0	*2	1	0	0	0	0	2	*1	0	0	0	0	*2
abcdef	324	10	*5	0	3	0	0	10	*5	0	3	0	0	10	*5	0	3	0
abdcef	10368	640	5	*135	*3	81	0	640	5	*135	*3	81	0	*2560	*20	0	12	0
acdbef	3456	640	5	15	*3	*9	0	*640	*5	*15	3	9	0	0	0	*60	0	36
abecdf	17280	0	1125	*375	3	*1	128	0	1125	*375	3	*1	128	0	*4500	0	*12	0
acebdf	51840	0	10125	375	27	1	*128	0	*10125	*375	*27	*1	128	0	0	*1500	0	*4
adebcf	1620	0	0	375	0	1	2	0	0	*375	0	*1	*2	0	0	375	0	1
abfcde	90	0	0	0	6	*2	1	0	0	0	6	*2	1	0	0	0	*24	0
acfbde	270	0	0	0	54	2	*1	0	0	0	*54	*2	1	0	0	0	0	*8
adfbce	540	0	0	0	0	128	1	0	0	0	0	*128	*1	0	0	0	0	128
aefbcd	4	0	0	0	0	0	1	0	0	0	0	0	*1	0	0	0	0	0

CGC Table III-4 (4w)

c aef b d	d abc e f	d abe c f	d ace b f	d abf c e	d acf b e	d aef b c	e abc d f	e abd c f	e acd b f	e abf c d	e acf b d	e adf b c	f abc d e	f abd c e	f acd b e	f abe c d	f ace b d	f ade b c
0	1	0	0	0	0	0	0	0	0	0	0	0	0	0	0	0	0	0
0	9	0	0	0	0	0	144	0	0	0	0	0	0	0	0	0	0	0
0	0	72	0	0	0	0	0	72	0	0	0	0	0	0	0	0	0	0
0	0	0	24	0	0	0	0	0	24	0	0	0	0	0	0	0	0	0
0	*18	0	0	0	0	0	18	0	0	0	0	0	450	0	0	0	0	0
0	0	*36	0	13500	0	0	0	576	0	0	0	0	0	14400	0	0	0	0
0	0	0	*12	0	4500	0	0	0	192	0	0	0	0	0	4800	0	0	0
0	0	36	0	60	0	0	0	0	0	960	0	0	0	0	0	960	0	0
2560	0	0	108	0	180	0	0	0	0	0	2880	0	0	0	0	0	2880	0
10	0	0	0	0	0	90	0	0	0	0	0	90	0	0	0	0	0	90
0	*9	0	0	0	0	0	*9	0	0	0	0	0	0	0	0	0	0	0
0	0	36	0	0	0	0	0	*144	0	0	0	0	0	0	0	0	0	0
0	0	0	12	0	0	0	0	0	*48	0	0	0	0	0	0	0	0	0
0	0	*4	0	0	0	0	0	0	0	0	0	0	0	0	0	0	0	0
0	0	0	*4	0	0	0	0	0	0	0	0	0	0	0	0	0	0	0
0	18	0	0	0	0	0	*18	0	0	0	0	*72	0	0	0	0	0	0
0	0	36	0	540	0	0	0	*576	0	0	0	0	*2304	0	0	0	0	0
0	0	0	12	0	180	0	0	0	*192	0	0	0	0	0	*768	0	0	0
0	0	*180	0	12	0	0	0	0	0	192	0	0	0	0	*768	0	0	0
512	0	0	*540	0	36	0	0	0	0	0	576	0	0	0	0	0	*2304	0
2	0	0	0	0	0	18	0	0	0	0	0	18	0	0	0	0	0	*72
0	0	0	0	*4	0	0	0	0	0	0	0	0	0	0	0	0	0	0
0	0	0	0	0	*4	0	0	0	0	0	0	0	0	0	0	0	0	0
0	0	0	0	*12	0	0	0	0	*48	0	0	0	0	0	0	0	0	0
128	0	0	0	0	*36	0	0	0	0	*144	0	0	0	0	0	0	0	0
1	0	0	0	0	0	9	0	0	0	0	0	*9	0	0	0	0	0	0
0	*90	0	0	0	0	0	90	0	0	0	0	0	*90	0	0	0	0	0
0	0	*180	0	108	0	0	0	2880	0	0	0	0	0	*2880	0	0	0	0
0	0	0	*60	0	36	0	0	0	960	0	0	0	0	0	*960	0	0	0
0	0	4500	0	12	0	0	0	0	0	192	0	0	0	0	0	*4800	0	0
512	0	0	13500	0	36	0	0	0	0	0	576	0	0	0	0	0	*14400	0
2	0	0	0	0	0	18	0	0	0	0	0	18	0	0	0	0	0	*450
0	0	0	0	24	0	0	0	0	0	*24	0	0	0	0	0	0	0	0
4	0	0	0	0	72	0	0	0	0	0	*72	0	0	0	0	0	0	0
1	0	0	0	0	0	9	0	0	0	0	0	*144	0	0	0	0	0	0
1	0	0	0	0	0	*1	0	0	0	0	0	0	0	0	0	0	0	0

CGC Table III-4 (4v)

(4v).   abcdee

	N	a bce d e	a bde c e	a bee c d	b ace d e	b ade c e	b aee c d	c abe d e	c ade b e	c aee b d	d abe c e	d ace b e	d aee b c	e abc d e	e abd c e	e acd b e	e abe c d	e ace b d	e ade b c
abcde	9	2	0	0	2	0	0	2	0	0	0	0	0	3	0	0	0	0	0
abdce	144	*1	27	0	*1	27	0	4	0	0	36	0	0	0	48	0	0	0	0
acdbe	48	*1	*3	0	1	3	0	0	12	0	0	12	0	0	0	16	0	0	0
abeecd	432	3	*1	80	3	*1	80	*12	0	0	12	0	0	0	0	0	240	0	0
aceebd	1296	27	1	*80	*27	*1	80	0	*4	320	0	36	0	0	0	0	0	720	0
adeebc	162	0	4	5	0	*4	*5	0	4	5	0	0	45	0	0	0	0	0	90
abcdee	9	1	0	0	1	0	0	1	0	0	0	0	0	*6	0	0	0	0	0
abdcee	288	*1	27	0	*1	27	0	4	0	0	36	0	0	0	*192	0	0	0	0
acdbee	96	*1	*3	0	1	3	0	0	12	0	0	12	0	0	0	*64	0	0	0
abecde	16	1	3	0	1	3	0	*4	0	0	*4	0	0	0	0	0	0	0	0
acebde	16	3	*1	0	*3	1	0	0	4	0	0	*4	0	0	0	0	0	0	0
abeced	864	*15	5	256	*15	5	256	160	0	0	*160	0	0	0	0	0	*192	0	0
acebed	2592	*135	*5	*256	135	5	256	0	20	1024	0	*180	0	0	0	0	0	*576	0
adebec	81	0	*5	4	0	5	*4	0	*5	4	0	0	36	0	0	0	0	0	*18
abecde	216	15	*5	4	15	*5	4	*60	0	0	60	0	0	0	0	0	*48	0	0
acebde	648	135	5	*4	*135	*5	4	0	*20	16	0	180	0	0	0	0	0	*144	0
adebce	324	0	80	1	0	*80	*1	0	80	1	0	0	9	0	0	0	0	0	*72
aeebcd	4	0	0	1	0	0	*1	0	0	1	0	0	*1	0	0	0	0	0	0

CGC Tables III-5 (5a) — (5k)

TABLE III-5 [1]×[221]

(5a). aaabcd

	N	a aa bc d	a aa bd c
aaa bc d	1	1	0
aaa bd c	1	0	1

(5b). abbbcd

	N	b ab bc d	b ab bd c
abb bc d	1	1	0
abb bd c	1	0	1

(5c). abcccd

	N	c ab cc d	c ac bd c
abc cc d	1	1	0
acc bd c	1	0	1

(5d). abcddd

	N	d ab cd d	d ac bd d
abd cd d	1	1	0
acd bd d	1	0	1

(5e). aabbcc

	N	a ab bc c	b aa bc c	c aa bb c
aab bc c	2	1	1	0
aac bb c	6	*1	1	4
aa bb cc	3	1	*1	1

(5f). aabbcd

	N	a ab bc d	a ab bd c	b aa bc d	b aa bd c	c aa bb d	d aa bb c
aab bc d	2	1	0	1	0	0	0
aac bb d	4	*1	0	1	0	2	0
aab bd c	2	0	1	0	1	0	0
aad bb c	60	1	*12	*1	12	2	32
aa bb cd	12	1	3	*1	*3	2	2
aa bb c d	20	3	*1	*3	1	6	*6

(5g). aabccd

	N	a ac cc d	a ac bd c	b aa cc d	c aa bc d	c aa bd c	d aa bc c
aab cc d	3	2	0	1	0	0	0
aac bc d	12	*1	0	2	9	0	0
aac bd c	2	0	1	0	0	1	0
aad bc c	60	1	*12	*2	1	12	32
aa bb cd	12	1	3	*2	1	*3	2
aa bc c d	20	3	*1	*6	3	1	*6

(5h). aabcdd

	N	a ab cd d	a ac bd d	b aa cd d	c aa bd d	d aa bc d	d ab bc c
aab cd d	3	2	0	1	0	0	0
aac bd d	48	*1	27	2	18	0	0
aad bc d	24	*1	*3	2	2	16	0
aad bd c	80	3	*1	*6	6	0	64
aa bc dd	12	1	3	*2	*2	4	0
aa bd c d	20	3	*1	*6	6	0	*4

(5i). abbccd

	N	a bb cc d	b ab cc d	b ac bd c	c ab bc d	c ab bd c	d ab cc d
abb cc d	3	1	2	0	0	0	0
abc bc d	12	*2	1	0	9	0	0
abc bd c	2	0	0	1	0	1	0
abd bc c	60	2	*1	*12	1	12	32
ab bc cd	12	2	*1	3	1	*3	2
ab bc c d	20	6	*3	*1	3	1	*6

(5j). abbcdd

	N	a bb cd d	b ab cd d	b ac bd d	c ab bd d	d ab bc d	d ab bd c
abb cd d	3	1	2	0	0	0	0
abc bd d	48	*2	1	27	18	0	0
abd bc d	24	*2	1	*3	2	16	0
abd bd c	80	6	*3	*1	6	0	64
ab bc dd	12	2	*1	3	*2	4	0
ab bd c d	20	6	*2	*1	6	0	*4

(5k). abccdd

	N	a bc cd d	b ac cd d	c ab cd d	c ac bd d	d ab cc d	d ac bd c
abc cd d	4	1	1	2	0	0	0
acc bd d	8	*1	1	0	6	0	0
abd cc d	12	*1	*1	2	0	8	0
acd bd c	40	3	*3	0	2	0	32
ab cc dd	6	1	1	*2	0	2	0
ac bd c d	10	3	*3	0	2	0	*2

CGC Tables III-5 (51) — (5m)

(51). aabcde

	N	a ab cd e	a ac bd e	a ab ce d	a ac be d	a ad be c	b aa cd e	b aa ce d	c aa bd e	c aa be d	d aa bc e	d aa be c	e aa bc d	e aa bd c
aab cd e	3	2	0	0	0	0	1	0	0	0	0	0	0	0
aac bd e	48	*1	27	0	0	0	2	0	18	0	0	0	0	0
aad bc e	16	*1	*3	0	0	0	2	0	2	0	8	0	0	0
aab ce d	3	0	0	2	0	0	0	1	0	0	0	0	0	0
aac be d	48	0	0	*1	27	0	0	2	0	18	0	0	0	0
aad be c	240	0	0	3	*1	128	0	*6	0	6	0	96	0	0
aae bc d	240	1	3	*12	*36	0	*2	24	*2	24	8	0	128	0
aae bd c	720	9	*3	12	*4	*128	*18	*24	18	24	0	96	0	384
aa bc de	48	1	3	3	9	0	*2	*6	*2	*6	8	0	8	0
aa bd ce	144	9	*3	*3	1	32	*18	6	18	*6	0	*24	0	24
aa bc d e	80	3	9	*1	*3	0	*6	2	*6	2	24	0	*24	0
aa bd c e	720	81	*27	3	*1	*32	*162	*6	162	6	0	24	0	*216
aa be c d	45	0	0	6	*2	1	0	*12	0	12	0	*12	0	0

(5m). abbcde

	N	a bb cd e	a bb ce d	b ab cd e	b ac bd e	b ab ce d	b ac be d	b ad be c	c ab bd e	c ab be d	d ab bc e	d ab be c	e ab bc d	e ab bd c
abb cd e	3	1	0	2	0	0	0	0	0	0	0	0	0	0
abc bd e	48	*2	0	1	27	0	0	0	18	0	0	0	0	0
abd bc e	16	*2	0	1	*3	0	0	0	2	0	8	0	0	0
abb ce d	3	0	1	0	0	2	0	0	0	0	0	0	0	0
abc be d	48	0	*2	0	0	1	27	0	0	18	0	0	0	0
abd be c	240	0	6	0	0	*3	*1	128	0	6	0	96	0	0
abe bc d	240	2	*24	*1	3	12	*36	0	*2	24	8	0	128	0
abe bd c	720	12	24	*9	*3	*12	*4	*128	18	24	0	96	0	384
ab bc de	48	2	6	*1	3	*3	9	0	*2	*6	8	0	8	0
ab bd ce	144	18	*6	*9	*3	3	1	32	18	*6	0	*24	0	24
ab bc d e	80	6	*2	*3	9	1	*3	0	*6	2	24	0	*24	0
ab bd c e	720	162	6	*81	*27	*3	*1	*32	162	6	0	24	0	*216
ab be c d	45	0	12	0	0	*6	*2	1	0	12	0	*12	0	0

CGC Tables III-5 (5n) — (5o)

(5n). abccde

	N	a bc cd e	a bc ce d	b ac cd e	b ac ce d	c ab cd e	c ac bd e	c ab ce d	c ac be d	c ad be c	d ab cc e	d ac be c	e ab cc d	e ac bd c
abc cd e	4	1	0	1	0	2	0	0	0	0	0	0	0	0
acc bd e	8	*1	0	1	0	0	6	0	0	0	0	0	0	0
abd cc e	8	*1	0	*1	0	2	0	0	0	0	4	0	0	0
abc ce d	4	0	1	0	1	0	0	2	0	0	0	0	0	0
acc be d	8	0	*1	0	1	0	0	0	6	0	0	0	0	0
acd be c	120	0	3	0	*3	0	0	0	2	64	0	48	0	0
abe cc d	120	1	*12	1	*12	*2	0	24	0	0	4	0	64	0
ace bd c	360	9	12	*9	*12	0	6	0	8	*64	0	48	0	192
ab cc de	24	1	3	1	3	*2	0	*6	0	0	4	0	4	0
ac bd ce	72	9	*3	*9	3	0	6	0	*2	16	0	*12	0	12
ab cc d e	40	3	*1	3	*1	*6	0	2	0	0	12	0	*12	0
ac bd c e	360	81	3	*81	*3	0	54	0	2	*16	0	12	0	*108
ac be c d	45	0	12	0	*12	0	0	0	8	1	0	*12	0	0

(5o). abcdde

	N	a bc dd e	a bd ce d	b ac dd e	b ad ce d	c ab dd e	c ad be d	d ab ce e	d ac bd e	d ab ce d	d ac be c	d ad be c	e ab cd d	e ac bd d
abc dd e	3	1	0	1	0	1	0	0	0	0	0	0	0	0
abd cd e	24	*1	0	*1	0	4	0	18	0	0	0	0	0	0
acd bd e	8	*1	0	1	0	0	0	0	6	0	0	0	0	0
abd ce d	4	0	1	0	1	0	0	0	0	2	0	0	0	0
acd be d	12	0	*1	0	1	0	4	0	0	6	0	0	0	0
add be c	15	0	1	0	*1	0	1	0	0	0	12	0	0	0
abe cd d	120	1	*12	1	*12	*4	0	2	0	24	0	0	64	0
ace bd d	120	3	4	*3	*4	0	*16	0	2	0	24	0	0	64
ab cd de	24	1	3	1	3	*4	0	2	0	*6	0	0	4	0
ac bd de	24	3	*1	*3	1	0	4	0	2	0	*6	0	0	4
ab cd d e	40	3	*1	3	*1	*12	0	6	0	2	0	0	*12	0
ac bd d e	120	27	1	*27	*1	0	*4	0	18	0	6	0	0	*36
ad be c d	15	0	4	0	*4	0	4	0	0	0	0	*3	0	0

CGC Table III-5 (5p)

(5p). abcdee

	N	a bcdee	a bdcee	b acdee	b adcee	c abdee	c adbee	d abcee	d acbee	e abcd e	e acbd e	e abced	e acbed	e adbec
abcdee	3	1	0	1	0	1	0	0	0	0	0	0	0	0
abdcee	96	*1	27	*1	27	4	0	36	0	0	0	0	0	0
acdbee	32	*1	*3	1	3	0	12	0	12	0	0	0	0	0
abecde	48	*1	*3	*1	*3	4	0	4	0	32	0	0	0	0
acebde	48	*3	1	3	*1	0	*4	0	4	0	32	0	0	0
abeced	160	3	*1	3	*1	*12	0	12	0	0	0	128	0	0
acebed	480	27	1	*27	*1	0	*4	0	36	0	0	0	380	0
adebec	15	0	1	0	*1	0	1	0	0	0	0	0	0	12
abcdee	24	1	3	1	3	*4	0	*4	0	8	0	0	0	0
acbdee	24	3	*1	*3	1	0	4	0	*4	0	8	0	0	0
abcede	40	3	*1	3	*1	*12	0	12	0	0	0	*8	0	0
acbede	120	27	1	*27	*1	0	*4	0	36	0	0	0	*24	0
adbece	15	0	4	0	*4	0	4	0	0	0	0	0	0	*3

CGC Table III-5 (5q)

CGC Tables III-6 (6a) — (6h)

TABLE III-6 [1]x[2111]

(6a). aabbcd

	N	a ab b aa b c d	b aa b c d
aab b c d	2	1	1
aa bb c d	2	1	*1

(6b). aabccd

	N	a ac c aa b c d	c aa b c d
aac b c d	2	1	1
aa bc c d	2	1	*1

(6c). aabcdd

	N	a ad d aa b c d	d aa b c d
aad b c d	2	1	1
aa bd c d	2	1	*1

(6d). abbccd

	N	b ac c ab b c d	c ab b c d
abc b c d	2	1	1
ab bc c d	2	1	*1

(6e). abbcdd

	N	b ad d ab b c d	d ab b c d
abd b c d	2	1	1
ab bd c d	2	1	*1

(6f). abccdd

	N	c ad d ac b c d	d ac b c d
acd b c d	2	1	1
ac bd c d	2	1	*1

(6g). aabcde

	N	a ab c d e	a ac b d e	a ad b c e	a ae b c d	b aa c d e	c aa b d e	d aa b c e	e aa b c d
aab c d e	3	2	0	0	0	1	0	0	0
aac b d e	48	*1	27	0	0	2	18	0	0
aad b c e	240	3	*1	128	0	*6	6	96	0
aae b c d	720	*6	2	*1	375	12	*12	12	300
aa bc d e	8	1	3	0	0	*2	*2	0	0
aa bd c e	72	*3	1	32	0	6	*6	*24	0
aa be c d	288	6	*2	1	135	*12	12	*12	*108
aa b c d e	288	30	*10	5	*3	*60	60	*60	60

(6h). abbcde

	N	a bb c d e	b ab c d e	b ac b d e	b ad b c e	b ae b c d	c ab b d e	d ab b c e	e ab b c d
abb c d e	3	1	2	0	0	0	0	0	0
abc b d e	48	*2	1	27	0	0	18	0	0
abd b c e	240	6	*3	*1	128	0	6	96	0
abe b c d	720	*12	6	2	*1	375	*12	12	300
ab bc d e	8	2	*1	3	0	0	*2	0	0
ab bd c e	72	*6	3	1	32	0	*6	*24	0
ab be c d	288	12	*6	*2	1	135	12	*12	*108
ab b c d e	288	60	*30	*10	5	*3	60	*60	60

CGC Tables III-6 (6i) — (6k)

(6i). abccde

	N	a bc c d e	b ac c d e	c ab c d e	c ac b d e	c ad b c e	c ae b c d	d ac b c e	e ac b c d
abc c d e	4	1	1	2	0	0	0	0	0
acc b d e	8	*1	1	0	6	0	0	0	0
acd b c e	120	3	*3	0	2	64	0	48	0
ace b c d	720	*12	12	0	*8	*1	375	12	300
ab cc d e	4	1	1	*2	0	0	0	0	0
ac bd c e	36	*3	3	0	*2	16	0	*12	0
ac be c d	288	12	*12	0	8	1	135	*12	*108
ac b c d e	288	60	*60	0	40	5	*3	*60	60

(6j). abcdde

	N	a bd c d e	b ad c d e	c ad b d e	d ab c d e	d ac b c e	d ad b c e	d ae b c d	e ad b c d
abd c d e	4	1	1	0	2	0	0	0	0
acd b d e	12	*1	1	4	0	6	0	0	0
add b c e	15	1	*1	1	0	0	12	0	0
ade b c d	140	*4	4	*4	0	0	3	125	100
ab cd d e	4	1	1	0	*2	0	0	0	0
ac bd d e	12	*1	1	4	0	*6	0	0	0
ad be c d	96	4	*4	4	0	0	*3	45	*36
ad b c d e	96	20	*20	20	0	0	*15	*1	20

(6k). abcdee

	N	a be c d e	b ae c d e	c ae b d e	d ae b c e	e ab c d e	e ac b d e	e ad b c e	e ae b c d
abe c d e	4	1	1	0	0	2	0	0	0
ace b d e	12	*1	1	4	0	0	6	0	0
ade b c e	24	1	*1	1	9	0	0	12	0
aee b c d	24	*1	1	*1	1	0	0	0	20
ab ce d e	4	1	1	0	0	*2	0	0	0
ac be d e	12	*1	1	4	0	0	*6	0	0
ad be c e	24	1	*1	1	9	0	0	*12	0
ae b c d e	24	5	*5	5	*5	0	0	0	4

CGC Table III-6 (61)

(61).	abcdef																								
	N	a bc / d ef	a bd / c ef	a be / c df	a bf / c de	b ac / d ef	b ad / c ef	b ae / c df	b af / c de	c ab / d ef	c ad / b ef	c ae / b df	c af / b de	d ab / c ef	d ac / b ef	d ae / b cf	d af / b ce	e ab / c df	e ac / b df	e ad / b cf	e af / b cd	f ab / c de	f ac / b de	f ad / b ce	f ae / b cd
abc/def	3	1	0	0	0	1	0	0	0	1	0	0	0	0	0	0	0	0	0	0	0	0	0	0	0
abd/cef	96	*1	27	0	0	*1	27	0	0	0	0	0	0	36	0	0	0	0	0	0	0	0	0	0	0
acd/bef	32	*1	*3	0	0	1	3	0	0	4	12	0	0	0	12	0	0	0	0	0	0	0	0	0	0
abe/cdf	480	3	*1	128	0	3	*1	128	0	0	0	0	0	0	0	0	0	192	0	0	0	0	0	0	0
ace/bdf	1440	27	1	*128	0	*27	*1	128	0	*12	*4	512	0	12	0	0	0	0	576	0	0	0	0	0	0
ade/bcf	45	0	1	2	0	0	*1	*2	0	0	1	2	0	0	36	18	0	0	0	18	0	0	0	0	0
abf/cde	1440	*6	2	*1	375	*6	2	*1	375	24	0	0	0	0	0	0	0	24	0	0	0	600	0	0	0
acf/bde	4320	*54	*2	1	*375	54	2	*1	375	0	8	*4	1500	*72	*72	0	3375	0	72	0	0	0	1800	0	0
adf/bce	8640	0	*128	*1	375	0	128	1	*375	0	*128	*1	375	0	0	*9	5	0	0	144	80	0	0	3600	0
aef/bcd	192	0	0	*3	*5	0	0	3	5	0	0	*3	*5	0	0	3	0	0	0	0	0	0	0	0	80
	16	1	3	0	0	1	3	0	0	*4	0	0	0	*4	0	0	0	0	0	0	0	0	0	0	0

CGC Table III-6 (61)

CGC Table III-6 (6m)

$[2] \times [21] = [41] + [32] + [311] + [221]$

(6m)	abcde	N	ab cd e	ab ce d	ac bd e	ac be d	bc ad e	bc ae d	ad bc e	ad be c	bd ac e	bd ae c	cd ab e	cd ae b	ae bc d	ae bd c	be ad c	be ac d	ce ab d	ce ad b	de ab c	de ac b
abcd e		6	1	0	1	0	1	0	1	0	1	0	1	0	0	0	0	0	0	0	0	0
abce d		90	*1	12	*1	12	*1	12	1	0	1	0	1	0	0	0	0	0	0	0	0	0
abde c		180	*4	*12	1	3	1	3	*1	27	*1	27	4	0	*1	*1	27	*1	16	4	0	0
acde b		60	0	0	*1	*3	*1	3	*1	*3	1	3	0	12	*1	1	3	1	4	0	36	12
abc de		18	1	3	1	3	*1	3	*1	0	*1	0	0	0	*1	*1	0	*1	0	12	0	0
abd ce		576	64	*48	*16	12	*16	12	16	108	16	108	*64	0	1	1	27	1	*4	0	*36	0
acd be		192	0	0	16	*12	*16	12	16	*12	*16	12	0	48	1	*1	*3	27	0	*12	0	*12
abe cd		192	*16	0	4	0	4	0	4	0	4	0	*16	0	9	9	27	*4	*36	0	*36	0
ace bd		64	0	0	*4	*4	4	0	4	0	*4	0	0	0	9	*9	3	9	0	12	0	*12
abc de		30	3	*1	3	*1	3	*1	*3	0	*3	0	*3	0	3	3	0	3	3	0	0	0
abd ce		960	192	16	*48	*4	*48	*4	48	*36	48	*36	*192	0	*3	*3	81	81	12	0	108	0
acd be		320	0	0	48	4	*48	*4	48	4	*48	*4	0	*16	*3	3	9	*9	0	36	0	36
abe cd		64	0	16	0	*4	0	*4	0	4	0	4	0	0	3	3	*1	*1	*12	0	12	0
ace bd		192	0	0	0	36	0	*36	0	*4	0	4	0	16	27	*27	*1	*1	0	*4	0	36
ade bc		6	0	0	0	0	0	0	0	1	0	*1	0	1	0	0	*1	*1	0	1	0	0
ab cde		64	16	0	*4	0	*4	0	*4	0	*4	0	16	0	1	1	3	3	*4	0	*4	0
ac bde		64	0	0	12	0	*12	0	*12	0	12	0	0	0	3	*3	*1	*1	0	4	0	*4
bd ace		64	0	16	0	*4	0	*4	0	4	0	4	0	0	*3	*3	1	1	12	0	12	0
ce abd		64	0	0	0	0	0	0	0	*4	0	4	0	16	*27	27	*1	1	0	4	0	*36
ad bec		192	0	0	0	36	0	*36	0	*4	0	4	0	16	*27	27	*1	1	0	4	0	*36
be acd		6	0	0	0	0	0	0	0	1	0	*1	0	1	0	0	*1	*1	0	*1	0	0

CGC Tables III-7 (7a) – (7j)

TABLE III-7   [2]X[4]

(7a).   aaaaab

	N	aa	aaab	ab	aaaa
aaaaab	3	2		1	
aaaaab	3		1		*2

(7b).   abbbbb

	N	ab	bbbb	bb	abbb
abbbbb	3	1		2	
abbbbb	3		2		*1

(7c).   aaaabb

	N	aa	aabb	ab	aaab	bb	aaaa
aaaabb	15	6		8		1	
aaaab	6	3			*1		*2
aaaabb	10	1			*3		6

(7d).   aabbbb

	N	aa	bbbb	ab	abbb	bb	aabb
aabbbb	15	1		8		6	
aabbbb	6		2		1		*3
aabbbb	10		6		*3		1

(7e).   aaaabc

	N	aa	aabc	ab	aaac	ac	aaab	bc	aaaa
aaaabc	15	6		4		4		1	
aaaabc	15	3		2			*8		*2
aaaac	20	6			*9	1			*4
aaaabc	20	2			*3		*3		12

(7f).   abbbbc

	N	ab	bbbc	bb	abbc	ac	bbbb	bc	abbb
abbbbc	15	4		6		1		4	
abbbbc	15	2		3			*2		*8
abbbc	20	9			*6	4			*1
abbbbc	20	3			*2		*12		3

(7g).   abcccc

	N	ab	cccc	ac	bccc	bc	accc	cc	abcc
abcccc	15	1		4		4		6	
abccc	12	4		1		1			*6
accccb	2	0		1			*1	0	
abcccc	20	12			*3		*3	2	

(7h).   aaabbb

	N	aa	abbb	ab	aabb	bb	aaab
aaabbb	5	1		3		1	
aaabbb	2	1		0			*1
aaabbb	10	3			*4		3

(7i).   aaabbc

bc aaab		N	aa abbc	ab aabc	bb aaac	ac aabb	bc aaab
2	aaabbc	15	3	6	1	3	2
	aaabb						
*8	c	30	3	6	1	*12	*8
	aaabc						
*3	b	20	8	*1	*6	2	*3
	aaab						
27	bc	60	8	*1	*18	*18	27
	aaac						
0	bb	6	1	*2	3	0	0

(7j).   aaabcc

bc aaab		N	aa abcc	ab aacc	ac aabc	bc aaac	cc aaab
2	aaabcc	15	3	3	6	2	1
	aaabc						
*8	c	24	6	6	*3	*1	*8
	aaacc						
*3	b	8	2	*2	1	*3	0
	aaab						
27	cc	40	2	2	*9	*3	24
	aaac						
0	bc	8	2	*2	*1	3	0

(7k). aabbbc

bc aabb	N	aa bbbc	ab abbc	bb aabc	ac abbb	bc aabb
3 aabbbc	15	1	6	3	2	3
aabbb						
*12 c	30	1	6	3	*8	*12
aabbc						
*2 b	20	6	1	*8	3	*2
aabb						
18 bc	60	6	1	*8	*27	18
aabc						
0 bb	6	3	*2	1	0	0

(7l). aabccc

bc aabb	N	aa bccc	ab accc	ac abcc	bc aacc	cc aabc
3 aabccc	15	1	2	6	3	3
aabcc						
*12 c	6	1	2	0	0	*3
aaccc						
*2 b	12	2	*1	3	*6	0
aabc						
18 cc	30	3	6	*8	*4	9
aacc						
0 bc	12	6	*3	*1	2	0

(7m). abbbcc

cc abbb	N	ab bbcc	bb abcc	ac bbbc	bc abbc	cc abbb
1 abbbcc	15	3	3	2	6	1
abbbc						
*8 c	24	6	6	*1	*3	*8
abbcc						
0 b	8	2	*2	3	*1	0
abbb						
12 cc	40	2	2	*3	*9	12
abbc						
0 bc	8	2	*2	*3	1	0

(7n). abbccc

cc abbb	N	ab bccc	bb accc	ac bbcc	bc abcc	cc abbc
1 abbccc	15	2	1	3	6	3
abbcc						
*8 c	6	2	1	0	0	*3
abccc						
0 b	12	1	*2	6	*3	0
abbc						
12 cc	30	6	3	*4	*8	9
abcc						
0 bc	12	3	*6	*2	1	0

(7o). aaabcd

	N	aa abcd	ab aacd	ac aabd	bc aaad	ad aabc	bd aaac	cd aaab
aaabcd	15	3	3	3	1	3	1	1
aaabc								
d	30	3	3	3	1	*12	*4	*4
aaabd								
c	80	12	12	*27	*9	3	1	*16
aaacd								
b	16	4	*4	1	*3	1	*3	0
aaab								
cd	80	4	4	*9	*3	*9	*3	48
aaac								
bd	48	4	*4	1	*3	*9	27	0
aaad								
bc	6	1	*1	*1	3	0	0	0

(7p). abbbcd

	N	ab bbcd	bb abcd	ac bbbd	bc abbd	ad bbbc	bd abbc	cd abbb
abbbcd	15	3	3	1	3	1	3	1
abbbc								
d	30	3	3	1	3	*4	*12	*4
abbbd								
c	80	12	12	*9	*27	1	3	*16
abbcd								
b	16	4	*4	3	*1	3	*1	0
abbb								
cd	80	4	4	*3	*9	*3	*9	48
abbc								
bd	48	4	*4	3	*1	*27	9	0
abbd								
bc	6	1	*1	*3	1	0	0	0

CGC Tables III-7 (7q) — (7u)

(7q). abcccd

	N	ab cccd	ac bccd	bc accd	cc abcd	ad bccc	bd accc	cd abcc
abcccd	15	1	3	3	3	1	1	3
abcccd	30	1	3	3	3	*4	*4	*12
abccd c	40	12	1	1	*16	3	3	*4
acccd b	8	0	3	*3	0	1	*1	0
abcc cd	120	12	1	1	*16	*27	*27	36
accc bd	8	0	1	*1	0	*3	3	0
abcd cc	6	3	*1	*1	1	0	0	0

(7r). abcddd

	N	ab cddd	ac bddd	bc addd	ad bcdd	bd acdd	cd abdd	dd abcd
abcddd	15	1	1	1	3	3	3	3
abcdd d	6	1	1	1	0	0	0	*3
abddd c	24	4	*1	*1	3	3	*12	0
acddd b	8	0	1	*1	3	*3	0	0
abcd dd	30	3	3	3	*4	*4	*4	9
abdd cd	24	12	*3	*3	*1	*1	4	0
acdd bd	8	0	3	*3	*1	1	0	0

(7s). aabbcc

	N	aa bbcc	ab abcc	bb aacc	ac abbc	bc aabc	cc aabb
aabbcc	15	1	4	1	4	4	1
aabbc c	12	1	4	1	*1	*1	*4
aabcc b	4	1	0	*1	1	*1	0
aabb cc	60	1	4	1	*9	*9	36
aabc bc	4	1	0	*1	*1	1	0
aacc bb	3	1	*1	1	0	0	0

(7t). aabbcd

	N	aa bbcd	ab abcd	bb aacd	ac abbd	bc aabd	ad abbc	bd aabc	cd aabb
aabbcd	15	1	4	1	2	2	2	2	1
aabbc d	30	1	4	1	2	2	*8	*8	*4
aabbd c	40	2	8	2	*9	*9	1	1	*8
aabcd b	8	2	0	*2	1	*1	1	*1	0
aabb cd	120	2	8	2	*9	*9	*9	*9	72
aabc bd	24	2	0	*2	1	*1	*9	9	0
aabd bc	6	1	0	*1	*2	2	0	0	0
aacd bb	3	1	*1	1	0	0	0	0	0

(7u). aabccd

	N	aa bccd	ab accd	ac abcd	bc aacd	cc aabd	ad abcc	bd aacc	cd aabc
aabccd	15	1	2	4	2	1	2	1	2
aabcc d	30	1	2	4	2	1	*8	*4	*8
aabcd c	60	8	16	*2	*1	*18	4	2	*9
aaccd b	12	2	*1	2	*4	0	1	*2	0
aabc cd	180	8	16	*2	*1	*18	*36	*18	81
aacc bd	36	2	*1	2	*4	0	*9	18	0
aabd cc	18	1	2	*4	*2	9	0	0	0
aacd bc	9	4	*2	*1	2	0	0	0	0

CGC Tables III-7 (7v) — (7y)

(7v).   aabcdd

	N	aa bcdd	ab acdd	ac abdd	bc aadd	ad abcd	bd aacd	cd aabd	dd aabc
aabcdd	15	1	2	2	1	4	2	2	1
aabcd d	24	2	4	4	2	*2	*1	*1	*8
aabdd c	24	2	4	*4	*2	2	1	*9	0
aacdd b	12	2	*1	1	*2	2	*4	0	0
aabc dd	120	2	4	4	2	*18	*9	*9	72
aabd cd	24	2	4	*4	*2	*2	*1	9	0
aacd bd	12	2	*1	1	*2	*2	4	0	0
aadd bc	6	2	*1	*1	2	0	0	0	0

(7w).   abbccd

	N	ab bccd	bb accd	ac bbcd	bc abcd	cc abbd	ad bbcc	bd abcc	cd abbc
abbccd	15	2	1	2	4	1	1	2	2
abbcc d	30	2	1	2	4	1	*4	*8	*8
abbcd c	60	16	8	*1	*2	*18	2	4	*9
abccd b	12	1	*2	4	*2	0	2	*1	0
abbc cd	180	16	8	*1	*2	*18	*18	*36	81
abcc bd	36	1	*2	4	*2	0	*18	9	0
abbd cc	18	2	1	*2	*4	9	0	0	0
abcd bc	9	2	*4	*2	1	0	0	0	0

(7x).   abbcdd

	N	ab bcdd	bb acdd	ac bbdd	bc abdd	ad bbcd	bd abcd	cd abbd	dd abbc
abbcdd	15	2	1	1	2	2	4	2	1
abbcd d	24	4	2	2	4	*1	*2	*1	*8
abbdd c	24	4	2	*2	*4	1	2	*9	0
abcdd b	12	1	*2	2	*1	4	*2	0	0
abbc dd	120	4	2	2	4	*9	*18	*9	72
abbd cd	24	4	2	*2	*4	*1	*2	9	0
abcd bd	12	1	*2	2	*1	*4	2	0	0
abdd bc	6	1	*2	*2	1	0	0	0	0

(7y).   abccdd

	N	ab ccdd	ac bcdd	bc acdd	cc abdd	ad bccd	bd accd	cd abcd	dd abcc
abccdd	15	1	2	2	1	2	2	4	1
abccd d	24	2	4	4	2	*1	*1	*2	*8
abcdd c	8	2	0	0	*2	1	1	*2	0
accdd b	4	0	1	*1	0	1	*1	0	0
abcc dd	120	2	4	4	2	*9	*9	*18	72
abcd cd	8	2	0	0	*2	*1	*1	2	0
accd bd	4	0	1	*1	0	*1	1	0	0
abdd cc	6	2	*1	*1	2	0	0	0	0

CGC Tables III-7 (7z) — (7ab)

(7z).   aabcde

	N	aa bcde	ab acde	ac abde	bc aade	ad abce	bd aace	cd aabe	ae abcd	be aacd	ce aabd	de aabc
aabcde	15	1	2	2	1	2	1	1	2	1	1	1
aabcde	30	1	2	2	1	2	1	1	*8	*4	*4	*4
aabced	80	4	8	8	4	*18	*9	*9	2	1	1	*16
aabdec	48	4	8	*8	*4	2	1	*9	2	1	*3	0
aacdeb	12	2	*1	1	*2	1	*2	0	1	*2	0	0
aabcde	240	4	8	8	4	*18	*9	*9	*18	*9	*9	144
aabdce	144	4	8	*8	*4	2	1	*9	*18	*9	81	0
aacdbe	36	2	*1	1	*2	1	*2	0	*9	18	0	0
aabecd	18	1	2	*2	*1	*2	*1	9	0	0	0	0
aacebd	18	2	*1	1	*2	*4	8	0	0	0	0	0
aadebc	6	2	*1	*1	2	0	0	0	0	0	0	0

(7aa).   abbcde

	N	ab bcde	bb acde	ac bbde	bc abde	ad bbce	bd abce	cd abbe	ae bbcd	be abcd	ce abbd	de abbc
abbcde	15	2	1	1	2	1	2	1	1	2	1	1
abbcde	30	2	1	1	2	1	2	1	*4	*8	*4	*4
abbced	80	8	4	4	8	*9	*18	*9	1	2	1	*16
abbdec	48	8	4	*4	*8	1	2	*9	1	2	*3	0
abcdeb	12	1	*2	2	*1	2	*1	0	2	*1	0	0
abbcde	240	8	4	4	8	*9	*18	*9	*9	*18	*9	144
abbdce	144	8	4	*4	*8	1	2	*9	*9	*18	81	0
abcdbe	36	1	*2	2	*1	2	*1	0	*18	9	0	0
abbecd	18	2	1	*1	*2	*1	*2	9	0	0	0	0
abcebd	18	1	*2	2	*1	*8	4	0	0	0	0	0
abdebc	6	1	*2	*2	1	0	0	0	0	0	0	0

(7ab).   abccde

	N	ab ccde	ac bcde	bc acde	cc abde	ad bcce	bd acce	cd abce	ae bccd	be accd	ce abcd	de abcc
abccde	15	1	2	2	1	1	1	2	1	1	2	1
abccde	30	1	2	2	1	1	1	2	*4	*4	*8	*4
abcced	80	4	8	8	4	*9	*9	*18	1	1	2	*16
abcded	16	4	0	0	*4	1	1	*2	1	1	*2	0
acddeb	8	0	2	*2	0	1	*1	0	1	*1	0	0
abccde	240	4	8	8	4	*9	*9	*18	*9	*9	*18	144
abcdce	48	4	0	0	*4	1	1	*2	*9	*9	18	0
accdbe	24	0	2	*2	0	1	*1	0	*9	9	0	0
abcecd	6	1	0	0	*1	*1	*1	2	0	0	0	0
accebd	6	0	1	*1	0	*2	2	0	0	0	0	0
abdecc	6	2	*1	*1	2	0	0	0	0	0	0	0

CGC Tables III-7 (7ac) — (7ae)

(7ac).   abcdde

	N	ab cdde	ac bdde	bc adde	ad bcde	bd acde	cd abde	dd abce	ae bcdd	be acdd	ce abdd	de abcd
abcdde	15	1	1	1	2	2	2	1	1	1	1	2
abcdde	30	1	1	1	2	2	2	1	*4	*4	*4	*8
abcded	60	8	8	8	*1	*1	*1	*18	2	2	2	*9
abddec	24	4	*1	*1	2	2	*8	0	1	1	*4	0
acddeb	8	0	1	*1	2	*2	0	0	1	*1	0	0
abcdde	180	8	8	8	*1	*1	*1	*18	*18	*18	*18	81
abddce	72	4	*1	*1	2	2	*8	0	*9	*9	36	0
acddbe	24	0	1	*1	2	*2	0	0	*9	9	0	0
abcedd	18	1	1	1	*2	*2	*2	9	0	0	0	0
abdecd	18	8	*2	*2	*1	*1	4	0	0	0	0	0
acdebd	6	0	2	*2	*1	1	0	0	0	0	0	0

(7ad).   abcdee

	N	ab cdee	ac bdee	bc adee	ad bcee	bd acee	cd abee	ae bcde	be acde	ce abde	de abce	ee abcd
abcdee	15	1	1	1	1	1	1	2	2	2	2	1
abcdee	24	2	2	2	2	2	2	*1	*1	*1	*1	*8
abceed	24	2	2	2	*2	*2	*2	1	1	1	*9	0
abdeec	24	4	*1	*1	1	1	*4	2	2	*8	0	0
acdeeb	8	0	1	*1	1	*1	0	2	*2	0	0	0
abcdee	120	2	2	2	2	2	2	*9	*9	*9	*9	72
abcede	180	8	8	8	*1	*1	*1	*18	*18	*18	*18	81
abdece	24	4	*1	*1	1	1	*4	2	*2	8	0	0
acdebe	8	0	1	*1	1	*1	0	*2	2	0	0	0
abeecd	12	4	*1	*1	*1	*1	4	0	0	0	0	0
aceebd	4	0	1	*1	*1	1	0	0	0	0	0	0

(7ae).   abcdef

	N	ab cdef	ac bdef	bc adef	ad bcef	bd acef	cd abef	ae bcdf	be acdf	ce abdf	de abcf	af bcde	bf acde	cf abde	df abce	ef abcd
abcdef	15	1	1	1	1	1	1	1	1	1	1	1	1	1	1	1
abcdef	30	1	1	1	1	*4	1	1	1	*4	1	1	*4	1	*4	*4
abcdfe	80	4	4	4	*9	1	4	4	*9	1	4	*9	1	*9	1	*16
abcefd	48	4	4	*4	1	1	4	*4	1	1	*4	1	1	*9	*9	0
abdefc	24	4	*1	1	1	1	*1	1	1	1	*4	*4	*4	0	0	0
acdefb	8	0	1	1	1	1	*1	*1	*1	*1	0	0	0	0	0	0
abcdef	240	4	4	4	*9	*9	4	4	*9	*9	4	*9	*9	*9	*9	144
abcedf	144	4	4	*4	1	*9	4	*4	1	*9	*4	1	*9	*9	81	0
abdecf	72	4	*1	1	1	*9	*1	1	1	*9	*4	*4	36	0	0	0
acdebf	24	0	1	1	1	*9	*1	*1	*1	9	0	0	0	0	0	0
abcfde	18	1	1	*1	*1	0	1	*1	*1	0	*1	*1	0	9	0	0
abdfce	36	4	*1	1	*4	0	*1	1	*4	0	*4	16	0	0	0	0
acdfbe	12	0	1	1	*4	0	*1	*1	4	0	0	0	0	0	0	0
abefcd	12	4	*1	*1	0	0	*1	*1	0	0	4	0	0	0	0	0
acefbd	4	0	1	*1	0	0	*1	1	0	0	0	0	0	0	0	0

CGC Tables III-8 (8a) — (8g)

TABLE III-8 [2]x[31]

(8a).   aaaabb

	N	aa aab c	aab ab b	ab aaa b
aaaab b	2	1		1
aaaa bb	2	1		*1

(8b).   aabbbb

	N	ab abb b	abb bb b	bb aab
aabbb b	2	1		1
aabb bb	2	1		*1

(8c).   aaaabc

	N	aa aab c	aa ab b	aa aac c	ab aaa b	ac aaa b
aaaab c	5	3	0	2	0	
aaaac b	180	*2	100	3	75	
aaaa bc	12	2	4	*3	*3	
aaaa bc	9	2	*1	*3	3	

(8d).   abbbbc

	N	ab bbb c	bbb bb c	bb abb b	bb abc	bc abb b
abbbb c	5	2	3	0	0	
abbbc b	180	*3	2	100	75	
abbb bc	12	3	*2	4	*3	
abbb bc	9	3	*2	*1	3	

(8e).   abcccc

	N	ac bcc c	bc acc c	cc abc c	cc acc b
abccc c	4.00	1.00	1.00	2.00	0.00
acccc b	6.00	*1	1.00	0.00	4.00
abcc cc	4.00	1.00	1.00	*2	0.00
accc b	3.00	1.00	*1	0.00	1.00

(8f).   aaabbb

	N	aa abb b	ab aab b	bb aaa b
aaabb b	6.00	1.00	4.00	1.00
aaab bb	2.00	1.00	0.00	*1
aaa bbb	3.00	1.00	*1	1.00

(8g).   aaabbc

	N	aa abb c	aa abc b	ab aab c	ab aac b	bb aaa c	ac aab b	bc aaa b
aaabb c	*****	3.00	0.00	6.00	0.00	1.00	0.00	0.00
aaabc b	*****	*8	100.00	1.00	200.00	6.00	150.00	75.00
aaab bc	*****	8.00	4.00	*1	8.00	*6	*6	*3
aaac bb	*****	*1	32.00	2.00	*16	*3	12.00	*24
aaa bbc	*****	1.00	8.00	*2	*4	3.00	*3	6.00
aaab bc	*****	8.00	*1	*1	*2	*6	6.00	3.00
aaa bbc	*****	16.00	*2	*32	1.00	48.00	12.00	*24

CGC Tables III-8 (8h) — (8m)

(8h). aaabcc

	N	aa abc c	aa acc b	ab aac c	ac aab c	ac aac b	bc aaa c	cc aaa b
aaabcc	8.00	2.00	0.00	2.00	3.00	0.00	1.00	0.00
aaaccb	*****	*6	48.00	6.00	*1	128.00	3.00	24.00
aaabcc	8.00	2.00	0.00	2.00	*3	0.00	*1	0.00
aaacbb	*****	2.00	16.00	*2	3.00	0.00	*9	*8
aaabcc	*****	3.00	6.00	*3	*2	*4	6.00	3.00
aaacbc	*****	6.00	*3	*6	1.00	2.00	*3	6.00
aaabcc	*****	12.00	*6	*12	*8	25.00	24.00	*48

(8i). aabbbc

	N	aa bbb c	ab abb c	ab abc b	bb aab c	bb aac b	ac abb b	bc aab b
aabbbc	*****	1.00	6.00	0.00	3.00	0.00	0.00	0.00
aabbcb	*****	*6	*1	200.00	8.00	100.00	75.00	150.00
aabbbc	*****	6.00	1.00	8.00	*8	4.00	*3	*6
aabcbb	*****	*3	2.00	16.00	*1	*32	24.00	*12
aabbbc	*****	3.00	*2	4.00	1.00	*8	*6	3.00
aabbbc	*****	6.00	1.00	*2	*8	*1	3.00	6.00
aabbbc	*****	48.00	*32	*1	16.00	2.00	24.00	*12

(8j). aabccc

	N	aa bcc c	ab acc c	ac abc c	ac acc b	bc aac c	cc aab c	cc aac b
aabccc	*****	1.00	2.00	8.00	0.00	4.00	3.00	0.00
aacccb	*****	*2	1.00	*1	18.00	2.00	0.00	12.00
aabccc	6.00	1.00	2.00	0.00	0.00	0.00	*3	0.00
aaccbc	*****	*2	1.00	9.00	18.00	*18	0.00	*12
aabccc	9.00	1.00	2.00	*2	0.00	*1	3.00	0.00
aaccbc	9.00	2.00	*1	1.00	0.00	*2	0.00	3.00
aacbcc	*****	16.00	*8	*2	9.00	4.00	0.00	*6

(8k). abbbcc

	N	ab bbc c	bb abc c	bb acc b	ac bbb c	bc abb c	bc abc b	cc abb b
abbbcc	8.00	2.00	2.00	0.00	1.00	3.00	0.00	0.00
abbccb	*****	*6	6.00	48.00	*3	1.00	128.00	24.00
abbbcc	8.00	2.00	2.00	0.00	*1	*3	0.00	0.00
abbcbc	*****	2.00	*2	16.00	9.00	*3	0.00	*8
abbbcc	*****	3.00	*3	6.00	*6	2.00	*4	3.00
abbcbc	*****	6.00	*6	*3	3.00	*1	2.00	6.00
abbbcc	*****	12.00	*12	*6	*24	8.00	25.00	*48

(8l). abbccc

	N	ab bcc c	bb acc c	ac bbc c	bc abc c	bc acc b	cc abb c	cc abc b
abbccc	*****	2.00	1.00	4.00	8.00	0.00	3.00	0.00
abcccb	*****	*1	2.00	*2	1.00	18.00	0.00	12.00
abbccc	6.00	2.00	1.00	0.00	0.00	0.00	*3	0.00
abccbc	*****	*1	2.00	18.00	*9	18.00	0.00	*12
abbccc	9.00	2.00	1.00	*1	*2	0.00	3.00	0.00
abccbc	9.00	1.00	*2	2.00	*1	0.00	0.00	3.00
abcbcc	*****	8.00	*16	*4	2.00	9.00	0.00	*6

(8m). aaabcd

	N	aa abc d	aa abd c	aa acd b	ab aac d	ab aad c	ac aab d	ac aad b	bc aaa d	ad aab c	ad aac b	bd aaa c	cd aaa b
aaabcd	10	3	0	0	3	0	3	0	1	0	0	0	0
aaabdc	720	*3	200	0	*3	200	9	0	3	225	0	75	0
aaacdb	432	*4	*8	96	4	8	*1	128	3	*1	128	3	48
aaabcd	48	4	8	0	4	8	*9	0	*3	*9	0	*3	0
aaacbd	720	100	*8	96	*100	8	25	120	*75	1	*128	*3	*48
aaadbc	90	*2	8	24	2	*8	2	*8	*3	4	8	*12	*12
aaabcd	27	1	2	6	*1	*2	*1	*2	3	*1	*2	3	3
aaabcd	36	4	*2	0	4	*2	*9	0	*3	9	0	3	0
aaacbd	540	100	2	*24	*100	*2	25	*32	*75	*1	128	3	48
aaadbc	45	0	9	*3	0	*9	0	9	0	2	*1	*6	6
aaabcd	270	32	*1	*3	*32	1	*32	1	96	8	16	*24	*24
aaabdc	90	0	9	*3	0	*9	0	9	0	*8	4	8	*8

(8n). abbbcd

	N	ab bbcd	ab bbdc	bb abcd	bb abdc	bb acd b	ac bbb d	bc abb d	bc abd b	ad bbb c	bd abb c	bd abc b	cd abb b
abbbcd	10	3	0	3	0	0	1	3	0	0	0	0	0
abbbdc	720	*3	200	*4	200	0	3	9	0	75	225	0	0
abbcdb	432	*4	*8	4	8	96	*3	1	128	*3	1	128	48
abbbcd	48	4	8	4	8	0	*3	*9	0	*3	*9	0	0
abbcbd	720	100	*8	*100	8	96	75	*25	128	3	*1	*128	*48
abbdbc	90	*1	8	1	*2	24	3	*1	*8	12	*4	8	*12
abbbcd	27	1	2	*1	*2	6	*3	1	*2	*3	1	*2	3
abbbcd	36	4	*2	4	*2	0	*3	*9	0	3	9	0	0
abbcbd	540	100	2	*100	*2	*24	75	*25	*32	*3	1	128	48
abbdbc	45	0	9	0	*9	*3	0	0	9	6	*2	*1	6
abbbcd	270	32	*1	*32	1	*3	*96	32	1	24	*8	16	*24
abbbcd	90	0	9	0	*9	*3	0	0	9	*24	8	4	*8

(8o). abcccd

	N	ab ccc d	ac bcc d	ac bcd c	bc acc d	bc acd c	cc abc d	cc abd c	cc acd b	cc acd b	ad bcc c	bd acc c	cd abc c	cd acc b
abcccd	10	1	3	0	3	0	3	0	0	0	0	0	0	
abccdc	1080	*12	*1	200	*1	200	16	200	0	75	75	300	0	
acccdb	72	0	*1	*8	1	8	0	0	24	*3	3	0	24	
abcccd	72	12	1	8	1	8	*16	8	0	*3	*3	*12	0	
accbd	240	0	50	*16	*50	16	0	0	48	6	*6	0	*48	
abcdcc	90	*3	1	8	1	8	*1	*32	0	12	12	*12	0	
abcccd	27	3	*1	2	*1	2	1	*8	0	*3	*3	3	0	
abcccd	54	12	1	*2	1	*2	*16	*2	0	3	3	12	0	
acccbd	90	0	25	2	*25	*2	0	0	*6	*3	3	0	24	
accdbc	15	0	0	3	0	*3	0	0	4	2	*2	0	1	
abcccd	270	96	*32	*1	*32	*1	32	4	0	24	24	*24	0	
accbdc	30	0	0	3	0	*3	0	0	4	*8	8	0	*4	

(8p).   abcddd

	N	ab cdd d	ac bdd d	bc add d	ad bcd d	ad bdd c	bd acd d	bd add c	cd abd d	cd add b	dd abc d	dd abd c	dd acd b
abcddd	18	1	1	1	4	0	4	0	4	0	3	0	0
abddd c	72	*4	1	1	*1	18	*1	18	4	0	0	24	0
acddd b	24	0	*1	1	*1	*2	1	2	0	8	0	0	8
abcd dd	6	1	1	1	0	0	0	0	0	0	*3	0	0
abdd cd	120	*4	1	1	9	18	9	18	*36	0	0	*24	0
acdd bd	40	0	*1	1	9	*2	*9	2	0	8	0	0	*8
abc ddd	9	1	1	1	*1	0	*1	0	*1	0	3	0	0
abdd c d	18	4	*1	*1	1	0	1	0	*4	0	0	6	0
acdd b d	6	0	1	*1	1	0	*1	0	0	0	0	0	2
addd b c	3	0	0	0	0	1	0	*1	0	1	0	0	0
abd cd d	90	32	*8	*8	*2	9	*2	9	8	0	0	*12	0
acd bd d	30	0	8	*8	*2	*1	2	1	0	4	0	0	*4

(8q).   aabbcc

	N	aa bbc c	ab abc c	ab acc b	bb aac c	ac abb c	ac abc b	bc aab c	bc aac b	cc aab b
aabbc c	12	1	4	0	1	3	0	3	0	0
aabcc b	108	*3	0	24	3	*1	32	1	32	12
aabb cc	12	1	4	0	1	*3	0	*3	0	0
aabc bc	20	1	0	8	*1	3	0	*3	0	*4
aacc bb	15	*1	1	0	*1	0	6	0	*6	0
aab bcc	27	3	0	6	*3	*4	*2	4	*2	3
aabc b c	27	6	0	*3	*6	2	1	*2	1	6
aab bc c	270	24	0	*12	*24	*32	25	32	25	*96
aac bb c	30	8	*8	0	8	0	3	0	*3	0

CGC Tables III-8 (8r) — (8s)

(8r). aabbcd

	N	aa bbc d	aa bbd c	ab abc d	ab abd c	ab acd b	bb aac d	bb aad c	ac abb d	ac abd b	bc aab d	bc aad b	ad abb c	ad abc b	bd aab c	bd aac b	cd aab b
aabbcd	10	1	0	4	0	0	1	0	2	0	2	0	0	0	0	0	0
aabbdc	1080	*2	100	*8	400	0	*2	100	9	0	9	0	225	0	225	0	0
aabcdb	216	*2	*4	0	0	48	2	4	*1	32	1	32	*1	32	1	32	24
aabbcd	72	2	4	8	16	0	2	4	*9	0	*9	0	*9	0	*9	0	0
aabcbd	360	50	*4	0	0	48	*50	4	25	32	*25	32	1	*32	*1	*32	*24
aabdbc	90	*1	8	0	0	24	1	*8	2	*4	2	*4	8	4	*8	4	*12
aacdbb	45	*1	*2	1	2	0	*1	*2	0	9	0	*9	0	9	0	*9	0
aabbcd	27	1	2	0	0	6	*1	*2	*2	*1	2	*1	*2	*1	2	*1	3
aacbbd	54	4	*2	*4	2	0	4	*2	0	9	0	*9	0	*9	0	9	0
aabbcd	54	2	*1	8	*4	0	2	*1	*9	0	*9	0	9	0	9	0	0
aabcbd	270	50	1	0	0	*12	*50	*1	25	*8	*25	*8	*1	32	1	32	24
aabdbc	90	0	18	0	0	*6	0	*18	0	9	0	9	8	*1	*8	*1	12
aabbcd	540	64	*2	0	0	*6	*64	2	*128	1	128	1	32	16	*32	16	*48
aacbbd	1080	256	2	*256	*2	0	256	2	0	*9	0	9	0	144	0	*144	0
aabbdc	180	0	18	0	0	*6	0	*18	0	9	0	9	*32	4	32	4	*48
aadbbc	8	0	2	0	*2	0	0	2	0	1	0	*1	0	0	0	0	0

(8s). aabccd

	N	aa bcc d	aa bcd c	ab acc d	ab acd c	ac abc d	ac abd c	ac acd b	bc aac d	bc aad c	cc aab d	cc aad b	ad abc c	ad acc b	bd aac c	cd aab c	cd aac b
aabccd	10	1	0	2	0	4	0	0	2	0	1	0	0	0	0	0	0
aabcdc	1620	*8	100	*16	200	2	400	0	1	200	18	0	300	0	150	225	0
aaccdb	324	*2	*16	1	8	*2	*4	108	4	8	0	36	*3	54	6	0	72
aabccd	108	8	4	16	8	*2	16	0	*1	8	*18	0	*12	0	*6	*9	0
aaccbd	540	50	*20	*25	8	50	*4	108	*100	8	0	36	3	*72	*6	0	*72
aabdcc	270	*1	32	*2	64	4	*32	0	2	*16	*9	0	24	0	8	*72	0
aacdbc	270	*8	*4	4	2	2	25	27	*4	*50	0	*36	12	54	*24	0	*18
aabccd	81	1	8	2	16	*4	*8	0	*2	*4	9	0	*6	0	*3	18	0
aacbcd	324	32	*4	*16	2	*8	25	27	16	*50	0	*36	*12	*54	24	0	18
aabccd	81	8	*1	16	*2	*2	*4	0	*1	*2	*18	0	12	0	6	9	0
aaccbd	405	25	2	100	2	*6	*50	*4	*27	3	0	*9	*50	*1	54	0	72
aacdbc	60	0	12	0	*6	0	3	1	0	*6	0	12	4	*2	*8	0	6
aabccd	405	16	*2	32	*4	*64	2	0	*32	1	144	0	24	0	12	*72	0
aacbcd	6480	2048	4	*1024	*2	*512	*25	*27	1024	50	0	36	192	864	*384	0	*288
aacbdc	120	0	12	0	*6	0	3	1	0	*6	0	12	*16	8	32	0	*24
aadbcc	16	0	4	0	*2	0	*1	3	0	2	0	*4	0	0	0	0	0

CGC Tables III-8 (8t) — (8u)

(8t). aabcdd

	N	aa bcd d	aa bdd c	ab acd d	ab add c	ac abd d	ac abd b	ac add d	bc aad d	ad abc c	ad abd b	ad acd d	bd aac c	bd aad d	cd aab b	cd aad c	dd aab c	dd aac b
aabcdd	24	2	0	4	0	4	0	2	6	0	0	3	0	3	0	0	0
aabddc	648	*6	48	*12	96	12	0	6	*2	256	0	*1	128	9	0	72	0
aacddb	324	*6	*12	3	6	*3	54	6	*2	*4	108	4	8	0	72	0	36
aabcdd	24	2	0	4	0	4	0	2	*6	0	0	*3	0	*3	0	0	0
aabdcd	120	2	16	4	32	*4	0	*2	6	0	0	3	0	*27	0	*24	0
aacdbd	60	2	*4	*1	2	1	18	*2	6	0	0	*12	0	0	0	0	*12
aaddbc	30	*2	0	1	0	1	0	*2	0	3	9	0	*6	0	*6	0	0
aabcdd	81	3	6	6	12	*6	0	*3	*4	*8	0	*2	*4	18	0	9	0
aacbdd	324	24	*12	*12	6	12	54	*24	*32	1	*27	64	*2	0	*18	0	36
aabdc	81	6	*3	12	*6	*12	0	*6	2	4	0	1	2	*9	0	18	0
aacdbd	648	96	12	*48	*6	48	*54	*96	32	*1	27	*64	2	0	18	0	144
aaddbc	24	0	4	0	*2	0	2	0	0	3	*1	0	*6	0	6	0	0
aabcd	405	12	*6	24	*12	*24	0	*12	*16	50	0	*8	25	72	0	*144	0
aacbdd	6480	384	48	*192	*24	192	*216	*384	*512	*25	675	1024	50	0	450	0	*2304
aadbcd	120	32	0	*16	0	*16	0	32	0	3	9	0	*6	0	*6	0	0
aadbdc	48	0	16	0	*8	0	8	0	0	*3	1	0	6	0	*6	0	0

(8u). abbccd

	N	ab bcc d	ab bcd c	bb acc d	bb acd c	ac bbc d	ac bbd c	bc abc d	bc abd c	bc acd b	cc abb d	cc abd b	ad bbc c	bd abc c	bd acc b	cd abb c	cd abc b
abbccd	10	2	0	1	0	2	0	4	0	0	1	0	0	0	0	0	0
abbcdc	1620	*16	200	*8	100	1	200	2	400	0	18	0	150	300	0	225	0
abccdb	324	*1	*8	2	16	*4	*8	2	4	108	0	36	*6	3	54	0	72
abbccd	108	16	8	8	4	*1	8	*2	16	0	*18	0	*6	*12	0	*9	0
abccbd	540	25	*8	*50	20	100	*8	*50	4	108	0	36	6	*3	*72	0	*72
abbdcc	270	*2	64	*1	32	2	*16	4	*32	0	*9	0	8	24	0	*72	0
abcdbc	270	*4	*2	8	4	4	50	*2	*25	27	0	*36	24	*12	54	0	*18
abbccd	81	2	16	1	8	*2	*4	*4	*8	0	9	0	*3	*6	0	18	0
abcbcd	324	16	*2	*32	4	*16	50	8	*25	27	0	*36	*24	12	*54	0	18
abbccd	81	16	*2	8	*1	*1	*2	*2	*4	0	*18	0	6	12	0	9	0
abccbd	405	25	2	*50	*4	100	2	*50	*1	*27	0	*9	*6	3	54	0	72
abcdbc	60	0	6	0	*12	0	6	0	*3	1	0	12	8	*4	*2	0	6
abbccd	405	32	*4	16	*2	*32	1	*64	2	0	144	0	12	24	0	*72	0
abcbcd	6480	1024	2	*2048	*4	*1024	*50	512	25	*27	0	36	384	*192	864	0	*288
abcbdc	120	0	6	0	*12	0	6	0	*3	1	0	12	*32	16	8	0	*24
abdbcc	16	0	2	0	*4	0	*2	0	1	3	0	*4	0	0	0	0	0

(8v). abbcdd

	N	ab bcd d	ab bdd c	bb acd d	bb add c	ac bbd d	bc abd d	bc add b	ad bbc d	ad bbd c	bd abc d	bd abd c	bd acd b	cd abb d	cd abd c	dd abb c	dd abc b
abbcdd	24	4	0	2	0	2	4	0	3	0	6	0	0	3	0	0	0
abbddc	648	*12	96	*6	48	6	12	0	*1	128	*2	256	0	9	0	72	0
abcddb	324	*3	*6	6	12	*6	3	54	*4	*8	2	4	108	0	72	0	36
abbcdd	24	4	0	2	0	2	4	0	*3	0	*6	0	0	*3	0	0	0
abbdcd	120	4	32	2	16	*2	*4	0	3	0	6	0	0	*27	0	*24	0
abcbd	60	1	*2	*2	4	2	*1	18	12	0	*6	0	0	0	0	0	*12
abddbc	30	*1	0	2	0	2	*1	0	0	6	0	*3	9	0	*6	0	0
abbcdd	81	6	12	3	6	*3	*6	0	*2	*4	*4	*8	0	18	0	9	0
abcbdd	324	12	*6	*24	12	24	*12	54	*64	2	32	*1	*27	0	*18	0	36
abbdc d	81	12	*6	6	*3	*6	*12	0	1	2	2	4	0	*9	0	18	0
abcd b d	648	48	6	*96	*12	96	*48	*54	64	*2	*32	1	27	0	18	0	144
abddbc	24	0	2	0	*4	0	0	2	0	6	0	*3	*1	0	6	0	0
abbcd d	405	24	*12	12	*6	*12	*24	0	*8	25	*16	50	0	72	0	*144	0
abcbd d	6480	192	24	*384	*48	384	*192	*216	*1024	*50	512	25	675	0	450	0	*2304
abdbc d	120	16	0	*32	0	*32	16	0	0	0	6	0	*3	9	0	*6	0
abdbd c	48	0	8	0	*16	0	0	8	0	*6	0	3	1	0	*6	0	0

(8w). abccdd

	N	ab ccd d	ac bcd d	ac bdd c	bc acd d	bc add c	cc abd d	cc add b	ad bcc d	ad bcd c	bd acd d	bd add c	cd abc b	cd abd c	cd acd b	dd abc c	dd acc b
abccdd	24	2	4	0	4	0	2	0	3	0	3	0	6	0	0	0	0
abcddc	216	*6	0	24	0	24	6	0	*1	32	*1	32	2	64	0	24	0
accddb	108	0	*3	*6	3	6	0	12	*1	*8	1	8	0	0	48	0	12
abccdd	24	2	4	0	4	0	2	0	*3	0	*3	0	*6	0	0	0	0
abcdcd	40	2	0	8	0	8	*2	0	3	0	3	0	*6	0	0	*8	0
accdbd	20	0	1	*2	*1	2	0	4	3	0	*3	0	0	0	0	0	*4
abddcc	30	*2	1	0	1	0	*2	0	0	6	0	6	0	*12	0	0	0
abccdd	27	3	0	3	0	3	*3	0	*2	*1	*2	*1	4	*2	0	3	0
accbdd	54	0	6	*3	*6	3	0	6	*8	1	8	*1	0	0	*6	0	6
abcdc d	54	12	0	*3	0	*3	*12	0	2	1	2	1	*4	2	0	12	0
accdb d	108	0	24	3	*24	*3	0	*6	8	*1	*8	1	0	0	6	0	24
acddbc	12	0	0	1	0	*1	0	2	0	3	0	*3	0	0	2	0	0
abccd d	540	48	0	*12	0	*12	*48	0	*32	25	*32	25	64	50	0	*192	0
accbd d	1080	0	96	12	*96	*12	0	*24	*128	*25	128	25	0	0	150	0	*384
abdccd	60	16	*8	0	*8	0	16	0	0	3	0	3	0	*6	0	0	0
acdbd c	24	0	0	4	0	*4	0	8	0	*3	0	3	0	0	*2	0	0

CGC Table III-8 (8x)

(8x).   aabcde $|2| \times |31| = |51| + |42| + |33| + |411| + |321|$

	N	aa bcde	aa bced	aa bde c	ab acd e	ab ace d	ab ade c	ac abd e	ac abe d	ac ade b	bc aad e	bc aae d	ad abc e	ad abe c
aabcde	10	1	0	0	2	0	0	2	0	0	1	0	2	0
aabced	2160	*4	200	0	*8	400	0	*8	400	0	*4	200	18	0
aabdec	1296	*4	*8	96	*8	*16	192	8	16	0	4	8	*2	256
aacdeb	324	*2	*4	*12	1	2	6	*1	*2	54	2	4	*1	*2
aabcde	144	4	8	0	8	16	0	8	16	0	4	8	*18	0
aabdce	2160	100	*8	96	200	*16	192	*200	16	0	*100	8	50	256
aacdbe	540	50	*4	*12	*25	2	6	25	*2	54	*50	4	25	*2
aabecd	270	*1	8	24	*2	16	48	2	*16	0	1	*8	2	*16
aacebd	540	*4	32	*24	2	*16	12	*2	16	108	4	*32	8	1
aadebc	180	*4	*8	0	2	4	0	2	4	0	*4	*8	0	9
aabcde	81	1	2	6	2	4	12	*2	*4	0	*1	*2	*2	*4
aacbde	648	16	32	*24	*8	*16	12	8	16	108	*16	*32	*32	1
aadbce	216	16	*8	0	*8	4	0	*8	4	0	16	*8	0	9
aabcde	108	4	*2	0	8	*4	0	8	*4	0	4	*2	*18	0
aabdce	1620	100	2	*24	200	4	*48	*200	*4	0	*100	*2	50	*64
aacdbe	810	100	2	6	*50	*1	*3	50	1	*27	*100	*2	50	1
aabecd	135	0	9	*3	0	18	*6	0	*18	0	0	*9	0	18
aacebd	2160	0	288	24	0	*144	*12	0	144	*108	0	*288	0	*9
aadebc	48	0	0	8	0	0	*4	0	0	4	0	0	0	3
aabcde	810	32	*1	*3	64	*2	*6	*64	2	0	*32	1	*64	2
aacbde	12960	1024	*32	24	*512	16	*12	512	*16	*108	*1024	32	*2048	*1
aadbce	4320	1024	8	0	*512	*4	0	*512	*4	0	1024	8	0	*18
aabced	270	0	9	*3	0	18	*6	0	*18	0	0	*9	0	18
aacbed	4320	0	288	24	0	*144	*12	0	144	*108	0	*288	0	*9
aadbec	96	0	0	8	0	0	*4	0	0	4	0	0	0	3
aaebcd	32	0	8	0	0	*4	0	0	*4	0	0	8	0	1
aaebdc	32	0	0	8	0	0	*4	0	0	4	0	0	0	*3

CGC Table III-8 (8x)

ad ace / b	bd aac / e	bd aae / c	cd aab / e	cd aae / b	ae abc / d	ae abd / c	ae acd / b	be aac / d	be aad / c	ce aab / d	ce aad / b	de aab / c	de aac / b
0	1	0	1	0	0	0	0	0	0	0	0	0	0
0	9	0	9	0	450	0	0	225	0	225	0	0	0
0	*1	128	9	0	*2	256	0	*1	128	9	0	144	0
54	2	4	0	36	*1	*2	54	2	4	0	36	0	36
0	*4	0	*4	0	*18	0	0	*4	0	*4	0	0	0
0	25	128	*225	0	2	*256	0	1	*128	*9	0	*144	0
54	*50	4	0	36	1	2	*54	*2	*4	0	*36	0	*36
0	1	*8	*9	0	8	16	0	4	8	*36	0	*36	0
*27	*16	*2	0	*18	32	*1	27	*64	2	0	18	0	*72
27	0	*18	0	*18	0	9	27	0	*18	0	*18	0	0
0	*1	*2	9	0	*2	*4	0	*1	*9	9	0	9	0
*27	64	*2	0	*18	*32	1	*27	64	*2	0	*18	0	72
27	0	*18	0	*18	0	*9	*27	0	18	0	18	0	0
0	*9	0	*9	0	18	0	0	9	0	9	0	0	0
0	25	*32	*225	0	*2	256	0	*1	128	9	0	144	0
*27	*100	*2	0	*18	*2	*4	108	4	8	0	72	0	72
0	0	9	0	0	4	*2	0	2	*1	*18	0	18	0
243	0	18	0	162	128	1	*27	*256	*2	0	*18	0	288
*1	0	*6	0	6	0	3	*1	0	*6	0	6	0	0
0	*32	1	288	0	16	32	0	8	16	*72	0	*72	0
27	4096	2	0	18	512	*16	432	*1024	32	0	288	0	*1152
*27	0	18	0	18	0	144	432	0	*288	0	*288	0	0
0	0	9	0	0	*16	8	0	*8	4	72	0	*72	0
243	0	18	0	162	*512	*4	108	1024	8	0	72	0	*1152
*1	0	*6	0	6	0	*12	4	0	24	0	*24	0	0
3	0	*2	0	*2	0	0	0	0	0	0	0	0	0
1	0	6	0	*6	0	0	0	0	0	0	0	0	0

CGC Table III-8 (8y)

(8y).   abbcde

	N	ab bcd e	ab bce d	ab bde c	bb acd e	bb ace d	bb ade c	ac bbd e	ac bbe d	bc abd e	bc abe d	bc ade b	ad bbc e	ad bbe c
abbcd e	10	2	0	0	1	0	0	1	0	2	0	0	1	0
abbce d	2160	*8	400	0	*4	200	0	*4	200	*8	400	0	9	0
abbde c	1296	*8	*16	192	*4	*8	96	4	8	8	16	0	*1	128
abcde b	324	*1	*2	*6	2	4	12	*2	*4	1	2	54	*2	*4
abbc de	144	8	16	0	4	8	0	4	8	8	16	0	*4	0
abbd ce	2160	200	*16	192	100	*8	96	*100	8	*200	16	0	25	128
abcd be	540	25	*2	*6	*50	4	12	50	*4	*25	2	54	50	*4
abbe cd	270	*2	16	48	*1	8	24	1	*8	2	*16	0	1	*8
abce bd	540	*2	16	*12	4	*32	24	*4	32	2	*16	108	16	2
abde bc	180	*2	*4	0	4	8	0	4	8	*2	*4	0	0	18
abb cde	81	2	4	12	1	2	6	*1	*2	*2	*4	0	*1	*2
abc bde	648	8	16	*12	*16	*32	24	16	32	*8	*16	108	*64	2
abd bce	216	8	*4	0	*16	8	0	*16	8	8	*4	0	0	18
abbc d e	108	8	*4	0	4	*2	0	4	*2	8	*4	0	*9	0
abbd c e	1620	200	4	*48	100	2	*24	*100	*2	*200	*4	0	25	*32
abcd b e	810	50	1	3	*100	*2	*6	100	2	*50	*1	*27	100	2
abbe c d	135	0	18	*6	0	9	*3	0	*9	0	*18	0	0	9
abce b d	2160	0	144	12	0	*288	*24	0	288	0	*144	*108	0	*18
abde b c	48	0	0	4	0	0	*8	0	0	0	0	4	0	6
abb cd e	810	64	*2	*6	32	*1	*3	*32	1	*64	2	0	*32	1
abc bd e	12960	512	*16	12	*1024	32	*24	1024	*32	*512	16	*108	*4096	*2
abd bc e	4320	512	4	0	*1024	*8	0	*1024	*8	512	4	0	0	*18
abb ce d	270	0	18	*6	0	9	*3	0	*9	0	*18	0	0	9
abc be d	4320	0	144	12	0	*288	*24	0	288	0	*144	*108	0	*18
abd be c	96	0	0	4	0	0	*8	0	0	0	0	4	0	6
abe bc d	32	0	4	0	0	*8	0	0	*8	0	4	0	0	2
abe bd c	32	0	0	4	0	0	*8	0	0	0	0	4	0	*6

CGC Table III-8 (8y)

bd abc e	bd abe c	bd ace b	cd abb e	cd abe b	ae bbc d	ae bbd c	be abc d	be abd c	be acd b	ce abb d	ce abd b	de abb c	de abc b
2	0	0	1	0	0	0	0	0	0	0	0	0	0
18	0	0	9	0	225	0	450	0	0	225	0	0	0
*2	256	0	9	0	*1	128	*2	256	0	9	0	144	0
1	2	54	0	36	*2	*4	1	2	54	0	36	0	36
*18	0	0	*4	0	*4	0	*18	0	0	*4	0	0	0
50	256	0	*225	0	1	*128	2	*256	0	*9	0	*144	0
*25	2	54	0	36	2	4	*1	*2	*54	0	*36	0	*36
2	*16	0	*9	0	4	8	8	16	0	*36	0	*36	0
*8	*1	*27	0	*18	64	*2	*32	1	27	0	18	0	*72
0	*9	27	0	*18	0	18	0	9	*9	0	*18	0	0
*2	*4	0	9	0	*1	*9	*2	*4	0	9	0	9	0
32	*1	*27	0	*18	*64	2	32	*1	*27	0	*18	0	72
0	*9	27	0	*18	0	*18	0	9	*27	0	18	0	0
*18	0	0	*9	0	9	0	18	0	0	9	0	0	0
50	*64	0	*225	0	*1	128	*2	256	0	9	0	144	0
*50	*1	*27	0	*18	*4	*8	*2	4	108	0	72	0	72
0	18	0	0	0	2	*1	4	*2	0	*18	0	18	0
0	9	243	0	162	256	2	*128	*1	*27	0	*18	0	288
0	*3	*1	0	6	0	6	0	*3	*1	0	6	0	0
*64	2	0	288	0	8	16	16	32	0	*72	0	*72	0
2048	1	27	0	18	1024	*32	*512	16	432	0	288	0	*1152
0	18	*27	0	18	0	288	0	*144	432	0	*288	0	0
0	18	0	0	0	*8	4	*16	8	0	72	0	*72	0
0	9	243	0	162	*1024	*8	512	4	108	0	72	0	*1152
0	*3	*1	0	6	0	*24	0	12	4	0	*24	0	0
0	*1	3	0	*2	0	0	0	0	0	0	0	0	0
0	3	1	0	*6	0	0	0	0	0	0	0	0	0

CGC Table III-8 (8z)

(8z). abccde

	N	ab ccde	ab cced	ac bcde	ac bced	ac bdec	bc acde	bc aced	bc aded	cc abde	cc abed	cc adeb	ad bcce	ad bcec
abccde	10	1	0	2	0	0	2	0	0	1	0	0	1	0
abcced	2160	*4	200	*8	400	0	*8	400	0	*4	200	0	9	0
abcdec	432	*4	*8	0	0	48	0	0	48	4	8	0	*1	32
accdeb	216	0	0	*2	*4	*12	2	4	12	0	0	24	*1	*8
abccde	144	4	8	8	16	0	8	16	0	4	8	0	*9	0
abcdce	720	100	*8	0	0	48	0	0	48	*100	8	0	25	32
accdbe	360	0	0	50	*4	*12	*50	4	12	0	0	24	25	*8
abcecd	90	*1	8	0	0	12	0	0	12	1	*8	0	1	*2
accebd	90	0	0	*1	8	*6	1	*8	6	0	0	12	2	1
abdecc	90	*2	*4	1	2	0	1	2	0	*2	*4	0	0	9
abccde	54	2	4	0	0	6	0	0	6	*2	*4	0	*2	*1
accbde	108	0	0	4	8	*6	*4	*8	6	0	0	12	*8	1
abdcce	108	8	*4	*4	2	0	*4	2	0	8	*4	0	0	9
abccde	108	4	*2	8	*4	0	8	*4	0	4	*2	0	*9	0
abcdce	540	100	2	0	0	*12	0	0	*12	*100	*2	0	25	*8
accdbe	540	0	0	100	2	6	*100	*2	*6	0	0	*12	50	4
abcecd	180	0	36	0	0	*6	0	0	*6	0	*36	0	0	9
accebd	360	0	0	0	72	6	0	*72	*6	0	0	*12	0	*9
acdebc	24	0	0	0	0	2	0	0	*2	0	0	4	0	3
abccde	1080	128	*4	0	0	*6	0	0	*6	*128	4	0	*64	1
accbde	2160	0	0	256	*8	6	*256	8	*6	0	0	*12	*512	*1
abdcce	2160	512	2	*256	*2	0	*256	*2	0	512	2	0	0	*9
abcced	720	0	72	0	0	*12	0	0	*12	0	*72	0	0	18
accbed	720	0	0	0	72	6	0	*72	*6	0	0	*12	0	*9
acdbec	48	0	0	0	0	2	0	0	*2	0	0	4	0	3
abeccd	16	0	4	0	*2	0	0	*2	0	0	4	0	0	1
acebdc	16	0	0	0	0	2	0	0	*2	0	0	4	0	*3

CGC Table III-8 (8z)

bd acc e	bd ace c	cd abc e	cd abe c	cd ace b	ae bcc d	ae bcd c	be acc d	be acd c	ce abc d	ce abd c	ce acd b	de abc c	de acc b
1	0	2	0	0	0	0	0	0	0	0	0	0	0
9	0	18	0	0	225	0	225	0	450	0	0	0	0
*1	32	2	64	0	*1	32	*1	32	2	64	0	48	0
1	8	0	0	48	*1	*8	1	8	0	0	48	0	24
*9	0	*18	0	0	*9	0	*9	0	*18	0	0	0	0
25	32	*50	64	0	1	*32	1	*32	*2	*64	0	*48	0
*25	8	0	0	48	1	8	*1	*8	0	0	*48	0	*24
1	*2	*2	*4	0	4	2	4	2	*8	4	0	*12	0
*2	*1	0	0	*6	8	*1	*8	1	0	0	6	0	*12
0	9	0	*18	0	0	9	0	9	0	*18	0	0	0
*2	*1	4	*2	0	*2	*1	*2	*1	4	*2	0	6	0
8	*1	0	0	*6	*8	1	8	*1	0	0	*6	0	12
0	9	0	*18	0	0	*9	0	*9	0	18	0	0	0
*9	0	*18	0	0	9	0	9	0	18	0	0	0	0
25	*8	*50	*16	0	*1	32	*1	32	2	64	0	48	0
*50	*4	0	0	*24	*2	*16	2	16	0	0	96	0	48
0	9	0	18	0	8	*1	8	*1	*16	*2	0	24	0
0	9	0	0	54	32	1	*32	*1	0	0	*6	0	48
0	*3	0	0	2	0	3	0	*3	0	0	2	0	0
*64	1	256	2	0	32	16	32	16	*64	32	0	*96	0
512	1	0	0	6	128	*16	*128	16	0	0	96	0	*192
0	*9	0	18	0	0	144	0	144	0	*288	0	0	0
0	18	0	36	0	*64	8	*64	8	128	16	0	*64	0
0	9	0	0	54	*96	*4	96	4	0	0	24	0	*192
0	*3	0	0	2	0	*12	0	12	0	0	*8	0	0
0	1	0	*2	0	0	0	0	0	0	0	0	0	0
0	3	0	0	*2	0	0	0	0	0	0	0	0	0

CGC Table III-8 (8aa)

(8aa).   abcdde

	N	ab cdd e	ab cde d	ac bdd e	ac bde d	bc add e	bc ade d	ad bcd e	ad bce d	ad bde c	bd acd e	bd ace d	cd abd e
abcdde	10	1	0	1	0	1	0	2	0	0	2	0	0	2
abcded	1620	*8	100	*8	100	*8	100	1	200	0	1	200	0	1
abddec	648	*4	*32	1	8	1	8	*2	*4	108	*2	*4	108	8
acddeb	216	0	0	*1	*8	1	8	*2	*4	*12	2	4	12	0
abcdde	108	8	4	8	4	8	4	*1	8	0	*1	8	0	*1
abddce	1080	100	*32	*25	8	*25	8	50	*4	108	50	*4	108	*200
acddbe	360	0	0	25	*8	*25	8	50	*4	*12	*50	4	12	0
abcedd	270	*1	32	*1	32	*1	32	2	*16	0	2	*16	0	2
abdecd	540	*16	*8	4	2	4	2	2	25	27	2	25	27	*8
acdebd	180	0	0	*4	*2	4	2	2	25	*3	*2	*25	3	0
abcdde	81	1	8	1	8	1	8	*2	*4	0	*2	*4	0	*2
abdcde	648	64	*8	*16	2	*16	2	*8	25	27	*8	25	27	32
acdbde	216	0	0	16	*2	*16	2	*8	25	*3	8	*25	3	0
abcde	81	8	*1	8	*1	8	*1	*1	*2	0	*1	*2	0	*1
abddce	810	100	8	*25	*2	*25	*2	50	1	*27	50	1	*27	*200
acddbe	270	0	0	25	2	*25	*2	50	1	3	*50	*1	*3	0
abdecd	120	0	24	0	*6	0	*6	0	3	1	0	3	1	0
acdebd	360	0	0	0	54	0	*54	0	27	*1	0	*27	1	0
addebc	9	0	0	0	0	0	0	0	0	2	0	0	*2	0
abcdde	405	16	*2	16	*2	16	*2	*32	1	0	*32	1	0	*32
abdcde	12960	4096	8	*1024	*2	*1024	*2	*512	*25	*27	*512	*25	*27	2048
acdbde	4320	0	0	1024	2	*1024	*2	*512	*25	3	512	25	*3	0
abdced	240	0	24	0	*6	0	*6	0	3	1	0	3	1	0
acdbed	720	0	0	0	54	0	*54	0	27	*1	0	*27	1	0
addbec	9	0	0	0	0	0	0	0	0	1	0	0	*1	0
abecd	32	0	8	0	*2	0	*2	0	*1	3	0	*1	3	0
acebdd	32	0	0	0	6	0	*6	0	*3	*1	0	3	1	0

CGC Table III-8 (8aa)

cd abe d	cd ade b	dd abc e	dd abe c	dd ace b	ae bdd c	ae bdc d	be add c	be adc d	ce abd d	ce add b	de abc d	de abd c	de acd b
0	0	1	0	0	0	0	0	0	0	0	0	0	0
200	0	18	0	0	150	0	150	0	150	0	225	0	0
16	0	0	72	0	*3	54	*3	54	12	0	0	144	0
0	48	0	0	24	*3	*6	3	6	0	24	0	0	48
8	0	*18	0	0	*6	0	*6	0	*6	0	*9	0	0
16	0	0	72	0	3	*54	3	*54	*12	0	0	*144	0
0	48	0	0	24	3	6	*3	*6	0	*24	0	0	*48
*16	0	*9	0	0	12	0	12	0	12	0	*72	0	0
*100	0	0	*72	0	12	54	12	54	*48	0	0	*36	0
0	12	0	0	*24	12	*6	*12	6	0	24	0	0	*36
*4	0	9	0	0	*3	0	*3	0	*3	0	18	0	0
*100	0	0	*72	0	*12	*54	*12	*54	48	0	0	36	0
0	12	0	0	*24	*12	6	12	*6	0	*24	0	0	12
*2	0	*18	0	0	6	0	6	0	6	0	9	0	0
*4	0	0	*18	0	*3	54	*3	54	12	0	0	144	0
0	*12	0	0	*6	*3	*6	3	6	0	24	0	0	48
*12	0	0	24	0	4	*2	4	*2	*16	0	0	12	0
0	4	0	0	72	36	2	*36	*2	0	*8	0	0	36
0	2	0	0	0	0	1	0	*1	0	1	0	0	0
1	0	144	0	0	12	0	12	0	12	0	*72	0	0
100	0	0	72	0	192	864	192	864	*768	0	0	*576	0
0	*12	0	0	24	192	*96	*192	96	0	384	0	0	*192
*12	0	0	24	0	*16	8	*16	8	32	0	0	*48	0
0	4	0	0	72	*144	*8	144	8	0	32	0	0	*144
0	1	0	0	0	0	*2	0	2	0	*2	0	0	0
4	0	0	*8	0	0	0	0	0	0	0	0	0	0
0	4	0	0	*8	0	0	0	0	0	0	0	0	0

CGC Table III-8 (8ab)

(8ab).   abcdee

	N	ab cde e	ab cee d	ac bde e	ac bee d	bc ade e	bc aee d	ad bce e	ad bee c	bd ace e	bd aee c	cd abe e	cd aee b	ae bcd e
abcdee	24	2	0	2	0	2	0	2	0	2	0	2	0	3
abceed	648	*6	48	*6	48	*6	48	6	0	6	0	6	0	*1
abdeec	2592	*48	*96	12	24	12	24	*12	216	*12	216	48	0	*6
acdeeb	216	0	0	*3	*6	3	6	*3	*6	3	6	0	24	*2
abcdee	24	2	0	2	0	2	0	2	0	2	0	2	0	*3
abcede	120	2	16	2	16	2	16	*2	0	*2	0	*2	0	3
abdece	120	4	*8	*1	2	*1	2	1	18	1	18	*4	0	6
acdebe	40	0	0	1	*2	*1	2	1	*2	*1	2	0	8	6
abeecd	60	*4	0	1	0	1	0	1	0	1	0	*4	0	0
aceebd	20	0	0	*1	0	1	0	1	0	*1	0	0	0	0
abcdee	81	3	6	3	6	3	6	*3	0	*3	0	*3	0	*2
abdcee	648	48	*24	*12	6	*12	6	12	54	12	54	*48	0	*32
acdbee	216	0	0	12	*6	*12	6	12	*6	*12	6	0	24	*32
abcede	81	6	*3	6	*3	6	*3	*6	0	*6	0	*6	0	1
abdece	1296	192	24	*48	*6	*48	*6	48	*54	48	*54	*192	0	32
acdeb	432	0	0	48	6	*48	*6	48	6	*48	*6	0	*24	32
abeecd	48	0	8	0	*2	0	*2	0	2	0	2	0	0	0
aceebd	144	0	0	0	18	0	*18	0	*2	0	2	0	8	0
adeebc	9	0	0	0	0	0	0	0	1	0	*1	0	1	0
abcdee	405	12	*6	12	*6	12	*6	*12	0	*12	0	*12	0	*8
abdcee	12960	768	96	*192	*24	*192	*24	192	*216	192	*216	*768	0	*512
acdbee	4320	0	0	192	24	*192	*24	192	24	*192	*24	0	*96	*512
abecde	240	64	0	*16	0	*16	0	*16	0	*16	0	64	0	0
acebde	80	0	0	16	0	*16	0	*16	0	16	0	0	0	0
abeced	96	0	32	0	*8	0	*8	0	8	0	8	0	0	0
acebed	288	0	0	0	72	0	*72	0	*8	0	8	0	32	0
adebec	9	0	0	0	0	0	0	0	2	0	*2	0	2	0

CGC Table III-8 (8ab)

ae bce d	ae bde c	be acd e	be ace d	be ade c	be ace e	ce abd d	ce abe b	ce ade e	de abc c	de abe b	de ace d	ee abc c	ee abd c	ee acd b
0	0	3	0	0	3	0	0	3	0	0	0	0	0	0
8	0	*1	8	0	*1	128	0	9	0	0	72	0	0	
*12	432	*6	*12	432	32	64	0	0	576	0	0	288	0	
*4	*12	2	4	12	0	0	48	0	0	48	0	0	24	
0	0	*3	0	0	*3	0	0	*3	0	0	0	0	0	
0	0	3	0	0	3	0	0	*27	0	0	*24	0	0	
0	0	6	0	0	*24	0	0	0	0	0	0	*24	0	
0	0	*6	0	0	0	0	0	0	0	0	0	0	*8	
3	9	0	3	9	0	*12	0	0	*12	0	0	0	0	
3	*1	0	*3	1	0	0	4	0	0	*4	0	0	0	
*4	0	*2	*4	0	*2	*4	0	18	0	0	9	0	0	
1	*27	*32	1	*27	128	*4	0	0	*36	0	0	72	0	
1	3	32	*1	*3	0	0	*12	0	0	*12	0	0	24	
2	0	1	2	0	1	2	0	*9	0	0	18	0	0	
*1	27	32	*1	27	*128	4	0	0	36	0	0	288	0	
*1	*3	*32	1	3	0	0	12	0	0	12	0	0	96	
3	*1	0	3	*1	0	*12	0	0	12	0	0	0	0	
27	1	0	*27	*1	0	0	*4	0	0	36	0	0	0	
0	2	0	0	*2	0	0	2	0	0	0	0	0	0	
25	0	*8	25	0	*8	25	0	72	0	0	*144	0	0	
*25	675	*512	*25	675	2048	100	0	0	900	0	0	*4608	0	
*25	*75	512	25	75	0	0	300	0	0	300	0	0	*1536	
3	9	0	3	9	0	*12	0	0	*12	0	0	0	0	
3	*1	0	*3	1	0	0	4	0	0	*4	0	0	0	
*3	1	0	*3	1	0	12	0	0	*12	0	0	0	0	
*27	*1	0	27	1	0	0	4	0	0	*36	0	0	0	
0	*1	0	0	1	0	0	*1	0	0	0	0	0	0	

CGC Table III-8 (8ac)

(8ac). abcdef

	N	ab cdef	ab cdef	ab cdef	ac hdef	ac bdef	ac bef	bc ade f	bc adf e	bc aef d	ad bcf e	ad bcf e	ad bef c	bd acf e	bd acf e	bd aef c	cd abe f	cd abf e	cd aef b	ae bcd f	ae bcf d	ae bdf c	be acd f
abcdef	10	1	0	0	1	0	0	1	0	0	1	0	0	1	0	0	1	0	0	1	0	0	1
abcdfe	2160	*4	200	0	*4	200	0	*4	200	0	*4	200	0	*4	200	0	*4	200	0	9	0	0	9
abcefd	1296	*4	*8	96	*4	*8	96	*4	*8	96	4	8	0	4	8	0	4	8	0	*1	128	0	*1
abdefc	648	*4	*8	*24	1	2	6	1	2	6	*1	*2	54	*1	*2	54	4	8	0	*1	*2	54	*1
acdefb	216	0	0	0	*1	*2	*6	1	2	6	*1	*2	*6	1	2	6	0	0	24	*1	*2	*6	1
abcdef	144	4	8	0	4	8	0	4	8	0	4	8	0	4	8	0	4	8	0	*9	0	0	*9
abcedf	2160	100	*8	96	100	*8	96	100	*8	96	*100	8	0	*100	8	0	*100	8	0	25	128	0	25
abdecf	1080	100	*8	*24	*25	2	6	*25	2	6	25	*2	54	25	*2	54	*100	8	0	25	*2	54	25
abcdbf	360	0	0	0	25	*2	*6	*25	2	6	25	*2	*6	*25	2	6	0	0	24	25	*2	*6	*25
abcfde	270	*1	8	24	*1	8	24	*1	8	24	1	*8	0	1	*8	0	1	*8	0	1	*8	0	1
abdfce	1080	*8	64	*48	2	*16	12	2	*16	12	*2	16	108	*2	16	108	8	*64	0	8	1	*27	8
acdfbe	360	0	0	0	*2	16	*12	2	*16	12	*2	16	*12	2	*16	12	0	0	48	8	1	3	*8
abefcd	360	*8	*16	0	2	4	0	2	4	0	2	4	0	2	4	0	*8	*16	0	0	9	27	0
acefbd	120	0	0	0	*2	*4	0	2	4	0	2	4	0	*2	*4	0	0	0	0	0	9	*3	0
abcdef	108	4	*2	0	4	*2	0	4	*2	0	4	*2	0	4	*2	0	4	*2	0	*9	0	0	*9
abced	1620	100	2	*24	100	2	*24	100	2	*24	*100	*2	0	*100	*2	0	*100	*2	0	25	*32	0	25
abdecf	1620	200	4	12	*50	*1	*3	*50	*1	*3	50	1	*27	50	1	*27	*200	*4	0	50	1	*27	50
acdebf	540	0	0	0	50	1	3	*50	*1	*3	50	1	3	*50	*1	*3	0	0	*12	50	1	3	*50
abcfde	135	0	9	*3	0	9	*3	0	9	*3	0	*9	0	0	*9	0	0	*9	0	0	9	0	0
abdfce	4320	0	576	48	0	*144	*12	0	*144	*12	0	144	*108	0	144	*108	0	*576	0	0	*9	243	0
acdfbe	1440	0	0	0	0	144	12	0	*144	*12	0	144	12	0	*144	*12	0	0	*48	0	*9	*27	0
abefcd	96	0	0	16	0	0	*4	0	0	*4	0	0	4	0	0	4	0	0	0	0	3	*1	0
acefbd	288	0	0	0	0	0	36	0	0	*36	0	0	*4	0	0	4	0	0	16	0	*27	1	0
adefbc	9	0	0	0	0	0	0	0	0	0	0	0	1	0	0	*1	0	0	1	0	0	1	0
abcdef	81	1	2	6	1	2	6	1	2	6	*1	*2	0	*1	*2	0	*1	*2	0	*1	*2	0	*1
abdcef	1296	32	64	*48	*8	*16	12	*8	*16	12	8	16	108	8	16	108	*32	*64	0	*32	1	*27	*32
acdbef	432	0	0	0	8	16	*12	*8	*16	12	8	16	*12	*8	*16	12	0	0	48	*32	1	3	32
abecdf	432	32	*16	0	*8	4	0	*8	4	0	*8	4	0	*8	4	0	32	*16	0	0	9	27	0
acebdf	144	0	0	0	8	*4	0	*8	4	0	*8	4	0	8	*4	0	0	0	0	0	9	*3	0
abcdef	810	32	*1	*3	32	*1	*3	32	*1	*3	*32	1	0	*32	1	0	*32	1	0	*32	1	0	*32
abdcef	25920	2048	*64	48	*512	16	*12	*512	16	*12	512	*16	*108	512	*16	*108	*2048	64	0	*2048	*1	27	*2048
acdbef	8640	0	0	0	512	*16	12	*512	16	*12	512	*16	12	*512	16	*12	0	0	*48	*2048	*1	*3	2048
abecdf	8640	2048	16	0	*512	*4	0	*512	*4	0	*512	*4	0	*512	*4	0	2048	16	0	0	*9	*27	0
acebdf	2860	0	0	0	512	4	0	*512	*4	0	*512	*4	0	512	4	0	0	0	0	0	*9	3	0
abcdef	270	0	9	*3	0	9	*3	0	9	*3	0	*9	0	0	*9	0	0	*9	0	0	9	0	0
abdcef	8640	0	576	48	0	*144	*12	0	*144	*12	0	144	*108	0	144	*108	0	*576	0	0	*9	243	0
acdbef	2880	0	0	0	0	144	12	0	*144	*12	0	144	12	0	*144	*12	0	0	*48	0	*9	*27	0
abecfd	192	0	0	16	0	0	*4	0	0	*4	0	0	4	0	0	4	0	0	0	0	3	*1	0
acebfd	576	0	0	0	0	0	36	0	0	*36	0	0	*4	0	0	4	0	0	16	0	27	1	0
adebfc	18	0	0	0	0	0	0	0	0	0	0	0	1	0	0	*1	0	0	1	0	0	1	0
abfcde	64	0	16	0	0	*4	0	0	*4	0	0	*4	0	0	*4	0	0	16	0	0	1	3	0
acfbde	64	0	0	0	0	*12	0	0	12	0	0	12	0	0	*12	0	0	0	0	0	3	*1	0
abfced	64	0	0	16	0	0	*4	0	0	*4	0	0	4	0	0	4	0	0	0	0	*3	1	0
acfbed	192	0	0	0	0	0	36	0	0	*36	0	0	*4	0	0	4	0	0	16	0	*3	*1	0
adfbec	6	0	0	0	0	0	0	0	0	0	0	0	1	0	0	*1	0	0	1	0	0	*1	0

CGC Table III-8 (8ac)

be acf d	be adf c	ce abd f	ce abf d	ce adf b	de abc f	de abf c	de acf b	af bcd e	af bce d	af bde c	bf acd e	bf ace d	bf ade c	cf abd e	cf abe d	cf ade b	df abc e	df abe c	df ace b	ef abc d	ef abd c	ef acd b
0	0	1	0	0	1	0	0	0	0	0	0	0	0	0	0	0	0	0	0	0	0	0
0	0	9	0	0	9	0	0	225	0	0	225	0	0	225	0	0	225	0	0	0	0	0
128	0	*1	128	0	9	0	0	*1	128	0	*1	128	0	*1	128	0	9	0	0	144	0	0
*2	54	4	8	0	0	72	0	*1	*2	54	*1	*2	54	4	8	0	0	72	0	0	72	0
2	6	0	0	24	0	0	24	*1	*2	*6	1	2	6	0	0	24	0	0	24	0	0	24
0	0	*9	0	0	*9	0	0	*9	0	0	*9	0	0	*9	0	0	*9	0	0	0	0	0
128	0	25	128	0	*225	0	0	1	*128	0	1	*128	0	1	*128	0	*9	0	0	*144	0	0
*2	54	*100	8	0	0	72	0	1	2	*54	1	2	*54	*4	*8	0	0	*72	0	0	*72	0
2	6	0	0	24	0	0	24	1	2	6	*1	*2	*6	0	0	*24	0	0	*24	0	0	*24
*8	0	1	*8	0	*9	0	0	4	8	0	4	8	0	4	8	0	*36	0	0	*36	0	0
1	*27	*32	*4	0	0	*36	0	32	*1	27	32	*1	27	*128	4	0	0	36	0	0	*144	0
*1	*3	0	0	*12	0	0	*12	32	*1	*3	*32	1	3	0	0	12	0	0	12	0	0	*48
9	27	0	*36	0	0	*36	0	0	9	27	0	9	27	0	*36	0	0	*36	0	0	0	0
*9	3	0	0	12	0	0	*12	0	9	*3	0	*9	3	0	0	12	0	0	*12	0	0	0
0	0	*9	0	0	*9	0	0	9	0	0	9	0	0	9	0	0	9	0	0	0	0	0
*32	0	25	*32	0	*225	0	0	*1	128	0	*1	128	0	*1	128	0	9	0	0	144	0	0
1	*27	*200	*4	0	0	*36	0	*2	*4	108	*2	*4	108	8	16	0	0	144	0	0	144	0
*1	*3	0	0	*12	0	0	*12	*2	*4	*12	2	4	12	0	0	48	0	0	48	0	0	48
9	0	0	9	0	0	0	0	2	*1	0	2	*1	0	2	*1	0	*18	0	0	18	0	0
*9	243	0	36	0	0	324	0	128	1	*27	128	1	*27	*512	*4	0	0	*36	0	0	576	0
9	27	0	0	108	0	0	108	128	1	3	*128	*1	*3	0	0	*12	0	0	*12	0	0	192
3	*1	0	*12	0	0	12	0	0	3	*1	0	3	*1	0	*12	0	0	12	0	0	0	0
*27	*1	0	0	*4	0	0	36	0	27	1	0	*27	*1	0	0	*4	0	0	36	0	0	0
0	*1	0	0	1	0	0	0	0	1	0	0	*1	0	0	1	0	0	0	0	0	0	0
*2	0	*1	*2	0	9	0	0	*1	*2	0	*1	*2	0	*1	*2	0	9	0	0	9	0	0
1	*27	128	*4	0	0	*36	0	*32	1	*27	*32	1	*27	128	*4	0	0	*36	0	0	144	0
*1	*3	0	0	*12	0	0	*12	*32	1	3	32	*1	*3	0	0	*12	0	0	*12	0	0	48
9	27	0	*36	0	0	*36	0	0	*9	*27	0	*9	*27	0	36	0	0	36	0	0	0	0
*9	3	0	0	12	0	0	*12	0	*9	3	0	9	*3	0	0	*12	0	0	12	0	0	0
1	0	*32	1	0	288	0	0	8	16	0	8	16	0	8	16	0	*72	0	0	*72	0	0
*1	27	8192	4	0	0	36	0	512	*16	432	512	*16	432	*2048	64	0	0	576	0	0	*2304	0
1	3	0	0	12	0	0	12	512	*16	*48	*512	16	48	0	0	192	0	0	192	0	0	*768
*9	*27	0	36	0	0	36	0	0	144	432	0	144	432	0	*576	0	0	*576	0	0	0	0
9	*3	0	0	*12	0	0	12	0	144	*48	0	*144	48	0	0	192	0	0	*192	0	0	0
9	0	0	9	0	0	0	0	*8	4	0	*8	4	0	*8	4	0	72	0	0	*72	0	0
*9	243	0	36	0	0	324	0	*512	*4	108	*512	*4	108	2048	16	0	0	144	0	0	*2304	0
9	27	0	0	108	0	0	108	*512	*4	*12	512	4	12	0	0	48	0	0	48	0	0	*768
3	*1	0	*12	0	0	12	0	0	*12	4	0	*12	4	0	48	0	0	*48	0	0	0	0
*27	*1	0	0	*4	0	0	36	0	*108	*4	0	108	4	0	0	16	0	0	*144	0	0	0
0	*1	0	0	1	0	0	0	0	*4	0	0	4	0	0	*4	0	0	0	0	0	0	0
1	3	0	*4	0	0	*4	0	0	0	0	0	0	0	0	0	0	0	0	0	0	0	0
*3	1	0	0	4	0	0	*4	0	0	0	0	0	0	0	0	0	0	0	0	0	0	0
*3	1	0	12	0	0	*12	0	0	0	0	0	0	0	0	0	0	0	0	0	0	0	0
*3	1	0	12	4	0	*12	*36	0	0	0	0	0	0	0	0	0	0	0	0	0	0	0
0	1	0	0	*1	0	0	0	0	0	0	0	0	0	0	0	0	0	0	0	0	0	0

TABLE III 9 [2]×[22]

(9a). aaabbc

	N	aa ab bc	ab aa bc	ac aa bb
aaabbc	3	1	2	0
aaacbb	15	*4	2	9
aaabbc	5	2	*1	2

(9b). aaabcc

	N	aa ab cc	ab aa cc	ac aa bc
aaabcc	2	1	1	0
aaacbc	10	*1	1	8
aaabcc	5	2	*2	1

(9c). aabbbc

	N	ab ab bc	bb aa bc	bc aa bb
aabbb	3	2	1	0
aabcbb	15	*2	4	9
aabbbc	5	1	*2	2

(9d). aabccc

	N	ac ab cc	bc aa cc	cc aa bc
aabccc	3	2	1	0
aaccbc	15	*2	4	9
aacbcc	5	1	*2	2

(9e). abbbcc

	N	ab bb cc	bb ab cc	bc ab bc
abbbcc	2	1	1	0
abbccbc	10	*1	1	8
abbbcc	5	2	*2	1

(9f). abbccc

	N	ac bb cc	bc ab cc	cc ab bc
abbccc	3	1	2	0
abccbc	15	*4	2	9
abcbcc	5	2	*1	2

(9g). aaabcd

	N	aa ab cd	aa ac bd	ab aa cd	ac aa bd	ad aa bc
aaabcd	2	1	0	1	0	0
aaacbd	30	*1	12	1	16	0
aaadbc	15	*1	*3	1	1	9
aaabcd	10	1	3	*1	*1	4
aaabdc	10	3	*1	*3	3	0

(9h). abbbcd

	N	ab bb cd	bb ab cd	bb ac bd	bc ab bd	bd ab bc
abbbcd	2	1	1	0	0	0
abbcbd	30	*1	1	12	16	0
abbdbc	15	*1	1	*3	1	9
abbbcd	10	1	*1	3	*1	4
abbbdc	10	3	*3	*1	3	0

(9i). abcccd

	N	ac bc cd	bc ac cd	cc ab cd	cc ac bd	cd ab cc
abcc cd	3	1	1	1	0	0
accc bd	5	*1	1	0	3	0
abcd cc	15	*1	*1	4	0	9
abc ccd	10	1	1	*4	0	4
acc bdc	10	3	*3	0	4	0

(9j). abcddd

	N	ad bc dd	bd ac dd	cd ab dd	dd ab cd	dd ac bd
abcd dd	3	1	1	1	0	0
abdd cd	15	*1	*1	4	9	0
acdd bd	5	*1	1	0	0	3
abd cdd	10	1	1	*4	4	0
acd bdd	10	3	*3	0	0	4

(9k). aabbcc

	N	aa bb cc	ab ab cc	bb aa cc	ac ab bc	bc aa bc	cc aa bb
aabb cc	6	1	4	1	0	0	0
aabc bc	10	*1	0	1	4	4	0
aacc bb	30	1	*1	1	*9	9	9
aab bcc	10	4	0	*4	1	1	0
aac bbc	30	*4	4	*4	1	*1	16
aa bbcc	6	1	*1	1	1	*1	1

(9l). aabbcd

	N	aa bb cd	ab ab cd	ab ac bd	bb aa cd	ac ab bd	bc aa bd	ad ab bc	bd aa bc	cd aa bb
aabb cd	6	1	4	0	1	0	0	0	0	0
aabc bd	30	*1	0	12	1	8	8	0	0	0
aabd bc	30	*2	0	*6	2	1	1	9	9	0
aacd bb	60	2	*2	0	2	*9	9	*9	9	18
aab bcd	20	2	0	6	*2	*1	*1	4	4	0
aac bbd	40	*2	2	0	*2	9	*9	*4	4	8
aab bcd	20	6	0	*2	*6	3	3	0	0	0
aad bbc	24	*2	2	0	*2	*1	1	4	*4	8
aa bbcd	12	2	*2	0	2	1	*1	1	*1	2

(9m). aabccd

	N	aa bc cd	ab ac cd	ac ab cd	ac ac bd	bc aa cd	cc aa bd	ad ab cc	bd aa cc	cd aa bc
aabc cd	9	1	2	4	0	2	0	0	0	0
aacc bd	45	*4	2	*1	27	2	9	0	0	0
aabd cc	45	*4	*8	4	0	2	0	18	9	0
aacd bc	360	4	*2	*25	*37	50	36	*18	36	162
aab ccd	15	2	4	*2	0	*1	0	4	2	0
aac bcd	240	*4	2	25	27	*50	*36	*8	16	72
aac bbd	40	12	*6	3	1	*6	12	0	0	0
aad bcc	48	*4	2	1	*3	*2	4	8	*16	8
aa bccd	24	4	*2	*1	3	2	*4	2	*4	2

CGC Tables III-9 (9n) — (9p)

(9n). aabcdd

	N	aa bc dd	ab ac dd	ac ab dd	bc aa dd	ad ab cd	ad ac bd	bd aa cd	cd aa bd	dd aa bc
aabcdd	6	1	2	2	1	0	0	0	0	0
aabdcd	30	*1	*2	2	1	16	0	8	0	0
aacdbd	60	*4	2	*2	4	*1	27	2	18	0
aaddbc	120	4	*2	*2	4	*9	*27	18	18	36
aabcdd	15	2	4	*4	*2	2	0	1	0	0
aacbdd	240	64	*32	32	*64	*1	27	2	18	0
aadbcd	120	*16	8	8	*16	1	3	*2	*2	64
aadbdc	16	0	0	0	0	3	*1	*6	6	0
aabcdd	24	4	*2	*2	4	1	3	*2	*2	4

(9o). abbccd

	N	ab bc cd	bb ac cd	ac bb cd	bc ab cd	bc ac bd	cc ab bd	ad bb cc	bd ab cc	cd ab bc
abbccd	9	2	1	2	4	0	0	0	0	0
abccbd	45	*2	4	*2	1	27	9	0	0	0
abbdcc	45	*8	*4	2	4	0	0	9	18	0
abcdbc	360	2	*4	*50	25	*37	36	*36	18	162
abbccd	15	4	2	*1	*2	0	0	2	4	0
abcbcd	240	*2	4	50	*25	27	*36	*16	8	72
abcbdc	40	6	*12	6	*3	1	12	0	0	0
abdbcc	48	*2	4	2	*1	*3	4	16	*8	8
abbccd	24	2	*4	*2	1	3	*4	4	*2	2

(9p). abbcdd

	N	ab bc dd	bb ac dd	ac bb dd	bc ab dd	ad bb cd	bd ab cd	bd ac bd	cd ab bd	dd ab bc
abbcdd	6	2	1	1	2	0	0	0	0	0
abbdcd	30	*2	*1	1	2	8	16	0	0	0
abcdbd	60	*2	4	*4	2	*2	1	27	18	0
abddbc	120	2	*4	*4	2	*18	9	*27	18	36
abbcdd	15	4	2	*2	*4	1	2	0	0	0
abcbdd	240	32	*64	64	*32	*2	1	27	18	0
abdbcd	120	*8	16	16	*8	2	*1	3	*2	64
abdbdc	16	0	0	0	0	6	*3	*1	6	0
abbcdd	24	2	*4	*4	2	2	*1	3	*2	4

CGC Tables III-9 (9q) — (9r)

(9q). abccdd

	N	ab cc dd	ac bc dd	bc ac dd	cc ab dd	ad bc cd	bd ac cd	cd ab cd	cd ac bd	dd ab cc
abccdd	6	1	2	2	1	0	0	0	0	0
abcdcd	10	*1	0	0	1	2	2	4	0	0
accdbd	10	0	*1	1	0	*1	1	0	6	0
abddcc	120	4	*2	*2	4	*18	*18	36	0	36
abccdd	20	8	0	0	*8	1	1	2	0	0
accbdd	40	0	16	*16	0	*1	1	0	6	0
abdccd	60	*8	4	4	*8	1	1	*2	0	32
acdbc	8	0	0	0	0	3	*3	0	2	0
abccdd	12	2	*1	*1	2	1	1	*2	0	2

(9r). aabcde

	N	aa bc de	aa bd ce	ab ac de	ab ad ce	ac ab de	ac ad be	bc aa de	ad ab ce	ad ac be	bd aa ce	cd aa be	ae ab cd	ae ac bd	be aa cd	ce aa bd	de aa bc
aabcde	6	1	0	2	0	2	0	1	0	0	0	0	0	0	0	0	0
aabdce	90	*1	12	*2	24	2	0	1	32	0	16	0	0	0	0	0	0
aacdbe	90	*2	*6	1	3	*1	27	2	*1	27	2	18	0	0	0	0	0
aabecd	45	*1	*3	*2	*6	2	0	1	2	0	1	0	18	0	9	0	0
aacebd	720	*32	24	16	*12	*16	*108	32	*1	27	2	18	*9	243	18	162	0
aadebc	240	8	0	*4	0	*4	0	8	*9	*27	18	18	*9	*27	18	18	72
aabcde	30	1	3	2	6	*2	0	*1	*2	0	*1	0	8	0	4	0	0
aacbde	480	32	*24	*16	12	16	108	*32	1	*27	*2	*18	*4	108	8	72	0
aadbce	160	*8	0	4	0	4	0	*8	9	27	*18	*18	*4	*12	8	8	32
aabced	30	3	*1	6	*2	*6	0	*3	6	0	3	0	0	0	0	0	0
aacbed	480	96	8	*48	*4	48	*36	*96	*3	81	6	54	0	0	0	0	0
aadbec	32	0	8	0	*4	0	4	0	3	*1	*6	6	0	0	0	0	0
aaebcd	96	*8	0	4	0	4	0	*8	*1	*3	2	2	4	12	*8	*8	32
aaebdc	96	0	*8	0	4	0	*4	0	3	*1	*6	6	12	*4	*24	24	0
aabcde	48	8	0	*4	0	*4	0	8	1	3	*2	*2	1	3	*2	*2	8
aabdce	48	0	8	0	*4	0	4	0	*3	1	6	*6	3	*1	*6	6	0

(9s). abbcde

	N	ab bc de	ab bd ce	bb ac de	bb ad ce	ac bb de	bc ab de	bc ad be	ad bb ce	bd ab ce	bd ac be	cd ab be	ae bb cd	be ab cd	be ac bd	ce ab bd	de ab bc
abbcde	6	2	0	1	0	1	2	0	0	0	0	0	0	0	0	0	0
abbdce	90	*2	24	*1	12	1	2	0	16	32	0	0	0	0	0	0	0
abcdbe	90	*1	*3	2	6	*2	1	27	*2	1	27	18	0	0	0	0	0
abbecd	45	*2	*6	*1	*3	1	2	0	1	2	0	0	9	18	0	0	0
abcebd	720	*16	12	32	*24	*32	16	*108	*2	1	27	18	*18	9	243	162	0
abdebc	240	4	0	*8	0	*8	4	0	*18	9	*27	18	*18	9	*27	18	72
abbcdee	30	2	6	1	3	*1	*2	0	*1	*2	0	0	4	8	0	0	0
abcbde	480	16	*12	*32	24	32	*16	108	2	*1	*27	*18	*8	4	108	72	0
abdbce	160	*4	0	8	0	8	*4	0	18	*9	27	*18	*8	4	*12	8	32
abbced	30	6	*2	3	*1	*3	*6	0	3	6	0	0	0	0	0	0	0
abcbed	480	48	4	*96	*8	96	*48	*36	*6	3	81	54	0	0	0	0	0
abdbec	32	0	4	0	*8	0	0	4	6	*3	*1	6	0	0	0	0	0
abebcd	96	*4	0	8	0	8	*4	0	*2	1	*3	2	8	*4	12	*8	32
abebdc	96	0	*4	0	8	0	0	*4	6	*3	*1	6	24	*12	*4	24	0
abbcde	48	4	0	*8	0	*8	4	0	2	*1	3	*2	2	*1	3	*2	8
abbdce	48	0	4	0	*8	0	0	4	*6	3	1	*6	6	*3	*1	6	0

(9t). abccde

	N	ab cc de	ac bc de	ac bd ce	bc ac de	bc ad ce	cc ab de	cc ad be	ad bc ce	bd ac ce	cd ab ce	cd ac be	ae bc cd	be ac cd	ce ab cd	ce ac bd	de ab cc
abccde	6	1	2	0	2	0	1	0	0	0	0	0	0	0	0	0	0
abcdce	30	*1	0	6	0	6	1	0	4	4	8	0	0	0	0	0	0
accdbe	30	0	*1	*3	1	3	0	6	*2	2	0	12	0	0	0	0	0
abcecd	60	*4	0	*6	0	*6	4	0	1	1	2	0	9	9	18	0	0
accebd	120	0	*8	6	8	*6	0	*12	*1	1	0	6	*9	9	0	54	0
abdecc	120	4	*2	0	*2	0	4	0	*9	*9	18	0	*9	*9	18	0	36
abccde	40	4	0	6	0	6	*4	0	*1	*1	*2	0	4	4	8	0	0
accbde	80	0	8	*6	*8	6	0	12	1	*1	0	*6	*4	4	0	24	0
abdcce	80	*4	2	0	2	0	*4	0	9	9	*18	0	*4	*4	8	0	16
abcced	40	12	0	*2	0	*2	*12	0	3	3	6	0	0	0	0	0	0
accbed	80	0	24	2	*24	*2	0	*4	*3	3	0	18	0	0	0	0	0
acdbec	32	0	0	4	0	*4	0	8	6	*6	0	4	0	0	0	0	0
abeccd	48	*4	2	0	2	0	*4	0	*1	*1	2	0	4	4	*8	0	16
acebdc	48	0	0	*2	0	2	0	*4	3	*3	0	2	12	*12	0	8	0
abccde	24	4	*2	0	*2	0	4	0	1	1	*2	0	1	1	*2	0	4
acbdce	24	0	0	2	0	*2	0	4	*3	3	0	*2	3	*3	0	2	0

(9u).   abcdde

	N	ab cd de	ac bd de	bc ad de	ad bc ce	ad bd de	bd ac ce	bd ad de	cd ab be	cd ad ce	dd ab be	dd ac dd	dd bc dd	ae bc dd	be ac dd	ce ab dd	de ab cd	de ac bd
abcd de	9	1	1	1	2	0	2	0	2	0	0	0	0	0	0	0	0	0
abdd ce	90	*8	2	2	*1	27	*1	27	4	0	18	0	0	0	0	0	0	0
acdd be	30	0	*2	2	*1	*3	1	3	0	12	0	6	0	0	0	0	0	0
abce dd	45	*4	*4	*4	2	0	2	0	2	0	0	0	9	9	9	0	0	0
abde cd	720	3	*2	*2	*25	*27	*25	*27	100	0	72	0	*18	*18	72	324	0	
acde bd	240	0	2	*2	*25	3	25	*3	0	*12	0	24	*18	18	0	0	108	
abc dd e	15	2	2	2	*1	0	*1	0	*1	0	0	0	2	2	2	0	0	0
abd cd e	480	*8	2	2	25	27	25	27	*100	0	*72	0	*8	*8	32	144	0	
acd bd e	160	0	*2	2	25	*3	*25	3	0	12	0	*12	*8	8	0	0	48	
abd ce d	80	24	*6	*6	3	1	3	1	*12	0	24	0	0	0	0	0	0	0
acd be d	240	0	54	*54	27	*1	*27	1	0	4	0	72	0	0	0	0	0	0
add be c	3	0	0	0	0	1	0	*1	0	1	0	0	0	0	0	0	0	0
abe cd d	96	*8	2	2	1	*3	1	*3	*4	0	8	0	8	8	*32	16	0	
ace bd d	96	0	*6	6	3	1	*3	*1	0	*4	0	8	24	24	0	0	16	
ab cd de	48	8	*2	*2	*1	3	*1	3	4	0	*8	0	2	2	*8	4	0	
ac bd de	48	0	6	*6	*3	*1	3	1	0	4	0	*8	6	*6	0	0	4	

(9v).   abcdee

	N	ab cd ee	ac bd ee	bc ad ee	ad bc ee	bd ac ee	cd ab ee	ae bc de	ae bd ce	be ac de	be ad ce	ce ab de	ce ad be	de ab ce	de ac be	ee ab cd	ee ac bd
abcd ee	6	1	1	1	1	1	1	0	0	0	0	0	0	0	0	0	0
abce de	30	*1	*1	*1	1	1	1	8	0	8	0	8	0	0	0	0	0
abde ce	120	*8	2	2	*2	*2	8	*1	27	*1	27	4	0	36	0	0	0
acde be	40	0	*2	2	*2	2	0	*1	*3	1	3	0	12	0	12	0	0
abee cd	240	8	*2	*2	*2	*2	8	*9	*27	*9	*27	36	0	36	0	72	0
acee bd	80	0	2	*2	*2	2	0	*9	3	9	*3	0	*12	0	12	0	24
abc de e	15	2	2	2	*2	*2	*2	1	0	1	0	1	0	0	0	0	0
abd ce e	480	128	*32	*32	32	32	*128	*1	27	*1	27	4	0	36	0	0	0
acd be e	160	0	32	*32	32	*32	0	*1	*3	1	3	0	12	0	12	0	0
abe cd e	240	*32	8	8	8	8	*32	1	3	1	3	*4	0	*4	0	128	0
ace bd e	240	0	*24	24	24	*24	0	3	*1	*3	1	0	4	0	*4	0	128
abe ce d	32	0	0	0	0	0	0	3	*1	3	*1	*12	0	12	0	0	0
ace be d	96	0	0	0	0	0	0	27	1	*27	*1	0	*4	0	36	0	0
ade be c	3	0	0	0	0	0	0	0	1	0	*1	0	1	0	0	0	0
ab cd ee	48	8	*2	*2	*2	*2	8	1	3	1	3	*4	0	*4	0	8	0
ac bd ee	48	0	6	*6	*6	6	0	3	*1	*3	1	0	4	0	*4	0	8

CGC Table III-9 (9w)

CGC Tables III-10 (10a) — (10k)

TABLE III-10 [2]×[211]

(10a). aaabbc

	N	aab c	abaa bc
aaabc	3	1	2
aaabbc	3	2	*1

(10b). aaabcc

	N	aac b c	acaa bc
aaacbc	3	1	2
aaabcc	3	2	*1

(10c). aabbbc

	N	ab b c	abbb c	bbaa bc
aabbbc	3	2		1
aabbbc	3	1		*2

(10d). aabccc

	N	ac b c	acbc	ccaa bc
aaccbc	3	2		1
aacbcc	3	1		*2

(10e). abbbcc

	N	bb c	ac b c	bc ab c
abbcbc	3	1		2
abbbcc	3	2		*1

(10f). abbccc

	N	bc b c	ac b c	cc ab c
abccbc	3	2		1
abcbcc	3	1		*2

(10g). aaabcd

	N	aa ab c d	aa ac b d	aa ad b c	ab aa c d	ac aa b d	ad aa b c
aaabcd	2	1	0	0	1	0	0
aaacbd	30	*1	12	0	1	16	0
aaadbc	135	3	*1	50	*3	3	75
aaabcd	6	1	3	0	*1	*1	0
aaabdc	54	*3	1	32	3	*3	*12
aaabcd	27	6	*2	1	*6	6	*6

(10h). abbbcd

	N	ab bb c d	bb ab c d	bb ac b d	bb ad b c	bc ab c d	bd ab c
abbbcd	2	1	1	0	0	0	0
abbcbd	30	*1	1	12	0	16	0
abbdbc	135	3	*3	*1	50	3	75
abbbcd	6	1	*1	3	0	*1	0
abbbdc	54	*3	3	1	32	*3	*12
abbbcd	27	6	*6	*2	1	6	*6

(10i). abcccd

	N	ac bc c d	bc ac c d	cc ab c d	cc ac b d	cc ad b c	cd ac b c
abccc d	3	1	1	1	0	0	0
acccbd	5	*1	1	0	3	0	0
accdbc	135	3	*3	0	4	50	75
abcccd	6	1	1	*4	0	0	0
accbdc	54	*3	3	0	*4	32	*12
acccbd	27	6	*6	0	8	1	*6

(10j). abcddd

	N	ad bd c d	bd ad c d	cd ad b d	dd ab c d	dd ac b d	dd ad b c
abdcd	3	1	1	0	1	0	0
acddbd	9	*1	1	4	0	3	0
adddbc	9	1	*1	1	0	0	6
abdcdd	6	1	1	0	*4	0	0
acdbdd	18	*1	1	4	0	*12	0
addbcd	9	2	*2	2	0	0	*3

(10k). aabbcc

	N	ab ac b c	ac ab b c	bc aa b c
aabcbc	3	1	1	1
aabbcc	6	4	*1	*1
aacbbc	2	0	1	*1

CGC Tables III-10 (10l) — (10n)

(10l). aabbcd

	N	aa bb c d	ab ab c d	ab ac b d	ab ad b c	bb aa c d	ac ab b d	bc ab b d	ad ab b c	bd ab b c
aabb c d	6	1	4	0	0	1	0	0	0	0
aabc b d	30	*1	0	12	0	1	8	8	0	0
aabd b c	270	6	0	*2	100	*6	3	3	75	75
aab bc d	12	2	0	6	0	*2	*1	*1	0	0
aac bb d	24	*2	2	0	0	*2	9	*9	0	0
aab bd c	108	*6	0	2	64	6	*3	*3	*12	*12
aad bb c	40	2	*2	0	0	2	1	*1	16	*16
aab b c d	27	6	0	*2	1	*6	3	3	*3	*3
aa bb c d	10	2	*2	0	0	2	1	*1	*1	1

(10m). aabccd

	N	aa bc c d	ab ac c d	ac ab c d	ac ac b d	ac ad b c	bc aa c d	cc aa b d	ad ac b c	cd aa b c
aabc c d	9	1	2	4	0	0	2	0	0	0
aacc b d	45	*4	2	*1	27	0	2	9	0	0
aacd b c	540	12	*6	3	1	200	*6	12	150	150
aab cc d	9	2	4	*2	0	0	*1	0	0	0
aac bc d	144	*4	2	25	27	0	*25	*36	0	0
aac bd c	216	*12	6	*3	*1	128	9	*12	*36	*24
aad bc c	80	4	*2	*1	3	0	2	*4	32	*32
aac b c d	54	12	*6	3	1	2	*6	12	*6	*6
aa bc c d	20	4	*2	*1	3	0	2	*4	*2	2

(10n). aabcdd

	N	aa bd c d	ab ad c d	ac ad b d	ad ab c d	ad ac b d	ad ad b c	bd aa c d	cd aa b d	dd aa b c
aabd c d	9	1	2	0	4	0	0	2	0	0
aacd b d	72	*4	2	18	*1	27	0	2	18	0
aadd b c	216	12	*6	6	3	*1	128	*6	6	48
aab cd d	9	2	4	0	*2	0	0	*1	0	0
aac bd d	144	*16	8	72	1	*27	0	*2	*18	0
aad bc d	8	0	0	0	1	3	0	*2	*2	0
aad bd c	2160	48	*24	24	*147	49	512	294	*294	*768
aad b c d	54	12	*6	6	3	*1	*2	*6	6	*12
aa bd c d	60	12	*6	6	*3	1	*8	6	*6	12

CGC Tables III-10 (10o) — (10q)

(10o). abbccd

	N	ab bc c d	bb ac c d	ac bb c d	bc ab c d	bc ac b d	bc ad b c	cc ab b d	bd ac b c	cd ab b c
abbcc d	9	2	1	2	4	0	0	0	0	0
abccb d	45	*2	4	*2	1	27	0	9	0	0
abcdb c	540	6	*12	6	*3	1	200	12	150	150
abbccd	9	4	2	*1	*2	0	0	0	0	0
abcbcd	144	*2	4	50	*25	27	0	*36	0	0
abcbdc	216	*6	12	*6	3	*1	128	*12	*24	*24
abdbcc	80	2	*4	*2	1	3	0	*4	32	*32
abcbcd	54	6	*12	6	*3	1	2	12	*6	*6
abbccd	20	2	*4	*2	1	3	0	*4	*2	2

(10p). abbcdd

	N	ab bd c d	bb ad c d	bc ad b d	ad bb c d	bd ab c d	bd ac b c	bd ad b c	cd ab b d	dd ab b c
abbd c d	9	2	1	0	2	4	0	0	0	0
abcd b d	72	*2	4	18	*2	1	27	0	18	0
abdd b c	216	6	*12	6	6	*3	*1	128	6	48
abb cd d	9	4	2	0	*1	*2	0	0	0	0
abc bd d	144	*8	16	72	2	*1	*27	0	*18	0
abd bc d	8	0	0	0	2	*1	3	0	*2	0
abd bd c	2160	24	*48	24	*294	147	49	512	*294	*768
abd b c d	54	6	*12	6	6	*3	*1	*2	6	*12
ab bd c d	60	6	*12	6	*6	3	1	*8	*6	12

(10q). abccdd

	N	ac bd c d	bc ad c d	cc ad b d	ad bc c d	bd ac c d	cd ab c d	cd ac b c	cd ad b c	dd ac b c
abcd c d	6	1	1	0	1	1	2	0	0	0
accd b d	12	*1	1	2	*1	1	0	6	0	0
acdd b c	108	3	*3	6	3	*3	0	2	64	24
abc cd d	12	4	4	0	*1	*1	*2	0	0	0
acc bd d	24	*4	4	8	1	*1	0	*6	0	0
abd cc d	4	0	0	0	1	1	*2	0	0	0
acd bd c	1080	12	*12	24	*147	147	0	*98	256	*384
acd b c d	27	3	*3	6	3	*3	0	2	*1	*6
ac bd c d	30	3	*3	6	*3	3	0	*2	*4	6

CGC Table III-10 (10r)

(10r).   aabcde

	N	aa bcd e	aa bdc e	aa bec d	ab acd e	ab ace d	ab ade c	ab aec d	ac abd e	ac abe d	ac aeb d	ae abc d	ae acb e	ae adb c	ad abc e	ad acb e	ad aeb c	bd aac e	aa cde	aa aeb d	ab aec d	ac aeb c	ae acb d	ae adb c	be aac d	aa ceb d	aa deb c
aabcd e	6	1	0	0	2	0	0	2	0	0	1	0	0	0	0	0	0	0	0	0	0	0	0	0	0	0
aabdc e	90	*1	12	0	*2	24	0	2	0	0	1	32	0	0	16	0	0	0	0	0	0	0	0	0	0	0
aacdb e	90	*2	*6	0	1	3	0	*1	27	0	2	*1	27	0	2	18	0	0	0	0	0	0	0	0	0	0
aabec d	405	3	*1	50	6	*2	100	*6	0	0	*3	6	0	0	3	0	150	0	0	75	0	0				
aaceb d	6480	96	8	*400	*48	*4	200	48	*36	1800	*96	*3	81	0	6	54	*75	2025	0	150	1350	0				
aadeb c	432	0	8	16	0	*4	*8	0	4	8	0	3	*1	128	*6	6	3	*1	128	*6	6	96				
aabcd e	18	1	3	0	2	6	0	*2	0	0	*1	*2	0	0	*1	0	0	0	0	0	0	0				
aacbd e	288	32	*24	0	*16	12	0	16	108	0	*32	1	*27	0	*2	*18	0	0	0	0	0	0				
aadbc e	96	*8	0	0	4	0	0	4	0	0	*8	9	27	0	*18	*18	0	0	0	0	0	0				
aabce d	162	*3	1	32	*6	2	64	6	0	0	3	*6	0	0	*3	0	*24	0	0	*12	0	0				
aacbe d	2592	*96	*8	*256	48	4	128	*48	36	1152	96	3	*81	0	*6	*54	12	*324	0	*24	*216	0				
aadbe c	4320	0	*200	256	0	100	*128	0	*100	128	0	*75	25	2048	150	*150	*12	4	*512	24	*24	*384				
aaebc d	160	8	0	0	*4	0	0	*4	0	0	8	1	3	0	*2	*2	16	48	0	*32	*32	0				
aaebd c	1440	0	72	0	0	*36	0	0	36	0	0	*27	9	0	54	*54	*48	16	512	96	*96	*384				
aabcd e	81	6	*2	1	12	*4	2	*12	0	0	*6	12	0	0	6	0	*12	0	0	*6	0	0				
aacbd e	648	96	8	*4	*48	*4	2	48	*36	18	*96	*3	81	0	6	54	3	*81	0	*6	*54	0				
aadbc e	1080	0	200	4	0	*100	*2	0	100	2	0	75	*25	32	*150	150	*3	1	*128	6	*6	*96				
aaebc d	90	0	0	18	0	0	*9	0	0	9	0	0	0	*9	0	0	6	*2	1	*12	12	*12				
aabcd e	40	8	0	0	*4	0	0	*4	0	0	8	1	3	0	*2	*2	*1	*3	0	2	2	0				
aabdc e	360	0	72	0	0	*36	0	0	36	0	0	*27	9	0	54	*54	3	*1	*32	*6	6	24				
aabec d	90	0	0	18	0	0	*9	0	0	9	0	0	0	*9	0	0	*6	2	*1	12	*12	12				

CGC Table III-10 (10s)

(10s).   abbcde

	N	abcd e	bcd e	abd c e	abe c d	bbc d e	ac d e	bbad c d	bb ae c d	ac d e	bc d e	ab e d	adbc c e	ae b e	ad bb c e	bd b c	ab bd c e	bd ac b c	bdae c d	cd b d	ab ae c d	bb be c d	ab be c d	ac be b d	be ad b c	ad ce b d	ab de b c
abbcd e	6	2	0	0	1	0	0	1	2	0	0	0	0	0	0	0	0	0	0	0	0	0
abbd c e	90	*2	24	0	*1	12	0	1	2	0	0	16	32	0	0	0	0	0	0	0	0	0
abcd b e	90	*1	*3	0	2	6	0	*2	1	27	0	*2	1	27	0	18	0	0	0	0	0	0
abbe c d	405	6	*2	100	3	*1	50	*3	*6	0	0	3	6	0	0	0	75	150	0	0	0	0
abce b d	6480	48	4	*200	*96	*8	400	96	*48	*36	1800	*6	3	81	0	54	*150	75	2025	0	1350	0
abde b c	432	0	4	8	0	*8	*16	0	0	4	8	6	*3	*1	128	6	6	*3	*1	128	6	96
abb cd e	18	2	6	0	1	3	0	*1	*2	0	0	*1	*2	0	0	0	0	0	0	0	0	0
abc bd e	288	16	*12	0	*32	24	0	32	*16	108	0	2	*1	*27	0	*18	0	0	0	0	0	0
abd bc e	96	*4	0	0	8	0	0	8	*4	0	0	18	*9	27	0	*18	0	0	0	0	0	0
abb ce d	162	*6	2	64	*3	1	32	3	6	0	0	*3	*6	0	0	0	*12	*24	0	0	0	0
abc be d	2592	*48	*4	*128	96	8	256	*96	48	36	1152	6	*3	*81	0	*54	24	*12	*324	0	*216	0
abd be c	4320	0	*100	128	0	200	*256	0	0	*100	126	*150	75	25	2048	*150	*24	12	4	*512	*24	*384
abe bc d	160	4	0	0	*8	0	0	*8	4	0	0	2	*1	3	0	*2	32	*16	48	0	*32	0
abe bd c	1440	0	36	0	0	*72	0	0	0	36	0	*54	27	9	0	*54	*96	48	16	512	*96	*384
abb c d e	81	12	*4	2	6	*2	1	*6	*12	0	0	6	12	0	0	0	*6	*12	0	0	0	0
abc b d e	648	48	4	*2	*96	*8	4	96	*48	*36	18	*6	3	81	0	54	6	*3	*81	0	*54	0
abd b c e	1080	0	100	2	0	*200	*4	0	0	100	2	150	*75	*25	32	150	*6	3	1	*128	*6	*96
abe b c d	90	0	0	9	0	0	*18	0	0	0	9	0	0	0	*9	0	12	*6	*2	1	12	*12
ab bc d e	40	4	0	0	*8	0	0	*8	4	0	0	2	*1	3	0	*2	*2	1	*3	0	2	0
ab bd c e	360	0	36	0	0	*72	0	0	0	36	0	*54	27	9	0	*54	6	*3	*1	*32	6	24
ab be c d	90	0	0	9	0	0	*18	0	0	0	9	0	0	0	*9	0	*12	6	2	*1	*12	12

CGC Table III-10 (10t)

(10t).   abccde

	N	ab cc d e	ac bc d e	ac bd c e	ac be c d	bc ac d e	bc ad c e	bc ae c d	cc ab d e	cc ad b e	cc ae b d	ad bc c e	ad cc b e	ae cc b d	bd ac c e	cd ab b e	cd ac b e	cd ae b c	ae bc c d	be ac c d	ce ab c d	ce ac b d	ce ad b c	de ac b c
abccd e	6	1	2	0	0	2	0	0	1	0	0	0	0	0	0	0	0	0	0	0	0	0	0	0
abcdc e	30	*1	0	6	0	6	0	1	0	0	4	4	8	0	0	0	0	0	0	0	0	0	0	0
accdb e	30	0	*1	*3	0	1	3	0	0	6	0	*2	2	0	12	0	0	0	0	0	0	0	0	0
abcec d	540	12	0	*2	100	0	*2	100	*12	0	0	3	3	6	0	0	75	75	150	0	0	0	0	0
acceb d	1080	0	24	2	*100	*24	*2	100	0	*4	200	*3	3	0	18	0	*75	75	0	450	0	0	0	0
acdeb c	216	0	0	2	4	0	*2	*4	0	4	8	3	*3	0	2	64	3	*3	0	2	64	48		
abccd e	24	4	0	6	0	6	0	*4	0	0	*1	*1	*2	0	0	0	0	0	0	0	0	0		
accbd e	48	0	8	*6	0	*8	6	0	0	12	0	1	*1	0	*6	0	0	0	0	0	0	0		
abdcc e	48	*4	2	0	0	2	0	0	*4	0	0	9	9	*18	0	0	0	0	0	0	0	0		
abcce d	216	*12	0	2	64	0	2	64	12	0	0	*3	*3	*6	0	0	*12	*12	*24	0	0	0		
accbe d	432	0	*24	*2	*64	24	2	64	0	4	128	3	*3	0	*18	0	12	*12	0	*72	0	0		
acdbe c	6480	0	0	*150	192	0	150	*192	0	*300	384	*225	225	0	*150	3072	*36	36	0	*24	*768	*576		
abecc d	80	4	*2	0	0	*2	0	0	4	0	0	1	1	*2	0	0	16	16	*32	0	0	0		
acebd c	720	0	0	18	0	0	*18	0	0	16	0	*27	27	0	*18	0	*48	48	0	*32	256	*192		
abccd e	54	12	0	*2	1	0	*2	1	*12	0	0	3	3	6	0	0	*3	*3	*6	0	0	0		
accbd e	108	0	24	2	*1	*24	*2	1	0	*4	2	*3	3	0	18	0	3	*3	0	*18	0	0		
acdbc e	540	0	0	50	1	0	*50	*1	0	100	2	75	*75	0	50	16	*3	3	0	*2	*64	*48		
acebc d	90	0	0	0	9	0	0	*9	0	0	18	0	0	0	0	*9	12	*12	0	8	1	*12		
abccd e	20	4	*2	0	0	*2	0	0	4	0	0	1	1	*2	0	0	*1	*1	2	0	0	0		
acbdc e	180	0	0	18	0	0	*18	0	0	36	0	*27	27	0	*18	0	3	*3	0	2	*16	12		
acbec d	90	0	0	0	9	0	0	*9	0	0	18	0	0	0	0	*9	*12	12	0	*8	*1	12		

CGC Table III-10 (10u)

(10u).   abcdde

	N	abcd e	acbd e	acbd e	bcad e	adbc d	adbc e	adbd c	adbe d	bdac e	bdad b	bdae d	cdab b	cdad c	cdae b	ddab e	ddac c	ddae d	aebd d	adce d	adde d	abde c	acde b	adeb c
abcdde	9	1	1	1	2	0	0	2	0	0	2	0	0	0	0	0	0	0	0	0	0			
abddce	90	*8	2	2	*1	27	0	*1	27	0	4	0	0	18	0	0	0	0	0	0	0			
acddbe	30	0	*2	2	*1	*3	0	1	3	0	0	12	0	0	6	0	0	0	0	0	0			
abdecd	1080	24	*6	*6	3	1	200	3	1	200	*12	0	0	24	0	0	150	150	0	300	0	0		
acdebd	3240	0	54	*54	27	*1	*200	*27	1	200	0	4		0	72	0	*150	150	600	0	900	0		
addebc	81	0	0	0	0	2	4	0	*2	*4	0	2	4	0	0	18	3	*3	3	0	0	36		
abcdde	9	2	2	2	*1	0	0	*1	0	0	*1	0	0	0	0	0	0	0	0	0	0			
abdcde	288	*8	2	2	25	27	0	25	27	0	*100	0	0	*72	0	0	0	0	0	0	0			
acdbde	96	0	*2	2	25	*3	0	*25	3	0	0	12	0	0	*24	0	0	0	0	0	0			
abdced	432	*24	6	6	*3	*1	128	*3	*1	128	12	0	0	*24	0	0	*24	*24	0	*48	0	0		
acdbed	1296	0	*54	54	*27	1	*128	27	*1	128	0	*4	512	0	*72	0	24	*24	*96	0	*144	0		
addbec	405	0	0	0	0	*25	32	0	25	*32	0	*25	32	0	0	144	*6	6	*6	0	0	*72		
abecdd	160	8	*2	*2	*1	3	0	*1	3	0	4	0	0	*8	0	0	32	32	0	*64	0	0		
acebdd	480	0	18	*18	*9	*3	0	9	3	0	0	12	0	0	*24	0	*32	32	128	0	*192	0		
abdcde	108	24	*6	*6	3	1	2	3	1	2	*12	0	0	24	0	0	*6	*6	0	*12	0	0		
acdbde	324	0	54	*54	27	*1	*2	*27	1	2	0	4	8	0	72	0	6	*6	*24	0	*36	0		
addbce	405	0	0	0	0	100	2	0	*100	*2	0	100	2	0	0	9	*6	6	*6	0	0	*72		
adebcd	30	0	0	0	0	0	3	0	0	*3	0	0	3	0	0	*6	4	*4	4	0	0	*3		
abcdde	40	8	*2	*2	*1	3	0	*1	3	0	4	0	0	*8	0	0	*2	*2	0	4	0	0		
acbdde	120	0	18	*18	*9	*3	0	9	3	0	0	12	0	0	*24	0	2	*2	*8	0	12	0		
adbecd	30	0	0	0	0	0	3	0	0	*3	0	0	3	0	0	*6	*4	4	*4	0	0	3		

CGC Table III-10 (10w)

CGC Table III-10 (10w)

CGC Table III-10 (10v)

(10v).   abcdee

	N	ab cd e	ac de e	be de e	bc ce e	ae cd e	ad be e	be cd e	ae bc e	cd ae e	ae bc d	ae be e	be ac d	be ad e	ae ce e	ab ce d	ce ad d	ae ce d	de ab d	de ac c	ad de d	ee ab d	ee ac d	ee ad c
abcde	9	1	1	1	0	0	0	2	0	0	2	0	0	2	0	0	0	0	0	0	0	0	0
abdce	144	*8	2	2	18	18	0	*1	27	0	*1	27	0	4	0	0	36	0	0	0	0	0	0
acdbe	48	0	*2	2	*2	2	8	*1	*3	0	1	3	0	0	12	0	0	12	0	0	0	0	0
abecd	432	24	*6	*6	6	6	0	3	*1	128	3	*1	128	*12	0	0	12	0	0	96	0	0	0
aceebd	1296	0	54	*54	*6	6	24	27	1	*128	*27	*1	128	0	*4	512	0	36	0	0	288	0	0
adeebc	81	0	0	0	3	*3	3	0	2	4	0	*2	*4	0	2	4	0	0	36	0	0	18	
abcdee	9	2	2	2	0	0	0	*1	0	0	*1	0	0	*1	0	0	0	0	0	0	0	0	0
abdcee	288	*32	8	8	72	72	0	1	*27	0	1	*27	0	*4	0	0	*36	0	0	0	0	0	0
acdbee	96	0	*8	8	*8	8	32	1	3	0	*1	*3	0	0	*12	0	0	*12	0	0	0	0	0
abecde	16	0	0	0	0	0	0	1	3	0	1	3	0	*4	0	0	*4	0	0	0	0	0	0
acebde	16	0	0	0	0	0	0	3	*1	0	*3	1	0	0	4	0	0	*4	0	0	0	0	0
abeced	4320	96	*24	*24	24	24	0	*147	49	512	*147	49	512	588	0	0	*588	0	0	*1536	0	0	0
acebed	12960	0	216	*216	*24	24	96	*1323	*49	*512	1323	49	512	0	196	2048	0	*2764	0	0	*4608	0	0
adebec	405	0	0	0	6	*6	6	0	*49	8	0	49	*8	0	*49	8	0	0	72	0	0	*144	
abecde	108	24	*6	*6	6	6	0	3	*1	*2	3	*1	*2	*12	0	0	12	0	0	*24	0	0	0
acebde	324	0	54	*54	*6	6	24	27	1	2	*27	*1	*2	0	*4	*8	0	36	0	0	*72	0	0
adebce	324	0	0	0	48	*48	48	0	32	*1	0	*32	1	0	32	*1	0	0	*9	0	0	*72	
aeebcde	4	0	0	0	0	0	0	0	0	1	0	0	*1	0	0	1	0	0	*1	0	0	0	
abcede	120	24	*6	*6	6	6	0	*3	1	*8	*3	1	*8	12	0	0	*12	0	0	24	0	0	0
acbede	360	0	54	*54	*6	6	24	*27	*1	8	27	1	*8	0	4	*32	0	*36	0	0	72	0	0
adbece	90	0	0	0	12	*12	12	0	*8	*1	0	8	1	0	*8	*1	0	0	*9	0	0	18	

TABLE III-11 [2]×[1111]

(11a). aabcde

	N	aa b c d e	ab a c d e	ac a b d e	ad a b c e	ae a b c d
aabcde	3	1	2	0	0	0
aacbde	12	*2	1	9	0	0
aadbce	20	2	*1	1	16	0
aaebcd	30	*2	1	*1	1	25
aabcde	6	2	*1	1	*1	1

(11b). abbcde

	N	ab b c d e	bb a c d e	bc a b d e	bd a b c e	be a b c d
abbcde	3	2	1	0	0	0
abcbde	12	*1	2	9	0	0
abdbce	20	1	*2	1	16	0
abebcd	30	*1	2	*1	1	25
abbcde	6	1	*2	1	*1	1

(11c). abccde

	N	ac b c d e	bc a c d e	cc a b d e	cd a b c e	ce a b c d
abccde	2	1	1	0	0	0
accbde	4	*1	1	2	0	0
acdbce	20	1	*1	2	16	0
acebcd	30	*1	1	*2	1	25
acbcde	6	1	*1	2	*1	1

(11d). abcdde

	N	ad b c d e	bd a c d e	cd a b d e	dd a b c e	de a b c d
abdcde	2	1	1	0	0	0
acdbde	6	*1	1	4	0	0
addbce	15	2	*2	2	9	0
adebcd	30	*1	1	*1	2	25
adbcde	6	1	*1	1	*2	1

(11e). abcdee

	N	ae b c d e	be a c d e	ce a b d e	de a b c e	ee a b c d
abecde	2	1	1	0	0	0
acebde	6	*1	1	4	0	0
adebce	12	1	*1	1	9	0
aeebcd	12	*1	1	*1	1	8
aebcde	6	1	*1	1	*1	2

CGC Tables III-11 (11f) — III-12 (12d)

(11f).   abcdef

N	abc def	acb def	bca def	adb cef	bda cef	cda bef	aeb cdf	bea cdf	cea bdf	dea bcf	afb cde	bfa cde	cfa bde	dfa bce	efa bcd
abcdef 3	1	1	1	0	0	0	0	0	0	0	0	0	0	0	0
abdcef 24	*4	1	1	9	9	0	0	0	0	0	0	0	0	0	0
acdbef 8	0	*1	1	*1	1	4	0	0	0	0	0	0	0	0	0
abecdf 40	4	*1	*1	1	1	0	16	16	0	0	0	0	0	0	0
acebdf 120	0	9	*9	*1	1	4	*16	16	64	0	0	0	0	0	0
adebcf 15	0	0	0	1	*1	1	1	*1	1	9	0	0	0	0	0
abfcde 60	*4	1	1	*1	*1	0	1	1	0	0	25	25	0	0	0
acfbde 180	0	*9	9	1	*1	*4	*1	1	4	0	*25	25	100	0	0
adfbce 360	0	0	0	*16	16	*16	1	*1	1	9	25	*25	25	225	0
aefbcd 24	0	0	0	0	0	0	*1	1	*1	1	*1	1	*1	1	16
abcdef 12	4	*1	*1	1	1	0	*1	*1	0	0	1	1	0	0	0
acbdef 36	0	9	*9	*1	1	4	1	*1	*4	0	*1	1	4	0	0
adbcef 72	0	0	0	16	*16	16	*1	1	*1	*9	1	*1	1	9	0
aebcdf 120	0	0	0	0	0	0	25	*25	25	*25	*1	1	*1	1	16
afbcde 5	0	0	0	0	0	0	0	0	0	0	1	*1	1	*1	1

TABLE III-12 [11]x[4]

(12a).   aaaabc

	N	a aaac b	a aaab c	b aaaa c
aaaab c	5	0	4	1
aaaac b	30	25	1	*4
aaaa bc	6	1	*1	4

(12b).   abbbbc

	N	a bbbc b	a bbbb c	b abbb c
abbbb c	5	0	1	4
abbbc b	30	25	4	*1
abbb bc	6	1	*4	1

(12c).   abcccc

	N	a ccc b	a bcc c	b accc c
abccc c	2	0	1	1
acccc b	3	1	1	*1
accc bc	6	4	*1	1

(12d).   aaabbc

	N	a aabc b	a aabb c	b aaab c
aaabb c	5	0	3	2
aaabc b	30	25	2	*3
aaab bc	6	1	*2	3

(12e). aaabcc

	N	a aacc b	a aabc c	b aaac c
aaabcc	4	0	3	1
aaaccb	12	8	1	*3
aaacbc	6	2	*3	3

(12f). aabbbc

	N	a abbb b	a abbc c	b aabb c
aabbbc	5	0	2	3
aabbcb	30	25	3	*2
aabbbc	6	1	*3	2

(12g). aabccc

	N	a accc b	a abcc c	b aacc c
aabccc	3	0	2	1
aacccb	6	3	1	*2
aaccbc	6	3	*1	2

(12h). abbbcc

	N	a bbcc b	a bbbc c	b abbc c
abbbcc	4	0	1	3
abbccb	12	8	3	*1
abbcbc	6	2	*3	1

(12i). abbccc

	N	a bccc b	a bbcc c	b abcc c
abbccc	3	0	1	2
abcccb	6	3	2	*1
abccbc	6	3	*2	1

(12j). aaabcd

	N	a aacd b	a aabd c	b aaad c	a aabc d	b aaac d	c aaab d
aaabcd	5	0	0	0	3	1	1
aaabdc	120	0	75	25	3	1	*16
aaacdb	24	16	1	*3	1	*3	0
aaabcd	24	0	3	1	*3	*1	16
aaacbd	120	16	1	*3	*25	75	0
aaadbc	5	1	*1	3	0	0	0

(12k). abbbcd

	N	a bbcd b	a bbbd c	b abbd c	a bbbc d	b abbc d	c abbb d
abbbcd	5	0	0	0	1	3	1
abbbdc	120	0	25	75	1	3	*16
abbcdb	24	16	3	*1	3	*1	0
abbbcd	24	0	1	3	*1	*3	16
abbcbd	120	16	3	*1	*75	25	0
abbdbc	5	1	*3	1	0	0	0

(12l). abcccd

	N	a cccd b	a bccd c	b accd c	a bccc d	b accc d	c abcc d
abcccd	5	0	0	0	1	1	3
abccdc	60	0	25	25	3	3	*4
acccdb	12	4	3	*3	1	*1	0
abccdc	12	0	1	1	*3	*3	4
acccbd	60	4	33	*3	*25	25	0
accdbc	5	3	*1	1	0	0	0

(12m). abcddd

	N	a cddd b	a bddd c	b addd c	a bcdd d	b acdd d	c abdd d
abcddd	3	0	0	0	1	1	1
abdddc	12	0	3	3	1	1	*4
acdddb	12	4	1	*1	3	*3	0
abddcd	12	0	3	3	*1	*1	4
acddbd	12	4	1	*1	*3	3	0
adddbc	3	1	*1	1	0	0	0

(12n). aabbcc

	N	a abcc b	a abbc c	b aabc c
aabbcc	2	0	1	1
aabccb	6	4	1	*1
aabcbc	3	1	*1	1

(12o). aabbcd

	N	a abcd b	a abbd c	b aabd c	a abbc d	b aabc d	c aabb d
aabbcd	5	0	0	0	2	2	1
aabbdc	60	0	25	25	1	1	*8
aabcdb	12	8	1	*1	1	*1	0
aabbcd	12	0	1	1	*1	*1	8
aabcbd	60	8	1	*1	*25	25	0
aabdbc	5	1	*2	2	0	0	0

(12p). aabccd

	N	a accd b	a abc c	b aac d	a abc d	b aac d	c aabc d
aabccd	5	0	0	0	2	1	2
aabcdc	90	0	50	25	4	2	*9
aaccdb	18	9	2	*4	1	*2	0
aabccd	18	0	2	1	*4	*2	9
aaccbd	90	9	2	*4	*25	50	0
aacdbc	5	2	*1	2	0	0	0

CGC Tables III-12 (12q) — (12v)

(12q).   aabcdd

	N	a b acdd	a c abdd	b c aadd	a d abcd	b d aacd	c d aabd
aabcdd	4	0	0	0	2	1	1
aabddc	36	0	16	8	2	1	*9
aacddb	18	9	1	*2	2	*4	0
aabdcd	18	0	4	2	*2	*1	9
aacdbd	36	9	1	*2	*8	16	0
aaddbc	4	1	*1	2	0	0	0

(12r).   abbccd

	N	a b bccd	a c bbc	b c abc	a d bbc	b d abc	c d abbc
abbccd	5	0	0	0	1	2	2
abbcdc	90	0	25	50	2	4	*9
abccdb	18	9	4	*2	2	*1	0
abbccd	18	0	1	2	*2	*4	9
abccbd	90	9	4	*2	*50	25	0
abcdb	5	2	*2	1	0	0	0

(12s).   abbcdd

	N	a b bcdd	a c bbdd	b c abdd	a d bbcd	b d abcd	c d abbd
abbcdd	4	0	0	0	1	2	1
abbddc	36	0	8	16	1	2	*9
abcddb	18	9	2	*1	4	*2	0
abbdcd	18	0	2	4	*1	*2	9
abcdbd	36	9	2	*1	*16	8	0
abddbc	4	1	*2	1	0	0	0

(12t).   abccdd

	N	a b ccdd	a c bcd	b c acc	a d bcc	b d acd	c d abcd
abccdd	4	0	0	0	1	1	2
abcddc	12	0	4	4	1	1	*2
accddb	6	2	1	*1	1	*1	0
abcdcd	6	0	1	1	*1	*1	2
accdbd	12	2	1	*1	*4	4	0
acddbc	4	2	*1	1	0	0	0

(12u).   aabcde

	N	a b acde	a c abde	b c aade	a d abce	b d aace	c d aabe	a e abcd	b e aacd	c e aabd	d e aabc
aabcde	5	0	0	0	0	0	0	2	1	1	1
aabced	120	0	0	0	50	25	25	2	1	1	*16
aabdec	72	0	32	16	2	1	*9	2	1	*9	0
aacdeb	18	9	1	*2	1	*2	0	1	*2	0	0
aabcde (aabcd e)	24	0	0	0	2	1	1	*2	*1	*1	16
aabdce	360	0	32	16	2	1	*9	*50	*25	225	0
aacdbe	90	9	1	*2	1	*2	0	*25	50	0	0
aabecd	15	0	2	1	*2	*1	9	0	0	0	0
aacebd	60	9	1	*2	*16	32	0	0	0	0	0
aadebc	4	1	*1	2	0	0	0	0	0	0	0

(12v).   abbcde

	N	a b bcde	a c bbde	b c abde	a d bbce	b d abce	c d abbe	a e bbcd	b e abcd	c e abbd	d e abbc
abbcde	5	0	0	0	0	0	0	1	2	1	1
abbced	120	0	0	0	25	50	25	1	2	1	*16
abbdec	72	0	16	32	1	2	*9	1	2	*9	0
abcdeb	18	9	2	*1	2	*1	0	2	*1	0	0
abbcde (abbcd e)	24	0	0	0	1	2	1	*1	*2	*1	16
abbdce	360	0	16	32	1	2	*9	*25	*25	225	0
abcdbe	90	9	2	*1	2	*1	0	*50	25	0	0
abbecd	15	0	1	2	*1	*2	9	0	0	0	0
abcebd	60	9	2	*1	*32	16	0	0	0	0	0
abdebc	4	1	*2	1	0	0	0	0	0	0	0

CGC Tables III-12 (12w) — (12y)

(12w). abccde

	N	a ccde b	a bcde c	b acde c	a bcce d	b acce d	c abce d	a bccd e	b accd e	c abcd e	d abcc e
abccde	5	0	0	0	0	0	0	1	1	2	1
abcced	120	0	0	0	25	25	50	1	1	2	*16
abcdec	24	0	8	8	1	1	*2	1	1	*2	0
accdeb	12	4	2	*2	1	*1	0	1	*1	0	0
abccde	24	0	0	0	1	1	2	*1	*1	*2	16
abcdce	120	0	8	8	1	1	*2	*25	*25	50	0
accdbe	60	4	2	*2	1	*1	0	*25	25	0	0
abcecd	10	0	1	1	*2	*2	4	0	0	0	0
accebd	20	2	1	*1	*8	8	0	0	0	0	0
acdebc	4	2	*1	1	0	0	0	0	0	0	0

(12x). abcdde

	N	a cdde b	a bdde c	b adde c	a bcde d	b acde d	c abde d	a bcdd e	b acdd e	c abdd e	d abcd e
abcdde	5	0	0	0	0	0	0	1	1	1	2
abcded	90	0	0	0	25	25	25	2	2	2	*9
abddec	36	0	9	9	2	2	*8	1	1	*4	0
acddeb	12	4	1	*1	2	*2	0	1	*1	0	0
abcdde	18	0	0	0	1	1	1	*2	*2	*2	9
abddce	180	0	9	9	2	2	*8	*25	*25	100	0
acddbe	60	4	1	*1	2	*2	0	*25	25	0	0
abdecd	10	0	2	2	*1	*1	4	0	0	0	0
acdebd	30	8	2	*2	*9	9	0	0	0	0	0
addebc	3	1	*1	1	0	0	0	0	0	0	0

(12y). abcdee

	N	a cdee b	a bdee c	b adee c	a bcee d	b acee d	c abee d	a bcde e	b acde e	c abde e	d abce e
abcdee	4	0	0	0	0	0	0	1	1	1	1
abceed	36	0	0	0	8	8	8	1	1	1	*9
abdeec	36	0	9	9	1	1	*4	2	2	*8	0
acdeeb	12	4	1	*1	1	*1	0	2	*2	0	0
abcede	18	0	0	0	2	2	2	*1	*1	*1	9
abdece	72	0	9	9	1	1	*4	*8	*8	32	0
acdebe	24	4	1	*1	1	*1	0	*8	8	0	0
abeecd	8	0	1	1	*1	*1	4	0	0	0	0
aceebd	24	4	1	*1	*9	9	0	0	0	0	0
adeebc	3	1	*1	1	0	0	0	0	0	0	0

TABLE III-13 [11]x[31]

(13a). aaaabc

	N	a aaa b c	a aaa c b
aaaa bc	2	1	1
aaaa b c	2	1	*1

(13b). abbbbc

	N	a bbb b c	b abb c b
abbb bc	2	1	1
abbb b c	2	1	*1

(13c). abcccc

	N	a bcc c c	b acc c c
abcc cc	2	1	1
accc b c	2	1	*1

(13d). aaabbc

	N	a aab b c	a aac b b	a aab c b	b aaa c b
aaab bc	6	3	0	2	1
aaac bb	15	0	12	1	*2
aaab b c	6	3	0	*2	*1
aaa bb c	15	0	3	*4	8

(13e). aaabcc

	N	a aac b c	a aab c c	a aac c b	b aaa c c
aaab cc	4	0	3	0	1
aaac bc	60	24	1	32	*3
aaac b c	18	6	1	*8	*3
aaa bc c	45	12	*8	*1	24

(13f). aabbbc

	N	a abb b c	a abc b b	a abb c b	b aab c b
aabb bc	6	3	0	1	2
aabc bb	15	0	12	2	*1
aabb b c	6	3	0	*1	*2
aab bb c	15	0	3	*8	4

(13g). aabccc

	N	a acc b c	a abc c c	a acc c b	b aac c c
aabc cc	3	0	2	0	1
aacc bc	30	9	1	18	*2
aacc b c	6	1	1	*2	*2
aac bc c	15	8	*2	*1	4

(13h). abbbcc

	N	a bbc b c	a bbb c c	a bbc c b	b abb c b
abbb cc	4	0	1	3	0
abbc bc	60	24	3	*1	32
abbc b c	18	6	3	*1	*8
abb bc c	45	12	*24	8	*1

(13i). abbccc

	N	a bcc b c	a bcc b c	a bbc c c	b abc c c
abbc cc	3	0	1	2	0
abcc bc	30	9	2	*1	18
abcc b c	6	1	2	*1	*2
abc bc c	15	8	*4	2	*1

(13j). aaabcd

	N	a aac b d	a aad b c	a aab c d	a aad c b	b aaa c d	a aab d c	a aac d b	b aaa d c	c aaa d b
aaab cd	8	0	0	3	0	1	3	0	1	0
aaac bd	360	144	0	9	0	*27	*1	128	3	48
aaad bc	45	0	18	0	18	0	1	2	*3	*3
aaab c d	8	0	0	3	0	1	*3	0	*1	0
aaac b d	360	144	0	9	0	*27	1	*128	*3	*48
aaad b c	135	*1	50	1	*50	*3	4	*2	*12	12
aaa bc d	90	0	9	0	9	0	*8	*16	24	24
aaa bd c	270	32	25	*32	*25	96	*8	4	24	*24
aaa b c d	27	2	*1	*2	1	6	2	*1	*6	6

CGC Tables III-13 (13k) — (13n)

(13k). abbbcd

	N	a bbc b d	a bbd b c	a bbb c d	b abb c d	b abd c b	a bbb d c	b abb d c	a bcd d b	c abb d b
abbbcd	8	0	0	1	3	0	1	3	0	0
abbcbd	360	144	0	27	*9	0	*3	1	128	48
abbdbc	45	0	18	0	0	18	3	*1	2	*3
abbbcd	8	0	0	1	3	0	*1	*3	0	0
abbcbd	360	144	0	27	*9	0	3	*1	*128	*48
abbdbc	135	*1	50	3	*1	*50	12	*4	*2	12
abbbcd	90	0	9	0	0	9	*24	8	*16	24
abbbdc	270	32	25	*96	32	*25	*24	8	4	*24
abbbcd	27	2	*1	*6	2	1	6	*2	*1	6

(13l). abcccd

	N	a ccc b d	a bcc c d	a bcd c c	b acc c d	b acd c c	a bcc d c	b acc d c	c abc d c	c acc d b
abcccd	12	0	3	0	3	0	1	1	4	0
accbbd	20	4	3	0	*3	0	*1	1	0	8
abcdcc	45	0	0	18	0	18	3	3	*3	0
abcccd	12	0	3	0	3	0	*1	*1	*4	0
acccbd	20	4	3	0	*3	0	1	*1	0	*8
accdbc	135	*3	1	50	*1	*50	12	*12	0	6
abcccd	30	0	0	3	0	3	*8	*8	8	0
accbdc	270	96	*32	25	32	*25	*24	24	0	*12
accbcd	27	6	*2	*1	2	1	6	*6	0	3

(13m). abcddd

	N	a cdd b d	a bdd c d	b add c d	a bcd d d	a bdd d c	b acd d d	b add d c	c abd d d	c add d b
abcddd	3	0	0	0	1	0	1	0	1	0
abddcd	60	0	9	9	1	18	1	18	*4	0
acddbd	20	4	1	*1	1	*2	*1	2	0	8
abddcd	12	0	1	1	1	*2	1	*2	*4	0
acddbd	36	4	1	*1	9	2	*9	*2	0	*8
adddbc	9	*1	1	*1	0	2	0	*2	0	2
abdcdd	30	0	8	8	*2	*1	*2	*1	8	0
acdbdd	90	32	8	*8	*18	1	18	*1	0	*4
addbcd	9	2	*2	2	0	1	0	*1	0	1

(13n). aabbcc

	N	a abc b c	a acc b b	a abb c c	a abc c b	b aab c c	b aac c b
aabbcc	2	0	0	1	0	1	0
aabcbc	30	12	0	1	8	*1	8
aaccbb	5	0	3	0	1	0	*1
aabcbc	9	3	0	1	*2	*1	*2
aabbcc	90	24	0	*32	*1	32	*1
aacbbc	10	0	4	0	*3	0	3

(13o).   aabbcd   [11]x[31]=[42]+[411]+[321]+[3111]

	N	a abc b d	a abd b c	a acd b b	a abb c d	a abd c b	b aab c d	b aad c b	a abb d c	a abc d b	b aab d c	b aac d b	c aab d b
aabb cd	4	0	0	0	1	0	1	0	1	0	1	0	0
aabc bd	180	72	0	0	9	0	*9	0	*1	32	1	32	24
aabd bc	45	0	18	0	0	9	0	9	2	1	*2	1	*3
aacd bb	10	0	0	6	0	1	0	*1	0	1	0	*1	0
aabb c d	4	0	0	0	1	0	1	0	*1	0	*1	0	0
aabc b d	180	72	0	0	9	0	*9	0	1	*32	*1	*32	*24
aabd b c	135	*1	50	0	2	*25	*2	*25	8	*1	*8	*1	12
aab bc d	180	0	18	0	0	9	0	9	*32	*16	32	*16	48
aac bb d	40	0	0	6	0	1	0	*1	0	*8	0	8	0
aab bd c	540	64	50	0	*128	*25	128	*25	*32	4	32	4	*48
aad bb c	8	0	0	2	0	*3	0	3	0	0	0	0	0
aab b c d	54	4	*2	0	*8	1	8	1	8	*1	*8	*1	12

(13p).   aabccd

	N	a acc b d	a acd b c	a abc c d	a abd c c	a acd c b	b aac c d	b aad c c	a abc d c	a acc d b	b aac d c	c aab d c	c aac d b
aabc cd	18	0	0	6	0	0	3	0	4	0	2	3	0
aacc bd	90	27	0	6	0	0	*12	0	*1	18	2	0	24
aabd cc	45	0	0	0	24	0	0	12	2	0	1	*6	0
aacd bc	180	0	54	0	3	81	0	*6	4	18	*8	0	*6
aabc c d	18	0	0	6	0	0	3	0	*4	0	*2	*3	0
aacc b d	90	27	0	6	0	0	*12	0	1	*18	*2	0	*24
aacd b c	270	*4	50	2	25	*75	*4	*50	12	*6	*24	0	18
aab cc d	45	0	0	0	6	0	0	3	*8	0	*4	24	0
aac bc d	720	0	54	0	3	81	0	*6	*64	*288	64	0	96
aac bd c	1080	256	50	*128	25	*75	256	*50	*48	24	96	0	*72
aad bc c	16	0	6	0	*3	*1	0	6	0	0	0	0	0
aac b c d	108	16	*2	*8	*1	3	16	2	12	*6	*24	0	18

(13q).   aabcdd

	N	a acd b d	a add b c	a abd c d	a add c b	b aad c d	a abc d d	a abd d c	a acd d b	b aac d d	b aad d c	c aab d d	c aad d b
aabc dd	4	0	0	0	0	0	2	0	0	1	0	1	0
aabd cd	180	0	0	48	0	24	2	64	0	1	32	*9	0
aacd bd	90	27	0	3	0	*6	2	*1	27	*4	2	0	18
aadd bc	20	0	6	0	6	0	0	1	3	0	*2	0	*2
aabd c d	54	0	0	12	0	6	2	*16	0	1	*8	*9	0
aacd b d	108	27	0	3	0	*6	8	1	*27	*16	*2	0	*18
aadd b c	36	*1	8	1	*8	*2	0	3	*1	0	*6	0	6
aab cd d	135	0	0	24	0	12	*16	*2	0	*8	*1	72	0
aac bd d	2160	432	0	48	0	*96	*512	1	*27	1024	*2	0	*18
aad bc d	40	0	8	0	8	0	0	*3	*9	0	6	0	6
aad bd c	144	16	32	*16	*32	32	0	*3	1	0	6	0	*6
aad b c d	36	4	*2	*4	2	8	0	3	*1	0	*6	0	6

(13r).   abbccd

	N	a bcc b d	a bcd b c	a bbc c d	a bbd c c	b abc c d	b abd c c	b acd c b	a bbc d c	b abc d c	b acc d b	c abb d c	c abc d b
abbc cd	18	0	0	3	0	6	0	0	2	4	0	3	0
abcc bd	90	27	0	12	0	*6	0	0	*2	1	18	0	24
abbd cc	45	0	0	0	12	0	24	0	1	2	0	*6	0
abcd bc	180	0	54	0	6	0	*3	81	8	*4	18	0	*6
abbc c d	18	0	0	3	0	6	0	0	*2	*4	0	*3	0
abcc b d	90	27	0	12	0	*6	0	0	2	*1	*18	0	*24
abcd b c	270	*4	50	4	50	*2	*25	*75	24	*12	*6	0	18
abb cc d	45	0	0	0	3	0	6	0	*4	*8	0	24	0
abc bc d	720	0	54	0	6	0	*3	81	*64	64	*288	0	96
abc bd c	1080	256	50	*256	50	128	*25	*75	*96	48	24	0	*72
abd bc c	16	0	6	0	*6	0	3	*1	0	0	0	0	0
abc b c d	108	16	*2	*16	*2	8	1	3	24	*12	*6	0	18

CGC Tables III-13 (13s) — (13t)

(13s).   abbcdd

	N	a bcd b d	a bdd b c	a bbd c d	b abd c d	b add c b	a bbc d d	a bbd d c	b abc d d	b abd d c	b acd d b	c abb d d	c abd d b
abbc dd	4	0	0	0	0	0	1	0	2	0	0	1	0
abbd cd	180	0	0	24	48	0	1	32	2	64	0	*9	0
abcd bd	90	27	0	6	*3	0	4	*2	*2	1	27	0	18
abdd bc	20	0	6	0	0	6	0	2	0	*1	3	0	*2
abbd c d	54	0	0	6	12	0	1	*8	2	*16	0	*9	0
abcd b d	108	27	0	6	*3	0	16	2	*8	*1	*27	0	*18
abdd b c	36	*1	8	2	*1	*8	0	6	0	*3	*1	0	6
abb cd d	135	0	0	12	24	0	*8	*1	*16	*2	0	72	0
abc bd d	2160	432	0	96	*48	0	*1024	2	512	*1	*27	0	*18
abd bc d	40	0	8	0	0	8	0	*6	0	3	*9	0	6
abd bd c	144	16	32	*32	16	*32	0	*6	0	3	1	0	*6
abd b c d	36	4	*2	*8	4	2	0	6	0	*3	*1	0	6

(13t).   abccdd

	N	a ccd b d	a bcd c d	a bdd c c	b acd c d	b add c c	a bcc d d	a bcd d c	b acc d d	b acd d c	b abc d d	c abd d c	c acd d b
abcc dd	4	0	0	0	0	0	1	0	1	0	2	0	0
abcd cd	60	0	12	0	12	0	1	8	1	8	*2	16	0
accd bd	30	6	3	0	*3	0	1	*2	*1	2	0	0	12
abdd cc	10	0	0	3	0	3	0	1	0	1	0	*2	0
abcd c d	18	0	3	0	3	0	1	*2	1	*2	*2	*4	0
accd b d	36	6	3	0	*3	0	4	2	*4	*2	0	0	*12
acdd b c	36	*2	1	8	*1	*8	0	6	0	*6	0	0	4
abc cd d	180	0	24	0	24	0	*32	*1	*32	*1	64	*2	0
acc bd d	360	48	24	0	*24	0	*128	1	128	*1	0	0	*6
abd cc d	20	0	0	4	0	4	0	*3	0	*3	0	6	0
acd bd c	72	16	*8	16	8	*16	0	*3	0	3	0	0	*2
acd b c d	9	4	*2	*1	2	1	0	3	0	*3	0	0	2

CGC Table III-13 (13u)

(11u)	aabcde	N	a acd b e	a ace b d	a ade b c e	a abd c e	a abe c d	a ade c b d	b aad c e	b aae c d	a abe c d e	a abc d e	a ace b d e	a abe c d	b aae d c	c aab d e	c aae b d	a abc d e	a abd c e	b acd d e	b aad c e	c aab d e	c aad b e	d aab c e	d aac b e	e aac b d
aabc de		8	0	0	0	0	0	0	0	0	0	0	0	0	0	1	0	2	0	0	0	1	0	0	0	0
aabd ce		1080	0	0	0	288	0	0	0	0	18	0	0	0	0	0	0	*2	256	0	*1	128	9	0	0	0
aacd be		270	81	0	0	9	0	0	144	0	9	0	*18	9	*81	0	*2	*1	*2	54	*1	2	0	36	144	36
aabe cd		135	0	0	36	0	0	0	*18	18	0	0	0	0	0	0	0	2	4	0	2	4	0	0	0	0
aace bd		1080	0	324	36	0	0	0	0	*72	0	*9	243	0	0	0	162	32	4	27	*64	2	*9	18	*9	*72
aade bc		40	0	0	0	0	12	0	0	0	0	1	3	1	0	0	*2	0	1	3	0	0	0	*2	0	0
aabc d e		8	0	0	0	0	0	0	0	0	2	0	0	0	1	0	0	*2	0	0	*1	0	*1	0	0	0
aabd c e		1080	0	0	0	288	0	0	144	0	18	0	0	0	*81	0	0	*2	*256	0	1	128	*9	0	0	0
aacd b e		270	81	0	0	9	0	*18	*18	0	9	0	0	9	*9	0	2	1	2	*54	*2	*4	0	*36	*144	0
aabe c d		405	0	0	100	*2	*48	*1	50	*50	2	*100	0	*18	0	*50	1	8	*4	0	*2	*2	0	*36	0	36
aace b d		3240	*18	900	100	*2	0	4	*200	32	0	25	*675	1	*9	*50	0	128	1	*27	*256	*2	0	0	36	288
aade b c		216	*2	*4	4	2	*48	*4	*8	0	0	9	*3	*64	0	*18	*450	0	9	*3	0	*18	*18	0	0	0
aab cd e		270	0	0	18	0	4	0	9	0	0	18	0	0	0	9	18	0	*32	0	*8	*16	72	18	0	0
aac bd e		4320	0	324	36	0	*16	0	*72	0	0	*90	243	0	0	18	0	*512	16	*432	1024	*32	0	*288	72	1152
aad bc e		160	0	0	0	0	0	0	0	0	0	1	3	0	*2	0	*2	0	0	*48	0	0	0	32	0	0
aab ce d		810	0	0	50	64	12	24	25	*64	2	*50	0	*32	*25	*450	0	*16	*16	108	*8	32	72	0	*72	0
aac be d		12960	1152	0	100	128	0	*200	*200	*2048	0	25	*675	4096	*50	0	*450	*512	8	12	1024	4	0	72	0	*1152
aad be c		864	128	*4	4	*128	*48	*8	*8	0	0	9	*3	0	*18	0	19	*4	*4	108	0	8	0	0	0	0
aae bc d		32	0	0	0	0	4	0	0	0	0	*3	*9	0	6	6	6	0	*36	12	0	72	0	0	0	0
aae bd c		96	0	12	*12	0	*16	0	24	0	0	*3	1	0	6	6	*6	0	0	0	0	0	*72	0	0	0
aab c d e		81	0	0	*2	4	0	2	*1	*4	*4	2	0	*2	1	0	0	4	0	0	2	0	0	0	0	0
aac b d e		1296	72	*36	*4	8	0	*16	8	*128	0	*1	27	256	2	18	18	128	*2	*27	*256	*1	0	18	0	0
aad b c e		2160	200	4	*4	*200	48	400	8	0	0	*9	3	0	18	*18	6	225	1	*75	0	*450	0	450	0	288
aae b c d		30	0	3	*3	0	1	0	6	0	0	3	*1	0	*6	0	6	0	0	0	0	0	0	0	0	0

[1|1] x [1|1] = [4|2] + [4|1|1] + [3|2|1] + [3|1|1|1] + [2|1|1|1]

CGC Table III-13 (13v)

(13v).	abbcde																													
	N	a bcd b e	a bce b d	a bde b c	a bbd c e	a bbe c d	b bbe c d	b abe c e	b abd c e	a bde c b	a bbc d e	b abe d c	b abc d e	b abe d c	b ace d b	c abb d e	c abe d b	b abc e d	b abd e c	b abc e d	b abd e c	b acd e b	c abb e d	c abd e b	d abb e c	d abc e b
---	---	---	---	---	---	---	---	---	---	---	---	---	---	---	---	---	---	---	---	---	---	---	---	---	---	---
abbc de	8	0	0	0	0	0	0	0	0	0	1	0	2	0	0	0	0	1	0	2	0	0	0	1	0	0	0
abbd ce	1080	0	0	0	144	0	288	0	0	0	0	18	0	18	0	*81	0	*1	128	*2	256	0	0	9	0	144	0
abcd be	270	81	0	0	18	0	*9	0	0	0	18	0	*9	0	0	0	0	*2	*4	1	2	54	0	0	36	0	36
abbe cd	135	0	0	0	0	0	0	0	0	0	0	18	0	36	0	0	0	1	2	2	4	0	*9	*9	0	0	0
abce bd	1080	0	324	0	0	0	18	36	0	0	*18	0	0	9	243	0	162	64	*2	*32	1	27	0	0	18	0	*72
abde bc	40	0	0	12	0	0	0	0	0	12	2	0	0	*1	3	0	*2	0	2	0	*1	3	0	0	*2	0	0
abbc d e	8	0	0	0	0	0	0	0	0	0	0	0	2	0	0	1	0	*1	0	*2	0	0	*1	0	0	0	0
abbd c e	1080	0	0	0	144	0	288	0	0	0	1	18	18	0	0	*81	0	1	*128	2	*256	0	*9	0	*144	0
abcd b e	270	81	0	0	18	0	*9	0	0	0	*50	18	*9	0	0	0	0	2	4	*2	*4	*54	0	36	*36	0	*36
abbe c d	405	0	0	0	*1	50	*2	100	0	*48	50	2	*32	*100	*675	*9	0	4	*2	*1	*1	0	*27	0	*18	0	0
abce b d	3240	*18	900	0	*4	200	2	*100	0	0	18	0	0	*25	*3	0	*450	256	2	8	*9	*3	0	72	18	0	288
abde b c	216	*2	*4	48	4	8	*2	*4	0	0	9	18	0	*9	0	0	18	*8	*16	*128	*32	*432	0	72	18	72	0
abb c d	270	0	0	0	0	9	0	0	0	0	*18	0	0	18	0	0	0	*1024	32	0	*16	*48	0	0	0	0	*1152
abc b d	4320	0	324	0	0	72	0	*36	0	12	2	0	0	90	243	0	162	*2	*32	512	16	16	8	0	32	0	0
abd b c	160	0	0	12	32	0	0	0	0	0	0	*18	*64	*1	3	288	0	*8	4	*16	16	8	0	*288	0	*72	0
abb c e	810	0	0	0	256	25	64	50	0	0	*25	2	2048	*50	*675	0	*450	*1024	*8	512	4	108	72	32	0	0	*1152
abc b e	12960	1152	900	0	*256	200	*128	*100	*4096	*48	50	*64	0	*25	*9	0	0	0	*72	0	36	12	72	72	*72	*72	0
abd c e	864	128	*4	48	*256	8	128	*4	0	4	18	2048	0	*9	*3	0	18	0	*72	0	36	12	*72	0	0	0
abe b c	32	0	0	4	0	0	0	0	0	0	0	0	0	3	*9	0	6	0	0	0	0	0	0	0	0	0	0
abe b d	96	0	0	16	0	0	*24	0	12	*16	*6	0	*6	3	1	0	*6	0	0	0	0	0	0	0	0	0	0
abb c d	81	0	0	0	2	*1	*1	4	*2	0	1	0	*4	2	0	18	0	2	*1	4	*2	0	*18	0	18	0	0
abc d e	1296	72	*36	0	16	*8	*8	4	*256	0	*2	128	*2	1	27	0	18	256	2	*128	*1	*27	0	*18	0	0
abd b e	2160	200	4	*48	*400	*8	200	4	*4096	48	*18	0	*18	9	3	0	*18	0	450	0	*225	*75	0	450	0	0
abe c d	30	0	3	*1	0	*6	0	3	0	1	6	0	0	*3	*1	0	6	0	0	0	0	0	0	0	0	0

CGC Table III-13 (13w)

(13w).		abccde	a ccd b e	a cce b bd	a bcd c d	a bce c c	a bde c c	b acd c d	b ace c e	b ade c c	a bcc d e	a bce d c	b ace d d	b ace d c	c abc d e	c abe d b	a ace b cd e	a bcc b e	b acd e	b acc e d	c abc e	c abd e	a acd e c	d abc e c	d acc e b
	N																								
abcc de		8	0	0	0	0	0	0	0	0	1	0	0	1	0	0	1	0	1	2	0	0	0	0	0
abcd ce		360	0	0	72	0	0	0	0	0	0	0	0	*1	0	0	*1	32	*1	2	64	0	0	0	0
cee acd		180	36	0	18	0	0	*18	0	0	0	9	0	*1	*8	0	*8	1	*1	64	0	48	48	0	24
abce cd		90	0	0	0	18	0	0	18	0	9	0	9	2	1	0	1	8	2	*4	2	0	*6	0	0
acce bd		180	0	36	0	18	0	0	*18	0	*9	*9	9	8	*1	18	*1	1	*8	0	0	6	0	0	*12
abde cc		20	0	0	0	0	6	0	0	6	1	0	1	0	0	0	0	1	0	0	*2	0	0	0	0
abcc d e		8	0	0	0	0	0	0	0	0	0	1	0	*1	*2	0	*1	0	*1	*2	0	0	0	0	0
abcd ce		360	0	0	72	0	0	72	0	0	9	0	0	1	0	0	1	*32	1	*2	*64	0	*48	0	0
accd be		180	36	0	18	0	0	*18	0	0	9	*9	0	1	*1	0	1	*8	*1	*2	0	*48	0	*48	*24
abce d		270	0	0	*1	50	0	*1	50	0	2	2	*25	8	0	0	8	*1	8	0	*2	0	24	0	0
c bd		540	*2	100	*1	50	0	1	*50	0	8	*25	*25	32	*150	*50	1	*1	*32	*16	0	*6	0	0	48
acde b		108	*2	*4	1	2	24	*2	2	*24	0	9	*9	0	6	0	*1	9	0	0	0	6	0	0	0
abc cd		360	0	0	0	18	0	18	*18	0	9	0	0	*32	0	18	*32	*16	*32	0	0	0	0	96	0
acc bd e		720	0	36	0	18	6	0	0	0	9	9	9	*128	54	0	*128	16	128	64	*32	*96	96	0	192
abd cc		80	0	0	0	0	*8	0	0	6	*9	0	9	0	0	*2	0	*16	0	0	0	0	0	0	0
abc ce d		1080	0	0	0	0	0	64	50	0	1	1	1	*32	*50	*50	*32	4	*32	0	32	0	0	*96	0
acc be		2160	128	0	64	50	0	*64	*50	0	*128	*25	*25	*128	0	256	4	4	128	64	8	24	0	0	*192
acd d		432	128	*4	*54	2	24	64	*2	*24	512	25	*9	0	*150	0	*4	36	0	0	0	*24	0	0	0
abe b cc		16	0	0	0	0	2	0	0	2	0	9	9	0	6	6	0	0	0	0	0	0	0	0	0
abc acd bd		48	0	0	0	*6	*8	0	6	*8	*8	*3	*3	*1	0	2	*1	0	8	*16	*2	0	0	0	0
ace b c		108	0	12	*4	*2	0	*4	*2	0	*32	1	3	1	*6	0	1	*1	*32	0	0	*24	24	0	0
acc b		216	8	*4	4	*2	0	*4	2	24	0	*1	1	*32	6	2	1	*1	0	0	0	0	0	48	48
acd b c		1080	0	*100	*100	*2	*24	100	2	24	0	*9	9	0	*6	0	*36	*225	0	*16	0	*6	0	0	0
ace b c		200	4	0	*3	*1	0	3	1	0	6	*6	0	225	0	0	0	0	0	100	0	0	0	0
bcd e		30	0	6	0	0	0	0	0	0	0	0	0	0	4	0	0	0	0	0	0	0	0	0	0

CGC Table III-13 (13x)

CGC Table III-13 (13y)

CGC Tables III-14 (14a) — (14n)

TABLE III-14 [11]×[22]

(14a). aaabbc

	N	a aa b bc	a aa c bb
aaa bbc	3	2	1
aaa bb c	3	1	*2

(14b). aaabcc

	N	a aa b cc	a aa c bc
aaa bcc	3	1	2
aaa bc c	3	2	*1

(14c). aabbbc

	N	a ab b bc	b aa c bb
aab bbc	3	2	1
aab bb c	3	1	*2

(14d). aabccc

	N	a ab c cc	b aa c cc
aab ccc	3	2	1
aac bc c	3	1	*2

(14e). abbbcc

	N	a bb b cc	b ab c bc
abb bcc	3	1	2
abb bc c	3	2	*1

(14f). abbccc

	N	a bb c cc	b ab c cc
abb ccc	3	1	2
abc bc c	3	2	*1

(14g). aaabcd

	N	a aa b cd	a aa c bd	a aa d bc
aaa bcd	3	1	1	1
aaa bc d	6	1	1	*4
aaa bd c	2	1	*1	0

(14h). abbbcd

	N	a bb b cd	b ab c bd	b ab d bc
abb bcd	3	1	1	1
abb bc d	6	1	1	*4
abb bd c	2	1	*1	0

(14i). abcccd

	N	a bc c cd	b ac c cd	c ab d cc
abc ccd	3	1	1	1
abc cc d	6	1	1	*4
acc bd c	2	1	*1	0

(14j). abcddd

	N	a bc d dd	b ac d dd	c ab d dd
abc ddd	3	1	1	1
abd cd d	6	1	1	*4
acd bd d	2	1	*1	0

(14k). aabbcc

	N	a ab b cc	a ab c bc	b aa c bc
aab bcc	3	1	1	1
aab bc c	6	4	*1	*1
aac bb c	2	0	1	*1

(14l). aabbcd

	N	a ab b cd	a ac b bd	a ab c bd	b aa c bd	a ab d bc	b aa d bc	c aa d bb
aab bcd	6	2	0	1	1	1	1	0
aac bbd	12	0	6	1	*1	*1	1	2
aab bc d	12	2	0	1	1	*4	*4	0
aac bb d	24	0	6	1	*1	4	*4	*8
aab bd c	4	2	0	*1	*1	0	0	0
aad bb c	40	0	*6	9	*9	4	*4	8
aa bb c d	20	0	2	*3	3	3	*3	6

(14m). aabccd

	N	a ac b cd	a ab c cd	a ac c bd	b aa c cd	a ab d bc	b aa d cd	c aa d bc
aab ccd	9	0	4	0	2	2	1	0
aac bcd	72	18	1	27	*2	*2	4	18
aab cc d	9	0	2	0	1	*4	*2	0
aac bc d	144	18	1	27	*2	8	*16	*72
aac bd c	8	2	1	*3	*2	0	0	0
aad bc c	80	*18	9	3	*18	8	*16	8
aa bc c d	40	6	*3	*1	6	6	*12	6

(14n). aabcdd

	N	a ac b dd	a ab c dd	b aa c dd	a ab d cd	a ac d bd	b aa d cd	c aa d bd
aab cdd	9	0	2	1	4	0	2	0
aac bdd	72	18	2	*4	*1	27	2	18
aab cd d	9	0	4	2	*2	0	*1	0
aac bd d	144	72	8	*16	1	*27	*2	*18
aad bc d	8	0	0	0	1	3	*2	*2
aad bd c	80	*8	8	*16	9	*3	*18	18
aa bd c d	40	6	*6	12	3	*1	*6	6

(14o). abbccd

	N	a bc b cd	a bb c cd	b ab c cd	b ac c bd	a bb d cc	b ab d cc	c ab d bc
abb ccd	9	0	2	4	0	1	2	0
abc bcd	72	18	2	*1	27	*4	2	18
abb ccd	9	0	1	2	0	*2	*4	0
abc bcd	144	18	2	*1	27	16	*8	*72
abc bdc	8	2	2	*1	*3	0	0	0
abd bcc	80	*18	18	*9	3	16	*9	8
ab bccd	40	6	*6	3	*1	12	*6	6

(14p). abbcdd

	N	a bc b dd	a bb c dd	b ab c dd	a bb d cd	b ab d cd	b ac d bd	c ab d bd
abb cdd	9	0	1	2	2	4	0	0
abc bdd	72	18	4	*2	*2	1	27	18
abb cdd	9	0	2	4	*1	*2	0	0
abc bdd	144	72	16	*8	2	*1	*27	*18
abd bcd	8	0	0	0	2	*1	3	*2
abd bdc	80	*8	16	*8	18	*9	*3	18
ab bdcd	40	6	*12	6	6	*3	*1	6

(14q). abccdd

	N	a cc b dd	a bc c dd	b ac c dd	a bc d cd	b ac d cd	c ab d cd	c ac d bd
abc cdd	6	0	1	1	1	1	2	0
acc bdd	12	2	1	*1	*1	1	0	6
abc cdd	12	0	4	4	*1	*1	*2	9
acc bdd	24	8	4	*4	1	*1	0	*6
abd bcd	4	0	0	0	1	1	*2	0
abd bdc	40	*8	4	*4	9	*9	0	6
ac bdcd	20	6	*3	3	3	*3	0	2

(14r). aabcde [11]x[22]=[33]+[321]+[2211]

	N	a ac b de	a ad b ce	a ab c de	a ad c be	b aa c de	a ab d ce	a ac d be	b aa d ce	c aa d be	a ab e cd	a ac e bd	b aa e cd	c aa e bd	d aa e bc
aab cde	9	0	0	2	0	1	2	0	1	0	2	0	1	0	0
aac bde	144	36	0	4	0	*8	*1	27	2	18	*1	27	2	18	0
aad bce	48	0	12	0	12	0	1	3	*2	*2	*1	*3	2	2	8
aab cde	18	0	0	2	0	1	2	0	1	0	*8	0	*4	0	0
aac bde	288	36	0	4	0	*8	*1	27	2	18	4	*108	*8	*72	0
aad bce	96	0	12	0	12	0	1	3	*2	*2	4	12	*8	*8	*32
aab ced	6	0	0	2	0	1	*2	0	*1	0	0	0	0	0	0
aac bed	96	36	0	4	0	*8	1	*27	*2	*18	0	0	0	0	0
aad bec	160	*4	48	4	*48	*8	9	*3	*18	18	0	0	0	0	0
aae bcd	160	0	*12	0	*12	0	9	27	*18	*18	4	12	*8	*8	32
aae bdc	160	*12	*16	12	16	*24	3	*1	*6	6	12	*4	*24	24	0
aa bcde	80	0	4	0	4	0	*3	*9	6	6	3	9	*6	*6	24
aa bdce	240	12	16	*12	*16	24	*3	1	6	*6	27	*9	*54	54	0
aa becd	30	3	*1	*3	1	6	3	*1	*6	6	0	0	0	0	0

(14s). abbcde

	N	a bc b de	a bd b ce	a bb c de	b ab c de	b ad c be	a bb d ce	b ab d ce	b ac d be	c ab d be	a bb e dc	b ab e cd	b ac e bd	c ab e bd	d ab e bc
abb cde	9	0	0	1	2	0	1	2	0	0	1	2	0	0	0
abc bde	144	36	0	8	*4	0	*2	1	27	18	*2	1	27	18	0
abd bce	48	0	12	0	0	12	2	*1	3	*2	*2	1	*3	2	8
abb cde	18	0	0	1	2	0	1	2	0	0	*4	*8	0	0	0
abc bde	288	36	0	8	*4	0	*2	1	27	18	8	*4	*108	*72	0
abd bce	96	0	12	0	0	12	2	*1	3	*2	8	*4	12	*8	*32
abb ced	6	0	0	1	2	0	*1	*2	0	0	0	0	0	0	0
abc bed	96	36	0	8	*4	0	2	*1	*27	*18	0	0	0	0	0
abd bec	160	*4	48	8	*4	*48	18	*9	*3	18	0	0	0	0	0
abe bcd	160	0	*12	0	0	*12	18	*9	27	*18	8	*4	12	*8	32
abe bdc	160	*12	*16	24	*12	16	6	*3	*1	6	24	*12	*4	24	0
ab bcde	80	0	4	0	0	4	*6	3	*9	6	6	*3	9	*6	24
ab bdce	240	12	16	*24	12	*16	*6	3	1	*6	54	*27	*9	54	0
ab becd	30	3	*1	*6	3	1	6	*3	*1	6	0	0	0	0	0

(14t).　　abccde

	N	a cc b de	a bc c de	a bd c ce	b ac c de	b ad c ce	a bc d ce	b ac d ce	c ab d ce	c ac d be	a bc e cd	b ac e cd	c ab e cd	c ac e bd	d ab e cc
abc cde	12	0	2	0	2	0	1	1	2	0	1	1	2	0	0
acc bde	24	4	2	0	*2	0	*1	1	0	6	*1	1	0	6	0
abd cce	24	0	0	6	0	6	1	1	*2	0	*1	*1	2	0	4
abc cd e	24	0	2	0	2	0	1	1	2	0	*4	*4	*8	0	0
acc bd e	48	4	2	0	*2	0	*1	1	0	6	4	*4	0	*24	0
abd cc e	48	0	0	6	0	6	1	1	*2	0	4	4	*8	0	*16
abc ce d	8	0	2	0	2	0	*1	*1	*2	0	0	0	0	0	0
acc be d	16	4	2	0	*2	0	1	*1	0	*6	0	0	0	0	0
acd be c	80	*4	2	24	*2	*24	9	*9	0	6	0	0	0	0	0
abe cc d	80	0	0	*6	0	*6	9	9	*18	0	4	4	*8	0	16
ace bd c	80	*12	6	*8	*6	8	3	*3	0	2	12	*12	0	8	0
ab cc d e	40	0	0	2	0	2	*3	*3	6	0	3	3	*6	0	12
ac bd c e	120	12	*6	8	6	*8	*3	3	0	*2	27	*27	0	18	0
ac be c d	30	6	*3	*1	3	1	6	*6	0	4	0	0	0	0	0

(14u).　　abcdde

	N	a cd b de	a bd c de	b ad c de	a bc d de	a bd d ce	b ac d de	b ad d ce	c ab d de	c ad d be	a bc e dd	b ac e dd	c ab e dd	d ab e cd	d ac e bd
abc dde	9	0	0	0	2	0	2	0	2	0	1	1	1	0	0
abd cde	144	0	18	18	1	27	1	27	*4	0	*2	*2	8	36	0
acd bde	48	8	2	*2	1	*3	*1	3	0	12	*2	2	0	0	12
abc dd e	9	0	0	0	1	0	1	0	1	0	*2	*2	*2	0	0
abd cd e	288	0	18	18	1	27	1	27	*4	0	8	8	*32	*144	0
acd bd e	96	8	2	*2	1	*3	*1	3	0	12	8	*8	0	0	*40
abd ce d	16	0	2	2	1	*3	1	*3	*4	0	0	0	0	0	0
acd be d	48	8	2	*2	9	3	*9	*3	0	*12	0	0	0	0	0
add be c	15	*2	2	*2	0	3	0	*3	0	3	0	0	0	0	0
abe cd d	160	0	*18	*18	9	3	9	3	*36	0	8	8	*32	16	0
ace bd d	160	*24	*6	6	27	*1	*27	1	0	4	24	*24	0	0	16
ab cd d e	80	0	6	6	*3	*1	*3	*1	12	0	6	6	*24	12	0
ac bd d e	240	24	6	*6	*27	1	27	*1	0	*4	54	*54	0	0	36
ad be c d	15	3	*3	3	0	2	0	*2	0	2	0	0	0	0	0

CGC Tables III-14 (14v) — III-15 (15g)

(14v). abcdee

	N	a cd b ee	a bd c ee	b ad c ee	a bc d ee	b ac d ee	c ab d ee	a bc e de	a bd e ce	b ac e de	b ad e ce	c ab e de	c ad e be	d ab e ce	d ac e be
abc dee	9	0	0	0	1	1	1	2	0	2	0	2	0	0	0
abd cee	144	0	18	18	2	2	*8	*1	27	*1	27	4	0	36	0
acd bee	48	8	2	*2	2	*2	0	*1	*3	1	3	0	12	0	12
abc de e	9	0	0	0	2	2	2	*1	0	*1	0	*1	0	0	0
abd ce e	288	0	72	72	8	8	*32	1	*27	1	*27	*4	0	*36	0
acd be e	96	32	8	*8	8	*8	0	1	3	*1	*3	0	*12	0	*12
abe cd e	16	0	0	0	0	0	0	1	3	1	3	*4	0	*4	0
ace bd e	16	0	0	0	0	0	0	3	*1	*3	1	0	4	0	*4
abe ce d	160	0	*8	*8	8	8	*32	9	*3	9	*3	*36	0	36	0
ace be d	480	*32	*8	8	72	*72	0	81	3	*81	*3	0	*12	0	108
ade be c	15	*2	2	*2	0	0	0	0	3	0	*3	0	3	0	0
ab ce d e	80	0	6	6	*6	*6	24	3	*1	3	*1	*12	0	12	0
ac be d e	240	24	6	*6	*54	54	0	27	1	*27	*1	0	*4	0	36
ad be c e	15	3	*3	3	0	0	0	2	0	*2	0	2	0	0	0

TABLE III-15 [11]x[211]

(15a). aaabcd

	N	a aa b c d	a aa c b d	a aa d b c
aaa bc d	2	1	1	0
aaa bd c	6	*1	1	4
aaa b c d	3	1	*1	1

(15b). abbbcd

	N	a bb b c d	b ab c b d	b ab d b c
abb bc d	2	1	1	0
abb bd c	6	*1	1	4
abb b c d	3	1	*1	1

(15c). abcccd

	N	a bc c c d	b ac c c d	c ac d b
abc cc d	2	1	1	0
acc bd c	6	*1	1	4
acc b c d	3	1	*1	1

(15d). abcddd

	N	a bd d c d	b ad d c d	c ad d b c
abd cd d	2	1	1	0
acd bd d	6	*1	1	4
add b c d	3	1	*1	1

(15e). aabbcc

	N	a ac b b c	a ab c b c	b aa c b c
aab bc c	2	0	1	1
aac bb c	6	4	1	*1
aa bb cc	3	1	*1	1

(15f). aabbcd

	N	a ab b c d	a ac b b d	a ad b b c	a ab c b d	b aa c b d	a ab d b c	b aa d b c
aab bc d	4	2	0	0	1	1	0	0
aac bb d	8	0	6	0	1	*1	0	0
aab bd c	12	*2	0	0	1	1	4	4
aad bb c	360	0	*2	256	3	*3	48	*48
aab b c d	6	2	0	0	*1	*1	1	1
aa bb cd	18	0	2	4	*3	3	*3	3
aa bb c d	15	0	2	*1	*3	3	3	*3

(15g). aabccd

	N	a ac b c d	a ab c c d	a ac b c d	a ad c b c	b aa c c d	a ac d b c	c aa d b c
aab cc d	3	0	2	0	0	1	0	0
aac bc d	48	18	1	27	0	*2	0	0
aac bd c	24	*2	*1	3	0	2	8	8
aad bc c	720	*6	3	1	512	*6	96	*96
aac b c d	12	2	1	*3	0	*2	2	2
aa bc cd	36	6	*3	*1	8	6	*6	6
aa bc c d	30	6	*3	*1	*2	6	6	*6

CGC Tables III-15 (15h) — (15k)

(15h).   aabcdd

	N	a ad b c d	a ad c b d	a ab d c d	a ac d b d	a ad d b c	b aa d c d	c aa d b d
aab cd d	3	0	0	2	0	0	1	0
aac bd d	48	0	0	*1	27	0	2	18
aad bc d	24	8	8	1	3	0	*2	*2
aad bd c	720	*96	96	*3	1	512	6	*6
aad b c d	36	6	*6	3	*1	8	*6	6
aa bc dd	12	2	2	*1	*3	0	2	2
aa bd c d	30	6	*6	*3	1	2	6	*6

(15i).   abbccd

	N	a bc b c d	a bb c c d	b ab c c d	b ac c b d	b ad c b c	b ac d b c	c ab d b c
abb cc d	3	0	1	2	0	0	0	0
abc bc d	48	18	2	*1	27	0	0	0
abc bd c	24	*2	*2	1	3	0	8	8
abd bc c	720	*6	6	*3	1	512	96	*96
abc b c d	12	2	2	*1	*3	0	2	2
ab bc cd	36	6	*6	3	*1	8	*6	6
ab bc c d	30	6	*6	3	*1	*2	6	*6

(15j).   abbcdd

	N	a bd b c d	b ad c b d	a bb d c d	a ab d c d	b ac d b d	b ad d b c	c ab d b d
abb cd d	3	0	0	1	2	0	0	0
abc bd d	48	0	0	*2	1	27	0	18
abd bc d	24	8	8	2	*1	3	0	*2
abd bd c	720	*96	96	*6	3	1	512	*6
abd b c d	36	6	*6	6	*3	*1	8	6
ab bc dd	12	2	2	*2	1	*3	0	2
ab bd c d	30	6	*6	*6	3	1	2	*6

(15k).   abccdd

	N	a bd c c d	b ad c c d	a bc d c d	b ac d c d	c ab d c d	c ac d b d	c ad d b c
abc cd d	4	0	0	1	1	2	0	0
acc bd d	8	0	0	*1	1	0	6	0
abd cc d	12	4	4	1	1	*2	0	0
acd bd c	360	*48	48	*3	3	0	*2	256
acd b c d	18	3	*3	3	*3	0	2	4
ab cc dd	6	1	1	*1	*1	2	0	0
ac bd c d	15	3	*3	*3	3	0	*2	1

CGC Table III-15 (151)

(151) aabcde |11| x |211| = |321| + |3111| + |222| + |2211| + |211|

	N	a ac b d e	a ad b c e	a ae b c d	a ab c d e	a ad c b e	a ae c b d	b aa c d e	a ab d c e	a ac d b e	a ae d b c	b aa d c e	c aa d b e	a ab e c d	a ac e b d	a ad e b c	b aa e c d	c aa e b d	d aa e b c
aabcd e	6	0	0	0	2	0	0	1	2	0	0	1	0	0	0	0	0	0	0
aacbd e	96	36	0	0	4	0	0	*8	*1	27	0	2	18	0	0	0	0	0	0
aadbc e	32	0	12	0	0	12	0	0	1	3	0	*2	*2	0	0	0	0	0	0
aabce d	18	0	0	0	*2	0	0	*1	2	0	0	1	0	8	0	0	4	0	0
aacbe d	288	*36	0	0	*4	0	0	8	*1	27	0	2	18	*4	108	0	8	72	0
aadbe c	1440	12	*144	0	*12	144	0	24	*27	9	0	54	*54	12	*4	512	*24	24	384
aaebc d	1440	0	*4	512	0	*4	512	0	3	9	0	*6	*6	48	144	0	*96	*96	0
aaebd c	4320	*12	*16	*512	12	16	512	*24	3	*1	2048	*6	6	*48	16	512	96	*96	*384
aabc d e	9	0	0	0	2	0	0	1	*2	0	0	*1	0	2	0	0	1	0	0
aacb d e	144	36	0	0	4	0	0	*8	1	*27	0	*2	*18	*1	27	0	2	18	0
aadb c e	720	*12	144	0	12	*144	0	*24	27	*9	0	*54	54	3	*1	128	*6	6	96
aaeb c d	270	3	*1	50	*3	1	*50	6	3	*1	50	*6	6	12	*4	2	*24	24	*24
aa bc de	72	0	4	8	0	4	8	0	*3	*9	0	6	6	*3	*9	0	6	6	0
aa bd ce	216	12	16	*8	*12	*16	8	24	*3	1	32	6	*6	3	*1	*32	*6	6	24
aa bc d e	60	0	4	*2	0	4	*2	0	*3	*9	0	6	6	3	9	0	*6	*6	0
aa bd c e	180	12	16	2	*12	*16	*2	24	*3	1	*8	6	*6	*3	1	32	6	*6	*24
aa be c d	180	*6	2	25	6	*2	*25	*12	*6	2	25	12	*12	*6	2	*1	12	*12	12
aa b c d e	108	6	*2	1	*6	2	*1	12	6	*2	1	*12	12	*6	2	*1	12	*12	12

CGC Table III-15 (15m)

(15m).　abbcde

	N	a bc b d e	a bd b c e	a be b c d	a bb c d e	b ab c d e	b ad c b e	b ae c b d	a bb d c e	b ab d c e	b ac d b e	b ae d b c	c ab d b e	a bb e c d	b ab e c d	b ac e b d	b ad e b c	c ab e b d	d ab e b c
a b b c d e	6	0	0	0	1	2	0	0	1	2	0	0	0	0	0	0	0	0	0
a b c b d e	96	36	0	0	8	*4	0	0	*2	1	27	0	18	0	0	0	0	0	0
a b d b c e	32	0	12	0	0	0	12	0	2	*1	3	0	*2	0	0	0	0	0	0
a b b c e d	18	0	0	0	*1	*2	0	0	1	2	0	0	0	4	8	0	0	0	0
a b c b e d	288	*36	0	0	*8	4	0	0	*2	1	27	0	18	*8	4	108	0	72	0
a b d b e c	1440	12	*144	0	*24	12	144	0	*54	27	9	0	*54	24	*12	*4	512	24	384
a b e b c d	1440	0	*4	512	0	0	*4	512	6	*3	9	0	*6	96	*48	144	0	*96	0
a b e b d c	4320	*12	*16	*512	24	*12	16	512	6	*3	*1	2048	6	*96	48	16	512	*96	*384
a b b c d e	9	0	0	0	1	2	0	0	*1	*2	0	0	0	1	2	0	0	0	0
a b c b d e	144	36	0	0	8	*4	0	0	2	*1	*27	0	*18	*2	1	27	0	18	0
a b d b c e	720	*12	144	0	24	*12	*144	0	54	*27	*9	0	54	6	*3	*1	128	6	96
a b e b c d	270	3	*1	50	*6	3	1	*50	6	*3	*1	50	6	24	*12	*4	2	24	*24
a b b c d e	72	0	4	8	0	0	4	8	*6	3	*9	0	6	*6	3	*9	0	6	0
a b b d c e	216	12	16	*8	*24	12	*16	8	*6	3	1	32	*6	6	*3	*1	*32	6	24
a b b c d e	60	0	4	*2	0	0	4	*2	*6	3	*9	0	6	6	*3	9	0	*6	0
a b b d c e	180	12	16	2	*24	12	*16	*2	*6	3	1	*8	*6	*6	3	1	32	*6	*24
a b b e c d	180	*6	2	25	12	*6	*2	*25	*12	6	2	25	*12	*12	6	2	*1	*12	12
a b b c d e	108	6	*2	1	*12	6	2	*1	12	*6	*2	1	12	*12	6	2	*1	*12	12

CGC Table III-15 (15n)

(15n). abccde

	N	a cc b d e	a bc c d e	a bd c c e	a be c c d	b ac c d e	b ad c c e	b ae c c d	a bc d c e	b ac d c e	c ab d c e	c ac d b e	c ae d b c	a bc e c d	b ac e c d	c ab e c d	c ac e b d	c ad e b c	d ac e b c
abc cd e	8	0	2	0	0	2	0	0	1	1	2	0	0	0	0	0	0	0	0
acc bd e	16	4	2	0	0	*2	0	0	*1	1	0	6	0	0	0	0	0	0	0
abd cc e	16	0	0	6	0	0	6	0	1	1	*2	0	0	0	0	0	0	0	0
abc ce d	24	0	*2	0	0	*2	0	0	1	1	2	0	0	4	4	8	0	0	0
acc be d	48	*4	*2	0	0	2	0	0	*1	1	0	6	0	*4	4	0	24	0	0
acd be c	720	12	*6	*72	0	6	6	72	*27	27	0	*18	0	12	*12	0	12	256	192
abe cc d	720	0	0	*2	256	0	*2	256	3	3	*6	0	0	48	48	*96	0	0	0
ace bd c	2160	*12	6	*8	*256	*6	8	256	3	*3	0	2	1024	*48	48	0	*32	256	*192
abc c d e	12	0	2	0	0	2	0	0	*1	*1	*2	0	0	1	1	2	0	0	0
acc b d e	24	4	2	0	0	*2	0	0	1	*1	0	*6	0	*1	1	0	6	0	0
acd b c e	360	*12	6	72	0	*6	*72	0	27	*27	0	18	0	3	*3	0	2	64	48
ace b c d	270	6	*3	*1	50	3	1	*50	6	*6	0	4	50	24	*24	0	16	2	*24
ab cc de	72	0	0	4	8	0	4	8	*6	*6	12	0	0	*6	*6	12	0	0	0
ac bd ce	108	12	*6	8	*4	6	*8	4	*3	3	0	*2	16	3	*3	0	2	*16	12
ab cc d e	30	0	0	2	*1	0	2	*1	*3	*3	6	0	0	3	3	*6	0	0	0
ac bd c e	90	12	*6	8	1	6	*8	*1	*3	3	0	*2	*4	*3	3	0	*2	16	*12
ac be c d	180	*12	6	2	25	*6	*2	*25	*12	12	0	*8	25	*12	12	0	*8	*1	12
ac b c d e	108	12	*6	*2	1	6	2	*1	12	*12	0	8	1	*12	12	0	*8	*1	12

CGC Table III-15 (15o)

(15o).   abcdde

	N	a cd b d e	a bd c d e	b ad c d e	a bc d d e	a bd d c e	a be d c e	b ac d d e	b ad d c e	b ae d c e	c ab d d e	c ad d b e	c ae d b d	a bd b e c d	b ad e c d	c ad e b d	d ab e c d	d ac e b d	d ad e b c
abc dd e	3	0	0	0	1	0	0	1	0	0	1	0	0	0	0	0	0	0	0
abd cd e	96	0	18	18	1	27	0	1	27	0	*4	0	0	0	0	0	0	0	0
acd bd e	32	8	2	*2	1	*3	0	*1	3	0	0	12	0	0	0	0	0	0	0
abd ce d	48	0	*2	*2	*1	3	0	*1	3	0	4	0	0	8	8	0	16	0	0
acd be d	144	*8	*2	2	*9	*3	0	9	3	0	0	12	0	*8	8	32	0	48	0
add be c	45	2	*2	2	0	*3	0	0	3	0	0	*3	0	2	*2	2	0	0	24
abe cd d	1440	0	*6	*6	3	1	512	3	1	512	*12	0	0	96	96	0	*192	0	0
ace bd d	4320	*24	*6	6	27	*1	*512	*27	1	512	0	4	2048	*96	96	384	0	*576	0
abd c d e	24	0	2	2	1	*3	0	1	*3	0	*4	0	0	2	2	0	4	0	0
acd b d e	72	8	2	*2	9	3	0	*9	*3	0	0	*2	0	*2	2	8	0	12	0
add b c e	45	*4	4	*4	0	6	0	0	*6	0	0	6	0	1	*1	1	0	0	12
ade b c d	135	3	*3	3	0	2	25	0	*2	*25	0	2	25	12	*12	12	0	0	*9
ab cd de	72	0	6	6	*3	*1	8	*3	*1	8	12	0	0	*6	*6	0	12	0	0
ac bd de	216	24	6	*6	*27	1	*8	27	*1	8	0	*4	32	6	*6	*24	0	36	0
ab cd d e	60	0	6	6	*3	*1	*2	*3	*1	*2	12	0	0	6	6	0	*6	0	0
ac bd d e	180	24	6	*6	*27	1	2	27	*1	*2	0	*4	*8	*6	6	24	0	*36	0
ad be c d	180	*12	12	*12	0	*8	25	0	8	*25	0	*8	25	*12	12	*12	0	0	9
ad b c d e	108	12	*12	12	0	8	1	0	*8	*1	0	8	1	*12	12	*12	0	0	9

CGC Table III-15 (15p)

(15p).   abcdee

	N	a ce b d e	a be c d e	b ae c d e	a be d c e	b ae d c e	c ae d b e	a bc e d e	a bd e c e	a be e c d	b ac e d e	b ad e c e	b ae e c d	c ab e d e	c ad e b d	c ae e b d	d ab e c e	d ac e b e	d ae e b c
abc de e	3	1	0	0	0	0	0	0	1	0	0	1	0	0	1	0	0	0	0
abd ce e	96	0	0	0	0	0	0	*1	27	0	*1	27	0	4	0	0	36	0	0
acd be e	32	0	0	0	0	0	0	*1	*3	0	1	3	0	0	12	0	0	12	0
abe cd e	48	0	8	8	8	8	0	1	3	0	1	3	0	*4	0	0	*4	0	0
ace bd e	144	32	8	*8	*8	8	32	9	*3	0	*9	3	0	0	12	0	0	*12	0
abe ce d	1440	0	*96	*96	96	96	0	*3	1	512	*3	1	512	12	0	0	*12	0	0
ace be d	4320	*384	*96	96	*96	96	384	*27	*1	*512	27	1	512	0	4	2048	0	*36	0
ade be c	135	6	*6	6	*6	6	*6	0	*1	8	0	1	*8	0	*1	8	0	0	72
abe c d e	72	0	6	6	*6	*6	0	3	*1	8	3	*1	8	*12	0	0	12	0	0
ace b d e	216	24	6	*6	6	*6	*24	27	1	*8	*27	*1	8	0	*4	32	0	36	0
ade b c e	54	*3	3	*3	3	*3	3	0	8	1	0	*8	*1	0	8	1	0	0	9
aee b c d	18	1	*1	1	1	*1	1	0	0	3	0	0	*3	0	0	3	0	0	*3
ab cd ee	24	0	2	2	2	2	0	*1	*3	0	*1	*3	0	4	0	0	4	0	0
ac bd ee	72	8	2	*2	*2	2	8	*9	3	0	9	*3	0	0	*12	0	0	12	0
ab ce d e	60	0	6	6	*6	*6	0	*3	1	2	*3	1	2	12	0	0	*12	0	0
ac be d e	180	24	6	*6	6	*6	*24	*27	*2	*6	27	2	6	0	4	8	0	*36	0
ad be c e	180	*12	12	*12	12	*12	12	0	*32	1	0	32	*1	0	*32	1	0	0	9
ae b c d e	36	4	*4	4	4	*4	4	0	0	*3	0	0	3	0	0	*3	0	0	3

TABLE III-16 [11]x[1111]

(16a). aabcde

	N	a a b c d e	a a c b d e	a a d b c e	a a e b c d
aa bc d e	2	1	1	0	0
aa bd c e	6	*1	1	4	0
aa be c d	12	1	*1	1	9
aa b c d e	4	1	*1	1	*1

(16b). abbcde

	N	a b b c d e	b a c b d e	b a d b c e	b a e b c d
ab bc d e	2	1	1	0	0
ab bd c e	6	*1	1	4	0
ab be c d	12	1	*1	1	9
ab b c d e	4	1	*1	1	*1

(16c). abccde

	N	a b c c d e	b a c c d e	c a d b c e	c a e b c d
ab cc d e	2	1	1	0	0
ac bd c e	6	*1	1	4	0
ac be c d	12	1	*1	1	9
ac b c d e	4	1	*1	1	*1

(16d). abcdde

	N	a b d c d e	b a d c d e	c a d b d e	d a e b c d
ab cd d e	2	1	1	0	0
ac bd d e	6	*1	1	4	0
ad be c d e	12	1	*1	1	9
ad b c d e	4	1	*1	1	*1

(16e). abcdee

	N	a b e c d e	b a e c d e	c a e b d e	d a e b c e
ab ce d e	2	1	1	0	0
ac be d e	6	*1	1	4	0
ad be c e	12	1	*1	1	9
ae b c d e	4	1	*1	1	*1

TABLE III-17 [3]x[3]

(17a). aaaaab

	N	aaa aab	aab aaa
aaaaab	2	1	1
aaaaab	2	1	*1

(17b). abbbbb

	N	abb bbb	bbb abb
abbbbb	2	1	1
abbbbb	2	1	*1

(17c). aaaabb

	N	aaa abb	aab aab	abb aaa
aaaabb	5	1	3	1
aaaabb	2	1	0	*1
aaaabb	10	3	*4	3

(17d). aabbbb

	N	aab bbb	abb abb	bbb aab
aabbbb	5	1	3	1
aabbbb	2	1	0	*1
aabbbb	10	3	*4	3

(17e). aaaabc

	N	aaa abc	aab aac	aac aab	abc aaa
aaaabc	10	2	3	3	2
aaaabc	10	2	3	*3	*2
aaaacb	10	3	*2	2	*3
aaaabc	10	3	*2	*2	3

(17f). abbbbc

	N	abb bbc	abc bbb	bbb abc	bbc abb
abbbbc	10	3	2	2	3
abbbbc	10	3	*2	2	*3
abbbcb	10	2	3	*3	*2
abbbbc	10	2	*3	*3	2

(17g). abcccc

	N	abc ccc	acc bcc	bcc acc	ccc abc
abcccc	10	2	3	3	2
abcccb	2	1	0	0	*1
acccc	2	0	1	*1	0
abcccc	10	3	*2	*2	3

(17h). aaabbb

	N	aaa bbb	aab abb	abb aab	bbb aaa
aaabbb	20	1	9	9	1
aaabbb	4	1	1	*1	*1
aaabbb	20	9	*1	*1	9
aaabbb	4	1	*1	1	*1

(17i). aaabbc

	N	aaa bbc	aab abc	abb aac	aac abb	abc aab	bbc aaa
aaabbc	20	1	6	3	3	6	1
aaabbc	20	1	6	3	*3	*6	*1
aaabcb	30	6	1	*8	8	*1	*6
aaabbc	30	6	1	*8	*8	1	6
aaacbb	12	3	*2	1	1	*2	3
aaabbc	12	3	*2	1	*1	2	*3

CGC Tables III-17 (17j) — (17p)

(17j). aaabcc

	N	aaa bcc	aab acc	aac abc	abc aac	acc aab	bcc aaa
aaabcc	20	1	3	6	6	3	1
aaabc c	8	1	3	0	0	*3	*1
aaacc b	24	*3	*1	8	*8	1	*3
aaab cc	40	3	9	*8	*8	9	3
aaac bc	8	3	*1	0	0	*1	3
aaa bcc	12	3	*1	*2	2	1	*3

(17k). aabbbc

	N	aab bbc	abb abc	bbb aac	aac bbb	abc abb	bbc aab
aabbbc	20	3	6	1	1	6	3
aabbb c	20	3	6	1	*1	*6	*3
aabbc b	30	8	*1	*6	6	1	*8
aabb bc	30	8	*1	*6	*6	*1	8
aabc bb	12	1	*2	3	3	*2	1
aab bbc	12	1	*2	3	*3	2	*1

(17l). abbbcc

	N	abb bcc	bbb acc	abc bbc	bbc abc	acc bbb	bcc abb
abbbcc	20	3	1	6	6	1	3
abbbc c	8	3	1	0	0	*1	*3
abbcc b	24	1	*3	8	*8	3	*1
abbb cc	40	9	3	*8	*8	3	9
abbc bc	8	1	*3	0	0	*3	1
abb bcc	12	1	*3	*2	2	3	*1

(17m). abbccc

	N	abb ccc	abc bcc	bbc acc	acc bbc	bcc abc	ccc abb
abbccc	20	1	6	3	3	6	1
abbcc c	12	3	2	1	*1	*2	*3
abccc b	6	0	1	*2	2	*1	0
abbc cc	60	27	*2	*1	*1	*2	27
abcc bc	6	0	1	*2	*2	1	0
abb ccc	12	3	*2	*1	1	2	*3

(17n). aaabcd

	N	aaa bcd	aab acd	aac abd	abc aad	aad abc	abd aac	acd aab	bcd aaa
aaabcd	20	1	3	3	3	3	3	3	1
aaabc d	20	1	3	3	3	*3	*3	*3	*1
aaabd c	40	3	9	*4	*4	4	4	*9	*3
aaacd b	24	3	*1	4	*4	4	*4	1	*3
aaab cd	40	3	9	*4	*4	*4	*4	9	3
aaac bd	24	3	*1	4	*4	*4	4	*1	3
aaad bc	12	3	*1	*1	1	1	*1	*1	3
aaa bcd	12	3	*1	*1	1	*1	1	1	*3

(17o). abbbcd

	N	abb bcd	bbb acd	abc bbd	bbc abd	abd bbc	bbd abc	acd bbb	bcd abb
abbbcd	20	3	1	3	3	3	3	1	3
abbbc d	20	3	1	3	3	*3	*3	*1	*3
abbbd c	40	9	3	*4	*4	4	4	*3	*9
abbcd b	24	1	*3	4	*4	4	*4	3	*1
abbb cd	40	9	3	*4	*4	*4	*4	3	9
abbc bd	24	1	*3	4	*4	*4	4	*3	1
abbd bc	12	1	*3	*1	1	1	*1	*3	1
abb bcd	12	1	*3	*1	1	*1	1	3	*1

(17p). abcccd

	N	abc ccd	acc bcd	bcc acd	ccc abd	abd ccc	acd bcc	bcd acc	ccd abc
abcccd	20	3	3	3	1	1	3	3	3
abccc d	20	3	3	3	1	*1	*3	*3	*3
abccd c	60	16	*1	*1	*12	12	1	1	*16
acccd b	4	0	1	*1	0	0	1	*1	0
abcc cd	60	16	*1	*1	*12	*12	*1	*1	16
accc bd	4	0	1	*1	0	0	*1	1	0
abcd cc	12	1	*1	*1	3	3	*1	*1	1
abc ccd	12	1	*1	*1	3	*3	1	1	*1

CGC Tables III-17 (17q) — (17t)

(17q).   abcddd

	N	abc ddd	abd cdd	acd bdd	bcd add	add bcd	bdd acd	cdd abd	ddd abc
abcddd	20	1	3	3	3	3	3	3	1
abcdd d	12	3	1	1	1	*1	*1	*1	*3
abddd c	12	0	4	*1	*1	1	1	*4	0
acddd b	4	0	0	1	*1	1	*1	0	0
abcd dd	60	27	*1	*1	*1	*1	*1	*1	27
abdd cd	12	0	4	*1	*1	*1	*1	4	0
acdd bd	4	0	0	1	*1	*1	1	0	0
abc ddd	12	3	*1	*1	*1	1	1	1	*3

(17r).   aabbcc

	N	aab bcc	abb acc	aac bbc	abc abc	bbc aac	acc abb	bcc aab
aabbcc	10	1	1	1	4	1	1	1
aabbc c	4	1	1	0	0	0	*1	*1
aabcc b	12	1	*1	4	0	*4	1	*1
aabb cc	60	9	9	*4	*16	*4	9	9
aabc bc	4	1	*1	0	0	0	*1	1
aacc bb	3	0	0	1	*1	1	0	0
aab bcc	6	1	*1	*1	0	1	1	*1

(17s).   aabbcd   [3]x[3]=[6]+[51]+[42]+[33]

	N	aab bcd	abb acd	aac bbd	abc abd	bbc aad	aad bbc	abd abc	bbd aac	acd abb	bcd aab
aabbcd	20	2	2	1	4	1	1	4	1	2	2
aabbc d	20	2	2	1	4	1	*1	*4	*1	*2	*2
aabbd c	60	9	9	*2	*8	*2	2	8	2	*9	*9
aabcd b	12	1	*1	2	0	*2	2	0	*2	1	*1
aabb cd	60	9	9	*2	*8	*2	*2	*8	*2	9	9
aabc bd	12	1	*1	2	0	*2	*2	0	2	*1	1
aabd bc	12	2	*2	*1	0	1	1	0	*1	*2	2
aacd bb	6	0	0	1	*1	1	1	*1	1	0	0
aab bcd	12	2	*2	*1	0	1	*1	0	1	2	*2
aac bbd	6	0	0	1	*1	1	*1	1	*1	0	0

(17t).   aabccd

	N	aab ccd	aac bcd	abc acd	acc abd	bcc aad	aad bcc	abd acc	acd abc	bcd aac	ccd aab
aabccd	20	1	2	4	2	1	1	2	4	2	1
aabcc d	20	1	2	4	2	1	*1	*2	*4	*2	*1
aabcd c	90	18	1	2	*16	*8	8	16	*2	*1	*18
aaccd b	18	0	4	*2	1	*2	2	*1	2	*4	0
aabc cd	90	18	1	2	*16	*8	*8	*16	2	1	18
aacc bd	18	0	4	*2	1	*2	*2	1	*2	4	0
aabd cc	36	9	*2	*4	2	1	1	2	*4	*2	9
aacd bc	18	0	2	*1	*2	4	4	*2	*1	2	0
aab ccd	36	9	*2	*4	2	1	*1	*2	4	2	*9
aac bcd	18	0	2	*1	*2	4	*4	2	1	*2	0

(17u).   aabcdd

	N	aab cdd	aac bdd	abc add	aad bcd	abd acd	acd abd	bcd aad	add abc	bdd aac	cdd aab
aabcdd	20	1	1	2	2	4	4	2	2	1	1
aabcd d	8	1	1	2	0	0	0	0	*2	*1	*1
aabdd c	72	9	*1	*2	8	16	*16	*8	2	1	*9
aacdd b	18	0	2	*1	4	*2	2	*4	1	*2	0
aabc dd	120	9	9	18	*8	*16	*16	*8	18	9	9
aabd cd	24	9	*1	*2	0	0	0	0	*2	*1	9
aacd bd	16	0	2	*1	0	0	0	0	*1	2	0
aadd bc	16	0	0	0	2	*1	*1	2	0	0	0
aab cdd	36	9	*1	*2	*2	*4	4	2	2	1	*9
aac bdd	18	0	4	*2	*2	1	*1	2	2	*4	0

(17v).   abbccd

	N	abb ccd	abc bcd	bbc acd	acc bbd	bcc abd	abd bcc	bbd acc	acd bbc	bcd abc	ccd abb
abbccd	20	1	4	2	1	2	2	1	2	4	1
abbcc d	20	1	4	2	1	2	*2	*1	*2	*4	*1
abbcd c	90	18	2	1	*8	*16	16	8	*1	*2	*18
abccd b	18	0	2	*4	2	*1	1	*2	4	*2	0
abbc cd	90	18	2	1	*8	*16	*16	*8	1	2	18
abcc bd	18	0	2	*4	2	*1	*1	2	*4	2	0
abbd cc	36	9	*4	*2	1	2	2	1	*2	*4	9
abcd bc	18	0	1	*2	*4	2	2	*4	*2	1	0
abb ccd	36	9	*4	*2	1	2	*2	*1	2	4	*9
abc bcd	18	0	1	*2	*4	2	*2	4	2	*1	0

(17w).   abbcdd

	N	abb cdd	abc bdd	bbc add	abd bcd	bbd acd	acd bbd	bcd abd	add bbc	bdd abc	cdd abb
abbcdd	20	1	2	1	4	2	2	4	1	2	1
abbcd d	8	1	2	1	0	0	0	0	*1	*2	*1
abbdd c	72	9	*2	*1	16	8	*8	*16	1	2	*9
abcdd b	18	0	1	*2	2	*4	4	*2	2	*1	0
abbc dd	120	9	18	9	*16	*8	*8	*16	9	18	9
abbd cd	24	9	*2	*1	0	0	0	0	*1	*2	9
abcd bd	6	0	1	*2	0	0	0	0	*2	1	0
abdd bc	6	0	0	0	1	*2	*2	1	0	0	0
abb cdd	36	9	*2	*1	*4	*2	2	4	1	2	*9
abc bdd	18	0	2	*4	*1	2	*2	1	4	*2	0

CGC Tables III-17 (17x) — (17z)

(17x).   abccdd

	N	abc cdd	acc bdd	bcc acd	abd ccd	acd bcd	bcd acd	ccd abd	add bcc	bdd acc	cdd abc
abccdd	20	2	1	1	2	4	4	2	1	1	2
abccd d	8	2	1	1	0	0	0	0	*1	*1	*2
abcdd c	24	2	*1	*1	8	0	0	*8	1	1	*2
accdd b	12	0	1	*1	0	4	*4	0	1	*1	0
abcc dd	120	18	9	9	*8	*16	*16	*8	9	9	18
abcd cd	18	2	*1	*1	0	0	0	0	*1	*1	2
accd bd	4	0	1	*1	0	0	0	0	*1	1	0
abdd cc	6	0	0	0	2	*1	*1	2	0	0	0
abc cdd	12	2	*1	*1	*2	0	0	2	1	1	*2
acc bdd	6	0	1	*1	0	*1	1	0	1	*1	0

(17y).   aabcde   [3] × [3] = [6] + [51] + [42] + [33]

	N	aab cde	aac bde	abc ade	aad bce	abd ace	acd abe	bcd aae	aae bcd	abe acd	ace abd	bce aad	ade abc	bde aac	cde aab
aabcde	20	1	1	2	1	2	2	1	1	2	2	1	2	1	1
aabcd e	20	1	1	2	1	2	2	1	*1	*2	*2	*1	*2	*1	*1
aabce d	120	9	9	18	*4	*8	*8	*4	4	8	8	4	*18	*9	*9
aabde c	72	9	*1	*2	4	8	*8	*4	4	8	*8	*4	2	1	*9
aacde b	18	0	2	*1	2	*1	1	*2	2	*1	1	*2	1	*2	0
aabc de	120	9	9	18	*4	*8	*8	*4	*4	*8	*8	*4	18	9	9
aabd ce	72	9	*1	*2	4	8	*8	*4	*4	*8	8	4	*2	*1	9
aacd be	18	0	2	*1	2	*1	1	*2	*2	1	*1	2	*1	2	0
aabe cd	36	9	*1	*2	*1	*2	2	1	1	2	*2	*1	*2	*1	9
aace bd	36	0	8	*4	*2	1	*1	2	2	*1	1	*2	*4	8	0
aade bc	12	0	0	0	2	*1	*1	2	2	*1	*1	2	0	0	0
aab cde	36	9	*1	*2	*1	*2	2	1	*1	*2	2	1	2	1	*9
aac bde	36	0	8	*4	*2	1	*1	2	*2	1	*1	2	4	*8	0
aad bce	12	0	0	0	2	*1	*1	2	*2	1	1	*2	0	0	0

(17z).   abbcde

	N	abb cde	abc bde	bbc ade	abd bce	bbd ace	acd bbe	bcd abe	abe bcd	bbe acd	ace bbd	bce abd	ade bbc	bde abc	cde abb
abbcde	20	1	2	1	2	1	1	2	2	1	1	2	1	2	1
abbcd e	20	1	2	1	2	1	1	2	*2	*1	*1	*2	*1	*2	*1
abbce d	120	9	18	9	*8	*4	*4	*8	8	4	4	8	*9	*18	*9
abbde c	72	9	*2	*1	8	4	*4	*8	8	4	*4	*8	1	2	*9
abcde b	18	0	1	*2	1	*2	2	*1	1	*2	2	*1	2	*1	0
abbc de	120	9	18	9	*8	*4	*4	*8	*8	*4	*4	*8	9	18	9
abbd ce	72	9	*2	*1	8	4	*4	*8	*8	*4	4	8	*1	*2	9
abcd be	18	0	1	*2	1	*2	2	*1	*1	2	*2	1	*2	1	0
abbe cd	36	9	*2	*1	*2	*1	1	2	2	1	*1	*2	*1	*2	9
abce bd	36	0	4	*8	*1	2	*2	1	1	*2	2	*1	*8	4	0
abde bc	12	0	0	0	1	*2	*2	1	1	*2	*2	1	0	0	0
abb cde	36	9	*2	*1	*2	*1	1	2	*2	*1	1	2	1	2	*9
abc bde	36	0	4	*8	*1	2	*2	1	*1	2	*2	1	8	*4	0
abd bce	12	0	0	0	1	*2	*2	1	*1	2	2	*1	0	0	0

CGC Tables III-17 (17aa) — (17ac)

(17aa).   abccde

	N	abc cde	acc bde	bcc ade	abd cce	acd bce	bcd ace	ccd abe	abe ccd	ace bcd	bce acd	cce abd	ade bcc	bde acc	cde abc
abccde	20	2	1	1	1	2	2	1	1	2	2	1	1	1	2
abccde	20	2	1	1	1	2	2	1	*1	*2	*2	*1	*1	*1	*2
abcced	120	18	9	9	*4	*8	*8	*4	4	8	8	4	*9	*9	*18
abcdec	24	2	*1	*1	4	0	0	*4	4	0	0	*4	1	1	*2
accdeb	12	0	1	*1	0	2	*2	0	0	2	*2	0	1	*1	0
abccde	120	18	9	9	*4	*8	*8	*4	*4	*8	*8	*4	9	9	18
abcdce	24	2	*1	*1	4	0	0	*4	*4	0	0	4	*1	*1	2
accdbe	12	0	1	*1	0	2	*2	0	0	*2	2	0	*1	1	0
abcecd	12	2	*1	*1	*1	0	0	1	1	0	0	*1	*1	*1	2
accebd	12	0	2	*2	0	*1	1	0	0	1	*1	0	*2	2	0
abdecc	12	0	0	0	2	*1	*1	2	2	*1	*1	2	0	0	0
abccde	12	2	*1	*1	*1	0	0	1	*1	0	0	1	1	1	*2
accbde	12	0	2	*2	0	*1	1	0	0	*1	1	0	2	*2	0
abdcce	12	0	0	0	2	*1	*1	2	*2	1	1	*2	0	0	0

(17ab).   abcdde

	N	abc dde	abd cde	acd bde	bcd ade	add bce	bdd ace	cdd abe	abe cdd	ace bdd	bce add	ade bcd	bde acd	cde abd	dde abc
abcdde	20	1	2	2	2	1	1	1	1	1	1	2	2	2	1
abcdde	20	1	2	2	2	1	1	1	*1	*1	*1	*2	*2	*2	*1
abcded	90	18	1	1	1	*8	*8	*8	8	8	8	*1	*1	*1	*18
abddec	36	0	8	*2	*2	1	1	*4	4	*1	*1	2	2	*8	0
acddeb	12	0	0	2	*2	1	*1	0	0	1	*1	2	*2	0	0
abcdde	90	18	1	1	1	*8	*8	*8	*8	*8	*8	1	1	1	18
abddce	36	0	8	*2	*2	1	1	*4	*4	1	1	*2	*2	8	0
acddbe	12	0	0	2	*2	1	*1	0	0	1	1	*2	2	0	0
abcedd	12	2	*1	*1	*1	0	0	1	1	0	0	*1	*1	*1	2
abdecd	36	0	4	*1	*1	*2	*2	8	8	*2	*2	*1	*1	4	0
acdebd	12	0	0	1	*1	*2	2	0	0	2	*2	*1	1	0	0
abcdde	36	9	*2	*2	*2	1	1	1	*1	*1	*1	2	2	2	*9
abdcde	36	0	4	*1	*1	*2	*2	8	*8	2	2	1	1	*4	0
acdbde	12	0	0	1	*1	*2	2	0	0	*2	2	1	*1	0	0

(17ac).   abcdee

	N	abc dee	abd cee	acd bee	bcd aee	abe cde	ace bde	bce ade	ade bce	bde ace	cde abe	aee bcd	bee acd	cee abd	dee abc
abcdee	20	1	1	1	1	2	2	2	2	2	2	1	1	1	1
abcdee	8	1	1	1	1	0	0	0	0	0	0	*1	*1	*1	*1
abceed	72	9	*1	*1	*1	8	8	8	*8	*8	*8	1	1	1	*9
abdeec	36	0	4	*1	*1	8	*2	*2	2	2	*8	1	1	*4	0
acdeeb	12	0	0	1	*1	0	2	*2	2	*2	0	1	*1	0	0
abcdee	120	9	9	9	9	*8	*8	*8	*8	*8	*8	9	9	9	9
abcede	24	9	*1	*1	*1	0	0	0	0	0	0	*1	*1	*1	9
abdece	12	0	4	*1	*1	0	0	0	0	0	0	*1	*1	4	0
acdebe	4	0	0	1	*1	0	0	0	0	0	0	*1	1	0	0
abeecd	12	0	0	0	0	4	*1	*1	*1	*1	4	0	0	0	0
aceebd	4	0	0	0	0	0	1	*1	*1	1	0	0	0	0	0
abcdee	36	9	*1	*1	*1	*2	*2	*2	2	2	2	1	1	1	*9
abecde	36	0	8	*2	*2	*4	1	1	*1	*1	4	2	2	*8	0
acebde	12	0	0	2	*2	0	*1	1	*1	1	0	2	*2	0	0

CGC Table III-17 (17ad)

(17ad)	abcdef																															
	N	abc def	abd cef	acd bef	aef bcd	abe cdf	ace bdf	bce adf	ade bcf	acf bde	cde abf	abf cde	acf bde	bcf ade	bce adf	bdf ace	cdf abe	aef bcd	acd bef	bef acd	cef abd	def abc
abcdef	20	1	1	1	1	1	1	1	1	1	1	1	1	1	1	1	1	1	1	1	1	1
abcde f	20	1	1	1	1	1	1	1	1	1	1	1	1	1	1	1	*1	*1	*1	*1	*1	*1
abcdf e	120	9	9	9	9	*4	4	*4	4	*4	4	*4	4	*4	4	*4	4	*4	*9	*9	*9	*9
abcef d	72	9	*1	*1	*1	4	4	4	4	*4	*4	*4	*4	*4	*4	1	*4	*4	1	1	1	*9
abdef c	36	0	4	4	4	4	*1	1	1	1	*4	*4	1	1	1	1	1	1	1	1	*4	0
acdef b	12	0	0	0	*1	0	1	*1	*1	1	4	4	1	1	*1	*1	0	*1	*1	*1	0	0
bcdef a	120	9	9	9	9	*4	*4	*4	*4	*4	*4	*4	*4	*4	*4	4	*4	*4	9	9	9	9
abcd ef	72	9	*1	*1	*1	4	4	*4	*4	*4	*4	*4	4	4	4	*4	*1	*1	*1	*1	*1	9
abce df	36	0	4	*1	*1	4	*1	4	4	*1	1	1	*1	*1	*1	*1	*1	*1	*1	*1	4	0
abde cf	12	0	0	0	*1	0	1	*1	1	*1	0	0	*1	1	1	1	0	1	1	0	0	0
abdf ce	36	9	*1	*1	*1	*1	*1	*1	*1	*1	1	1	*1	*1	*1	*1	*1	*1	*1	*1	*1	9
abef cd	72	0	16	*4	*4	*4	1	1	1	*1	4	4	*1	1	1	*4	*4	*4	*4	*4	16	0
acde bf	24	0	0	0	*4	0	*1	1	1	*1	0	0	*1	1	1	4	0	4	4	4	0	0
acdf be	24	0	0	0	0	4	*1	*1	*1	*1	4	4	*1	*1	*1	4	4	4	0	0	0	0
acef bd	8	0	0	0	0	0	1	*1	*1	*1	0	0	*1	*1	*1	1	0	0	0	0	0	0
adef bc	36	9	*1	*1	*1	*1	*1	*1	*1	*1	1	1	*1	*1	*1	1	*1	1	1	1	*1	*9
bcde af	72	0	16	*4	*4	*4	*1	*1	*1	*1	*4	*4	*1	*1	*1	4	4	4	4	4	*16	0
bcdf ae	24	0	0	0	*4	0	1	1	1	1	0	0	1	1	1	*4	0	*4	*4	*4	0	0
bcef ad	24	0	0	4	0	4	*1	*1	*1	*1	*4	*4	*1	*1	*1	*4	*4	0	0	0	0	0
bdef ac	24	0	0	0	0	0	*1	*1	*1	*1	*4	*4	*1	1	1	1	*4	*4	0	0	0	0
cdef ab	8	0	0	0	0	0	*1	*1	*1	*1	0	0	*1	1	1	0	0	0	0	0	0	0

CGC Tables III-18 (18a) — (18j)

TABLE III-18 [3]×[21]

(18a). aaaabb

	N	aaa ab c	aab b	aa b
aaaabb	4	1	3	
aaaabb	4	3	*1	

(18b). aabbbb

	N	abb ab c	bbb b	aa b
aabbbb	4	3	1	
aabbbb	4	1	*3	

(18c). aaaabc

	N	aaa ab c	aaa ac b	aab aa c	aac aa b
aaaabc	5	2	0	3	0
aaaacb	80	*3	25	2	50
aaaabc	16	3	9	*2	*2
aaaabc	8	3	*1	*2	2

(18d). abbbbc

	N	abb bb c	bbb ab c	bbb ac b	bbc ab b
abbbbc	5	3	2	0	0
abbbcb	80	*2	3	25	50
abbbbc	16	2	*3	9	*2
abbbbc	8	2	*3	*1	2

(18e). abcccc

	N	acc bc c	bcc ac c	ccc ab c	ccc ac b
abcccc	8	3	3	2	0
acccc b	4	*1	1	0	2
abcccc	8	1	1	*6	0
abcccc	4	1	*1	0	2

(18f). aaabbb

	N	aab ab b	abb aa b
aaabbb	2	1	1
aaabbb	2	1	*1

(18g). aaabbc

	N	aaa bb c	aab ab c	aab ac b	abb aa c	aac ab b	abc aa b
aaabbc	10	1	6	0	3	0	0
aaabcb	240	*6	*1	75	8	50	100
aaabbc	48	6	1	27	*8	*2	*4
aaacbb	30	*3	2	0	*1	16	*8
aaabbc	24	6	1	*3	*8	2	4
aaabbc	15	6	*4	0	2	2	*1

(18h). aaabcc

	N	aaa bc c	aab ac c	aac ab c	aac ac b	abc aa c	acc aa b
aaabcc	16	1	3	6	0	6	0
aaaccb	48	*3	1	*2	24	2	16
aaabcc	16	3	9	*2	0	*2	0
aaacbc	80	*3	1	18	24	*18	*16
aaacb	12	3	*1	2	0	*2	4
aaabcc	15	6	*2	*1	3	1	*2

(18i). aabbbc

	N	aab bb c	abb ab c	abb ac b	bbb aa c	abc ab b	bbc aa b
aabbbc	10	3	6	0	1	0	0
aabbcb	240	*8	1	75	6	100	50
aabbbc	48	8	*1	27	*6	*4	*2
aabcbb	30	*1	2	0	*3	8	*16
aabbbc	24	8	*1	*3	*6	4	2
aabbbc	15	2	*4	0	6	1	*2

(18j). aabccc

	N	aac bc c	abc ac c	acc ab c	acc ac b	bcc aa c	ccc aa b
aabccc	6	1	2	2	0	1	0
aacccb	48	*8	4	*1	27	2	6
aabccc	6	1	2	*2	0	*1	0
aaccbc	240	*8	4	49	27	*98	*54
aaccb	24	8	*4	1	3	*2	6
aacbcc	15	2	*1	*1	3	2	*6

CGC Tables III-18 (18k) — (18m)

(18k).   abbbcc

	N	abb bc c	bbb ac c	abc bb c	bbc ab c	ac bcc b	ab ab b
abbbc c	16	3	1	6	6	0	0
abbcc b	48	*1	3	*2	2	24	16
abbb cc	16	9	3	*2	*2	0	0
abbc bc	80	*1	3	18	*18	24	*16
abbc b c	12	1	*3	2	*2	0	4
abb bc c	15	2	*6	*1	1	3	*2

(18l).   abbccc

	N	abc bc c	bbc ac c	acc bb c	bcc ab b	ab ccc b	—
abbcc c	6	2	1	1	2	0	0
abccc b	48	*4	8	*2	1	27	6
abbc cc	6	2	1	*1	*2	0	0
abcc bc	240	*4	8	98	*49	27	*54
abcc b c	24	4	*8	2	*1	3	6
abc bc c	15	1	*2	*2	1	3	*6

(18m).   aaabcd

	N	aaa bc d	aaa bd c	aab ac d	aab ad c	aac ab d	aac ad c	abc aa d	aad ab c	aad ac b	abd aa c	acd aa b
aaabc d	10	1	0	3	0	3	0	3	0	0	0	0
aaabd c	320	*3	25	*9	75	4	0	4	100	0	100	0
aaacd b	192	*3	*9	1	3	*4	48	4	*4	48	4	64
aaab cd	64	3	9	9	27	*4	0	*4	*4	0	*4	0
aaac bd	960	75	*81	*25	27	100	432	*100	4	*48	*4	*64
aaad bc	30	*3	0	1	0	1	0	*1	4	12	*4	*4
aaab c d	32	3	*1	9	*3	*4	0	*4	4	0	4	0
aaac b d	480	75	9	*25	*3	100	*48	*100	*4	48	4	64
aaad b c	15	0	3	0	*1	0	1	0	3	*1	*3	3
aaa bc d	30	12	0	*4	0	*4	0	4	1	3	*1	*1
aaa bd c	30	0	12	0	*4	0	4	0	*3	1	3	*3

CGC Tables III-18 (18n) — (18o)

(18n). abbbcd

	N	abb bc d	abb bd c	bbb bd c	bbb ac d	bbb ad c	abc bb d	bbc ab d	bbc ad b	abd bb c	bbd ab c	bbd ac b	bcd ab b
abbbcd	10	3	0	1	0	3	3	0	0	0	0	0	0
abbbdc	320	*9	75	*3	25	4	4	0	100	100	0	0	
abbcdb	192	*1	*3	3	9	*4	4	48	*4	4	48	64	
abbbcd	64	9	27	3	9	*4	*4	0	*4	*4	0	0	
abbcbd	960	25	*27	*75	81	100	*100	432	4	*4	*48	*64	
abbdbc	30	*1	0	3	0	1	*1	0	4	*4	12	*4	
abbbcd	32	9	*3	3	*1	*4	*4	0	4	4	0	0	
abbcbd	480	25	3	*75	*9	100	*100	*48	*4	4	48	64	
abbdbc	15	0	1	0	*3	0	0	1	3	*3	*1	3	
abbcd	30	4	0	*12	0	*4	4	0	1	*1	3	*1	
abbbdc	30	0	4	0	*12	0	0	4	*3	3	1	*3	

(18o). abcccd

	N	abc cc d	acc bc d	acc bd c	bcc ac d	bcc ad c	ccc ab d	ccc ad b	acd bc c	bcd ac c	ccd ab c	ccd ac b
abcccd	10	3	3	0	3	0	1	0	0	0	0	0
abccdc	480	*16	1	75	1	75	12	0	100	100	100	0
acccdb	32	0	*1	*3	1	3	0	4	*4	4	0	12
abcccd	96	16	*1	27	*1	27	*12	0	*4	*4	*4	0
acccbd	160	0	25	*27	*25	27	0	36	4	*4	0	*12
abcdcc	30	*1	1	0	1	0	*3	0	4	4	*16	0
abcccd	48	16	*1	*3	*1	*3	*12	0	4	4	4	0
acccbd	80	0	25	3	*25	*3	0	*4	*4	4	0	12
accdbc	15	0	0	1	0	*1	0	3	3	*3	0	4
abcccd	30	4	*4	0	*4	0	12	0	1	1	*4	0
accbdc	30	0	0	4	0	*4	0	12	*3	3	0	*4

(18p). abcddd

	N	abd cd d	acd bd d	bcd ad d	add bc d	add bd c	bdd ac d	bdd ad c	cdd ab d	cdd ad b	ddd ab c	ddd ac b
abcddd	6	1	1	1	1	0	1	0	1	0	0	0
abdddc	96	*16	4	4	*1	27	*1	27	4	0	12	0
acdddb	32	0	*4	4	*1	*3	1	3	0	12	0	4
abcddd	6	1	1	1	*1	0	*1	0	*1	0	0	0
abddcd	480	*16	4	4	49	27	49	27	*196	0	*108	0
acddbd	160	0	*4	4	49	*3	*49	3	0	12	0	*36
abddcd	48	16	*4	*4	1	3	1	3	*4	0	12	0
acddbd	48	0	12	*12	3	*1	*3	1	0	4	0	12
adddbc	3	0	0	0	0	1	0	*1	0	1	0	0
abdcdd	30	4	*1	*1	*1	3	*1	3	4	0	*12	0
acdbdd	30	0	3	*3	*3	*1	3	1	0	4	0	*12

(18q). aabbcc

	N	aab bc c	abb ac c	aac bb c	abc ab c	abc ac b	bbc aa c	acc ab b	bcc aa b
aabbcc	8	1	1	1	4	0	1	0	0
aabccb	24	*1	1	*1	0	12	1	4	4
aabbcc	24	9	9	*1	*4	0	*1	0	0
aabcbc	40	*1	1	9	0	12	*9	*4	*4
aaccbb	30	0	0	*4	4	0	*4	9	*9
aabcbc	6	1	*1	1	0	0	*1	1	1
aabbcc	15	4	*4	*1	0	3	1	*1	*1
aacbbc	5	0	0	1	*1	0	1	1	*1

CGC Table III-18 (18r)

(18r).   aabbcd

	N	aab bc d	aab bd c	abb ac d	abb ad c	aac bb d	abc ab d	abc ad b	bbc aa d	aad bb c	abd ab c	abd ac b	bbd aa c	acd ab b	bcd aa b
aabbcd	10	2	0	2	0	1	4	0	1	0	0	0	0	0	0
aabbdc	480	*9	75	*9	75	2	8	0	2	50	0	0	50	200	0
aabcdb	96	*1	*3	1	3	*2	0	24	2	*2	24	16	2	0	16
aabbcd	96	9	27	9	27	*2	*8	0	*2	*2	0	0	*2	*8	0
aabcbd	480	25	*27	*25	27	50	0	216	*50	2	*24	*16	*2	0	*16
aabdbc	30	*2	0	2	0	1	0	0	*1	4	12	*2	*4	0	*2
aacdbb	30	0	0	0	0	*2	2	0	*2	*2	0	9	*2	2	*9
aabbcd	48	9	*3	9	*3	*2	*3	0	*2	2	0	0	2	8	0
aabcbd	240	25	3	*25	*3	50	0	*24	*50	*2	24	16	2	0	16
aabdbc	30	0	4	0	*4	0	0	2	0	6	*2	3	*6	0	3
aabbcd	60	16	0	*16	0	*8	0	0	8	2	6	*1	*2	0	*1
aacbbd	120	0	0	0	0	32	*32	0	32	*2	0	9	*2	2	*9
aabbdc	60	0	16	0	*16	0	0	8	0	*6	2	*3	6	0	*3
aadbbc	8	0	0	0	0	0	0	0	0	2	0	1	2	*2	*1

CGC Table III-18 (18s)

(18s).   aabccd

	N	aab cc d	aac bc d	aac bd c	abc ac d	abc ad c	acc ab d	acc ad c	bcc aa b	aad bc c	abd ac c	acd ab c	acd ac b	bcd aa c	ccd aa b
aabccd	10	1	2	0	4	0	2	0	1	0	0	0	0	0	0
aabcdc	720	*18	*1	75	*2	150	16	0	8	50	100	200	0	100	0
aaccdb	144	0	*4	*12	2	6	*1	27	2	*8	4	*2	54	4	18
aabccd	144	18	1	27	2	54	*16	0	*8	*2	*4	*8	0	*4	0
aaccbd	720	0	100	*108	*50	54	25	243	*50	8	*4	2	*54	*4	*18
aabdcc	90	*9	2	0	4	0	*2	0	*1	16	32	*16	0	*8	0
aacdbc	180	0	*8	0	4	0	8	0	*16	*4	2	25	27	*50	*36
aabccd	72	18	1	*3	2	*6	*16	0	*8	2	4	8	0	4	0
aaccbd	360	0	100	12	*50	*6	25	*27	*50	*8	4	*2	54	4	18
aacdbc	60	0	0	8	0	*4	0	8	0	12	*6	3	1	*6	12
aabccd	45	18	*4	0	*8	0	4	0	2	2	4	*2	0	*1	0
aacbcd	720	0	128	0	*64	0	*128	0	256	*4	2	25	27	*50	*36
aacbdc	120	0	0	32	0	*16	0	32	0	*12	6	*3	*1	6	*12
aadbcc	16	0	0	0	0	0	0	0	0	4	*2	*1	3	2	*4

CGC Table III-18 (18t)

(18t).   aabcdd

	N	aab cd d	aac bd d	abc ad d	aad bc d	aad bd c	abd ac d	abd ad c	acd ab d	acd ad b	bcd aa d	add ab c	add ac b	bdd aa c	cdd aa b
aabcdd	16	1	1	2	2	0	4	0	4	0	2	0	0	0	0
aabddc	144	*9	1	2	*2	24	*4	48	4	0	2	32	0	16	0
aacddb	144	0	*8	4	*4	*12	2	6	*2	54	4	*1	27	2	18
aabcdd	48	9	9	18	*2	0	*4	0	*4	0	*2	0	0	0	0
aabdcd	240	*9	1	2	18	24	36	48	*36	0	*18	*32	0	*16	0
aacdbd	240	0	*8	4	36	*12	*18	6	18	54	*36	1	*27	*2	*18
aaddbc	120	0	0	0	*16	0	8	0	8	0	*16	9	27	*18	*18
aabdcd	36	9	*1	*2	2	0	4	0	*4	0	*2	8	0	4	0
aacdbd	144	0	32	*16	16	0	*8	0	8	0	*16	*1	27	2	18
aaddbc	48	0	0	0	0	16	0	*8	0	8	0	3	*1	*6	6
aabcdd	45	18	*2	*4	*1	3	*2	6	2	0	1	*4	0	*2	0
aacbdd	360	0	128	*64	*16	*12	8	6	*8	54	16	1	*27	*2	*18
aadbcd	20	0	0	0	4	0	*2	0	*2	0	4	1	3	*2	*2
aadbdc	24	0	0	0	0	4	0	*2	0	2	0	*3	1	6	*6

CGC Table III-18 (18u)

(18u).   abbccd

	N	abbcc/d	abcbc/d	abcbd/c	abcbd/d	bbcac/c	bbcad/d	accbb/d	bccab/b	bccad/c	abdbc/c	bbdac/c	acdbb/c	bcdab/b	bcdac/b	ccdab/b
abbccd	10	1	4	0	2	0	1	2	0	0	0	0	0	0	0	0
abbcdc	720	*18	*2	150	*1	75	8	16	0	100	50	100	200	0	0	0
abccdb	144	0	*2	*6	4	12	*2	1	27	*4	8	*4	2	54	18	
abbccd	144	18	2	54	1	27	*8	*16	0	*4	*2	*4	*8	0	0	
abccbd	720	0	50	*54	*100	108	50	*25	243	4	*8	4	*2	*54	*18	
abcdbc	90	*9	4	0	2	0	*1	*2	0	32	16	*8	*16	0	0	
abbdcc	180	0	*4	0	8	0	16	*8	0	*2	4	50	*25	27	*36	
abbccd	72	18	2	*6	1	*3	*8	*16	0	4	2	4	8	0	0	
abccbd	360	0	50	6	*100	*12	50	*25	*27	*4	8	*4	2	54	18	
abcdbc	60	0	0	4	0	*8	0	0	8	6	*12	6	*3	1	12	
abbccd	45	18	*8	0	*4	0	2	4	0	4	2	*1	*2	0	0	
abcbcd	720	0	64	0	*128	0	*256	128	0	*2	4	50	*25	27	*36	
abcbdc	120	0	0	16	0	*32	0	0	32	*6	12	*6	3	*1	*12	
abdbcc	16	0	0	0	0	0	0	0	0	2	*4	*2	1	3	*4	

CGC Table III-18 (18v)

(18v).   abbcdd

	N	abb cd d	abc bd d	bbc ad d	abd bc d	abd bd c	abd bd d	bbd ac c	bbd ad d	acd bb d	bb bcd b	ab bcd c	ad add c	bb bdd b	ab bdd b	ac cdd b	ab b
abbcdd	16	1	2	1	4	0	2	0	2	4	0	0	0	0	0	0
abbddc	144	*9	2	1	*4	48	*2	24	2	4	0	16	32	0	0	
abcddb	144	0	*4	8	*2	*6	4	12	*4	2	54	*2	1	27	18	
abbcdd	48	9	18	9	*4	0	*2	0	*2	*4	0	0	0	0	0	
abbdcd	240	*9	2	1	36	48	18	24	*18	*36	0	*16	*32	0	0	
abcdbd	240	0	*4	8	18	*6	*36	12	36	*18	54	2	*1	*27	*10	
abddbc	120	0	0	0	*8	0	16	0	16	*8	0	18	*9	27	*18	
abbdcd	36	9	*2	*1	4	0	2	0	*2	*4	0	4	8	0	0	
abcdbd	144	0	16	*32	8	0	*16	0	16	*8	0	*2	1	27	18	
abddbc	48	0	0	0	0	8	0	*16	0	0	8	6	*3	*1	6	
abbcdd	45	18	*4	*2	*2	6	*1	3	1	2	0	*2	*4	0	0	
abcbdd	360	0	64	*128	*8	*6	16	12	*16	8	54	2	*1	*27	*18	
abdbcd	20	0	0	0	2	0	*4	0	*4	2	0	2	*1	3	*2	
abdbdc	24	0	0	0	0	2	0	*4	0	0	2	*6	3	1	*6	

(18w). abccdd

	N	abc cd d	acc bd d	bcc ad d	abd cc d	acd bc d	acd bd c	bcd ac d	bcd ad c	ccd ab d	ccd ad b	add bc c	bdd ac c	cdd ab c	cdd ac b
abccd d	16	2	1	1	2	4	0	4	0	2	0	0	0	0	0
abcdd c	48	*2	1	1	*2	0	12	0	12	2	0	4	4	8	0
accdd b	24	0	*1	1	0	*1	*3	1	3	0	6	*1	1	0	6
abcc dd	48	18	9	9	*2	*4	0	*4	0	*2	0	0	0	0	0
abcd cd	80	*2	1	1	18	0	12	0	12	*18	0	*4	*4	*8	0
accd bd	40	0	*1	1	0	9	*3	*9	3	0	6	1	*1	0	*6
abdd cc	60	0	0	0	*8	4	0	4	0	*8	0	9	9	*18	0
abcd c d	12	2	*1	*1	2	0	0	0	0	*2	0	1	1	2	0
accd b d	24	0	4	*4	0	4	0	*4	0	0	0	*1	1	0	6
acdd b c	24	0	0	0	0	0	4	0	*4	0	8	3	*3	0	2
abc cd d	30	8	*4	*4	*2	0	3	0	3	2	0	*1	*1	*2	0
acc bd d	60	0	16	*16	0	*4	*3	4	3	0	6	1	*1	0	*6
abd cc d	10	0	0	0	2	*1	0	*1	0	2	0	1	1	*2	0
acd bd c	12	0	0	0	0	0	1	0	*1	0	2	*3	3	0	*2

CGC Table III-18 (18x)

(18x). aabcde |3|x|21|-|51|+|42|+|411|+|321|

	N	aab cde	aab ced	aac bde	aac bed	abc ade	abc aed	aad bce	aad bec	abd ace	abd aec	acd abe	acd aeb	ae bcd	aa bce	aae bd	abe ac	abe ad	ace ab	ace ad	bce aa	ade ab	ade ac	bde aa	cde aa
aabcde	10	1	0	1	0	2	0	1	0	2	0	2	0	1	0	0	0	0	0	0	0	0	0	0	0
aabced	960	*9	75	*9	75	*18	150	4	0	8	0	8	0	4	100	0	200	0	200	0	100	0	0	0	0
aabdec	576	*9	*27	1	3	2	6	*4	48	*8	96	8	0	4	*4	48	*8	96	8	0	4	128	0	64	0
aacdeb	144	0	0	*2	*6	1	3	*2	*6	1	3	*1	27	2	*2	*6	1	3	*1	27	2	*1	27	2	18
aabcde	192	9	27	9	27	18	54	*4	0	*8	0	*8	0	*4	*4	0	*8	0	*8	0	*4	0	0	0	0
aabdce	2880	225	*243	*25	27	*50	54	100	432	200	864	*200	0	*100	4	*48	8	*96	*8	0	*4	*128	0	*64	0
aacdbe	720	0	0	50	*54	*25	27	50	*54	*25	27	25	243	*50	2	6	*1	*3	1	*27	*2	1	*27	*2	*18
aabecd	90	*9	0	1	0	2	0	1	0	2	0	*2	0	*1	4	12	8	8	*8	0	*4	*8	0	*4	0
aacebd	360	0	0	*32	0	16	0	8	0	*4	0	4	0	*8	32	*24	*16	12	16	108	*32	1	*27	*2	*18
aadebc	120	0	0	0	0	0	0	*8	0	4	0	4	0	*8	*8	0	4	0	4	0	*8	9	27	*18	*18
aabcde	96	9	*3	9	*3	18	*6	*4	0	*8	0	*8	0	*4	4	0	8	0	8	0	4	0	0	0	0
aabdce	1440	225	27	*25	*3	*50	*6	100	*48	200	*96	*200	0	*100	*4	48	*8	96	8	0	4	128	0	64	0
aacdbe	360	0	0	50	6	*25	*3	50	6	*25	*3	25	*27	*50	*2	*6	1	3	*1	27	2	*1	27	2	18
aabecd	45	0	9	0	*1	0	*2	0	1	0	2	0	0	0	3	*1	6	*2	*6	0	*3	6	0	3	0
aacebd	720	0	0	0	128	0	*64	0	*8	0	4	0	36	0	96	8	*48	*4	48	*36	*96	*3	01	0	54
aadebc	48	0	0	0	0	0	0	0	8	0	*4	0	4	0	0	8	0	*4	0	4	0	3	*1	*6	6
aabcde	90	36	0	*4	0	*8	0	*4	0	*8	0	8	0	4	1	3	2	6	*2	0	*1	*2	0	*1	0
aacbde	1440	0	0	512	0	*256	0	*128	0	64	0	*64	0	128	32	*24	*16	12	16	108	*32	1	*27	*2	*18
aadbce	480	0	0	0	0	0	0	128	0	*64	0	*64	0	128	*8	0	4	0	4	0	*8	9	27	*18	*18
aabced	90	0	36	0	*4	0	*8	0	4	0	8	0	0	0	*3	1	*6	2	6	0	3	*6	0	*3	0
aacbed	1440	0	0	0	512	0	*256	0	*32	0	16	0	144	0	*96	*8	48	4	*48	36	96	3	*81	*6	*54
aadbec	96	0	0	0	0	0	0	32	0	*16	0	16	0	0	*8	0	4	0	*4	0	*3	1	6	*6
aaebcd	32	0	0	0	0	0	0	0	0	0	0	0	0	8	0	*4	0	*4	0	8	1	3	*2	*2
aaebdc	32	0	0	0	0	0	0	0	0	0	0	0	0	8	0	*4	0	4	0	*3	1	6	*6

CGC Table III-18 (18y)

(18y).   abbcde

	N	abb cde	abb cd e	abb ce d	abc bd e	abc be d	abc bbc e	abc ad d	abc bbc e	abd bc e	abd be c	abd bbd e	abd ac c	abd bbd e	abd ac b	abd bcd e	abc ab d	abe bc c	abe bd d	bbe ac c	abe bd d	bbe ac c	bbe ad d	ace bb b	bb bce c	ad ade c	bb bde c	ab bde b	ac cde b	ah b
abbcde	10	1	0	2	0	1	0	2	0	1	0	1	2	0	0	0	0	0	0	0	0	0	0	0	0	0	0	0	0
abbced	960	*9	75	*18	150	*9	75	8	0	4	0	4	8	0	200	0	100	0	100	200	0	0	0	0	0	0	0	0	0
abbdec	576	*9	*27	2	6	1	3	*8	96	*4	48	4	8	0	*8	96	*4	48	4	8	0	64	128	0	0	0	0	0	0
abcdeb	144	0	0	*1	*3	2	6	*1	*3	2	6	*2	1	27	*1	*3	2	6	*2	1	27	*2	1	27	18				
abbcde	192	9	27	18	54	9	27	*8	0	*4	0	*4	*8	0	*8	0	*4	0	*4	*8	0	0	0	0	0				
abbdce	2880	225	*243	*50	54	*25	27	200	864	100	432	*100	*200	0	8	*96	4	*48	*4	*8	0	*64	*128	0	0				
abcdbe	720	0	0	25	*27	*50	54	25	*27	*50	54	50	*25	243	1	3	*2	*6	2	*1	*27	2	*1	*27	*18				
abbecd	90	*9	0	2	0	1	0	2	0	1	0	*1	*2	0	8	8	4	12	*4	*8	0	*4	*8	0	0				
abcebd	360	0	0	*16	0	32	0	4	0	*8	0	8	*4	0	16	*12	*32	24	32	*16	108	2	*1	*27	*18				
abdebc	120	0	0	0	0	0	0	*4	0	8	0	8	*4	0	*4	0	8	0	8	*4	0	18	*9	27	*18				
abbcde	96	9	*3	18	*6	9	*3	*8	0	*4	0	*4	*8	0	8	0	4	0	4	8	0	0	0	0	0				
abbdce	1440	225	27	*50	*6	*25	*3	200	*96	100	*48	*100	*200	0	*8	96	*4	48	4	8	0	64	128	0	0				
abcdbe	360	0	0	25	3	*50	*6	25	3	*50	*6	50	*25	*27	*1	*3	2	6	*2	1	27	*2	1	27	18				
abbecd	45	0	9	0	*2	0	*1	0	2	0	1	0	0	0	6	*2	3	*1	*3	*6	0	3	6	0	0				
abcebd	720	0	0	0	64	0	*128	0	*4	0	8	0	0	36	48	4	*96	*8	96	*48	*36	*6	3	81	54				
abdebc	48	0	0	0	0	0	0	0	4	0	*8	0	0	4	0	4	0	*8	0	0	4	6	*3	*1	6				
abbcde	90	36	0	*8	0	*4	0	*8	0	*4	0	4	8	0	2	6	1	3	*1	*2	0	*1	*2	0	0				
abcbde	1440	0	0	256	0	*512	0	*64	0	128	0	*128	64	0	16	*12	*32	24	32	*16	108	2	*1	*27	*18				
abdbce	480	0	0	0	0	0	0	64	0	*128	0	*128	64	0	*4	0	8	0	8	*4	0	18	*9	27	*18				
abbced	90	0	36	0	*8	0	*4	0	8	0	4	0	0	0	*6	2	*3	1	3	6	0	*3	*6	0	0				
abcbed	1440	0	0	0	256	0	*512	0	*16	0	32	0	0	144	*48	*4	96	8	*96	48	36	6	*3	*81	*54				
abdbec	96	0	0	0	0	0	0	0	16	0	*32	0	0	16	0	*4	0	8	0	0	*4	*6	3	1	*6				
abebcd	32	0	0	0	0	0	0	0	0	0	0	0	0	4	0	*8	0	*8	4	0	2	*1	3	*2					
abebdc	32	0	0	0	0	0	0	0	0	0	0	0	0	0	4	0	*8	0	0	4	*6	3	1	*6					

CGC Table III-18 (18z)

(18z). abccde

	N	abc cde	abc ced	acc bdd	acc bed	acc bed	bcc ade	bcc aed	acd bec	acd bec	bcd aec	bcd aec	ccd abe	ccd aeb	abd cce	abe ccd	ace bcd	ace bcd	bce acd	bce adc	ade bcc	bde acc	cce abd	cce adb	cde abc	cde acb
abccde	10	2	0	1	0	1	0	2	0	2	0	1	0	1	0	0	0	0	0	0	0	0	0	0	0	0
abcced	960	*18	150	*9	75	*9	75	8	0	8	0	4	0	4	100	200	0	200	0	0	0	100	0	0	0	0
abcdec	192	*2	*6	1	3	1	3	0	24	0	24	4	0	*4	*4	0	24	0	24	16	16	4	0	32	0
accdeb	96	0	0	*1	*3	1	3	*2	*6	2	6	0	12	0	0	*2	*6	2	6	*4	4	0	12	0	24
abccde	192	18	54	9	27	9	27	*8	0	*8	0	*4	0	*4	*4	*8	0	*8	0	0	0	*4	0	0	0
abcdce	960	50	*54	*25	27	*25	27	0	216	0	216	*100	0	100	4	0	*24	0	*24	*16	*16	*4	0	*32	0
accdbe	480	0	0	25	*27	*25	27	50	*54	*50	54	0	108	0	0	2	6	*2	*6	4	*4	0	*12	0	*24
abcecd	30	*2	0	1	0	1	0	0	0	0	0	*1	0	1	4	0	6	0	6	*1	*1	*4	0	*2	0
accebd	60	0	0	*4	0	4	0	2	0	*2	0	0	0	0	0	8	*6	*8	6	1	*1	0	12	0	*6
abdecc	60	0	0	0	0	0	0	3	0	3	0	*4	0	*4	*4	2	0	2	0	9	9	*4	0	*18	0
abccde	96	18	*6	9	*3	9	*3	*8	0	*8	0	*4	0	*4	4	8	0	8	0	0	0	4	0	0	0
abcdce	480	50	6	*25	*3	*25	*3	0	*24	0	*24	*100	0	100	*4	0	24	0	24	16	16	4	0	32	0
accdbe	240	0	0	25	3	*25	*3	50	6	*50	*6	0	*12	0	0	*2	*6	2	6	*4	4	0	12	0	24
abcecd	60	0	8	0	*4	0	*4	0	2	0	2	0	0	0	12	0	*2	0	*2	3	3	*12	0	6	0
accebd	120	0	0	0	16	0	*16	0	*2	0	2	0	4	0	0	24	2	*24	*2	*3	3	0	*4	0	18
acdebc	24	0	0	0	0	0	0	0	2	0	*2	0	4	0	0	2	0	*2	3	*3	0	4	0	2
abccde	120	32	0	*16	0	*16	0	0	0	0	0	*16	0	*16	4	0	6	0	6	*1	*1	*4	0	*2	0
accbde	240	0	0	64	0	*64	0	*32	0	32	0	0	0	0	8	*6	8	6	1	*1	0	12	0	*6
abdcce	240	0	0	0	0	0	0	*32	0	*32	0	64	0	64	*4	2	0	2	0	9	9	*4	0	*18	0
abcced	120	0	32	0	*16	0	*16	0	8	0	8	0	0	0	*12	0	2	0	2	*3	*3	12	0	*6	0
accbed	240	0	0	0	64	0	*64	0	*8	0	8	0	16	0	0	*24	*2	24	2	3	*3	0	4	0	*18
acdbec	48	0	0	0	0	0	0	0	8	0	*8	0	16	0	0	*2	0	2	*3	3	0	*4	0	*2
abeccd	16	0	0	0	0	0	0	0	0	0	0	0	0	0	4	*2	0	*2	0	1	1	4	0	*2	0
acebdc	16	0	0	0	0	0	0	0	0	0	0	0	0	0	0	0	2	0	*2	*3	3	0	4	0	*2

CGC Table III-18 (18aa)

(18aa). abcdde

	N	abc dd e	abd cd e	abd ce d	acd bd e	acd be d	bcd ad e	bcd ae d	add bc e	add be c	bdd ac e	bdd ae c	cdd ab e	cdd ae b	abe cd d	ace bd d	ace bd d	ad bce d	ade bc c	ade bd d	bde ac c	bde ad d	cde ab b	cde ad c	dde ab b	dde ac c	dde ac b
abcdde	10	1	2	0	2	0	2	0	1	0	1	0	1	0	0	0	0	0	0	0	0	0	0	0	0	0	0
abcded	720	*18	*1	75	*1	75	*1	75	8	0	8	0	8	0	50	50	50	100	0	100	0	100	0	0	0	0	0
abddec	288	0	*8	*24	2	6	2	6	*1	27	*1	27	4	0	*16	4	4	*2	54	*2	54	8	0	36	0	0	0
acddeb	96	0	0	0	*2	*6	2	6	*1	*3	1	3	0	12	0	*4	4	*2	*6	2	6	0	24	0	12	0	0
abcdde	144	18	1	27	1	27	1	27	*8	0	*8	0	*8	0	*2	*2	*2	*4	0	*4	0	*4	0	0	0	0	0
abddce	1440	0	200	*216	*50	54	*50	54	25	243	25	243	*100	0	16	*4	*4	2	*54	2	*54	*8	0	*36	0	0	0
acddbe	480	0	0	0	50	*54	*50	54	25	*27	*25	27	0	108	0	4	*4	2	6	*2	*6	0	*24	0	*12	0	0
abcedd	90	*9	2	0	2	0	2	0	*1	0	*1	0	*1	0	16	16	16	*8	0	*8	0	*8	0	0	0	0	0
abdecd	360	0	*16	0	4	0	4	0	8	0	8	0	*32	0	*8	2	2	25	27	25	27	*100	0	*72	0	0	0
acdebd	120	0	0	0	*4	0	4	0	8	0	*8	0	0	0	0	*2	2	25	*3	*25	3	0	12	0	*24	0	0
abcdde	72	18	1	*3	1	*3	1	*3	*8	0	*8	0	*8	0	2	2	2	4	0	4	0	4	0	0	0	0	0
abddce	720	0	200	24	*50	*6	*50	*6	25	*27	25	*27	*100	0	*16	4	4	*2	54	*2	54	8	0	36	0	0	0
acddbe	240	0	0	0	50	6	*50	*6	25	3	*25	*3	0	*12	0	*4	4	*2	*6	2	6	0	24	0	12	0	0
abdecd	120	0	0	16	0	*4	0	*4	0	8	0	8	0	0	24	*6	*6	3	1	3	1	*12	0	24	0	0	0
acdebd	360	0	0	0	0	36	0	*36	0	*8	0	8	0	32	0	54	*54	27	*1	*27	1	0	4	0	72	0	0
addebc	9	0	0	0	0	0	0	0	1	0	*1	0	1	0	0	0	0	2	0	*2	0	2	0	0	0	0	0
abcdde	45	18	*4	0	*4	0	*4	0	2	0	2	0	2	0	2	2	2	*1	0	*1	0	*1	0	0	0	0	0
abdcde	1440	0	256	0	*64	0	*64	0	*128	0	*128	0	512	0	*8	2	2	25	27	25	27	*100	0	*72	0	0	0
acdbde	480	0	0	0	64	0	*64	0	*128	0	128	0	0	0	0	*2	2	25	*3	*25	3	0	12	0	*24	0	0
abdced	240	0	0	64	0	*16	0	*16	0	32	0	32	0	0	*24	6	6	*3	*1	*3	*1	12	0	*24	0	0	0
acdbed	720	0	0	0	0	144	0	*144	0	*32	0	32	0	128	0	*54	54	*27	1	27	*1	0	*4	0	*72	0	0
addbec	9	0	0	0	0	0	0	0	0	2	0	*2	0	2	0	0	0	0	*1	0	1	0	*1	0	0	0	0
abecdd	32	0	0	0	0	0	0	0	0	0	0	0	0	0	8	*2	*2	*1	3	*1	3	4	0	*8	0	0	0
acebdd	32	0	0	0	0	0	0	0	0	0	0	0	0	0	6	*6	*3	*1	3	1	0	4	0	*8	0	0	0

CGC Table III-18 (18ab)

(18ab).   abcdee

	N	abc de e	abd ce e	acd be e	bcd ae e	abe cd d	abe ce e	ace bd d	ace be e	bce ad d	bce ae e	ade bc e	ade be c	bde ac e	bde ae c	cde ab e	cde ae b	aee bc d	aee bd c	bee ac d	bee ad c	cee ab d	cee ad b	dee ab c	dee ac b
abcdee	16	1	1	1	1	2	0	2	0	2	0	2	0	2	0	2	0	0	0	0	0	0	0	0	0
abceed	144	*9	1	1	1	*2	24	*2	24	*2	24	2	0	2	0	2	0	16	0	16	0	16	0	0	0
abdeec	288	0	*16	4	4	*8	*24	2	6	2	6	*2	54	*2	54	8	0	*1	27	*1	27	4	0	36	0
acdeeb	96	0	0	*4	4	0	0	*2	*6	2	6	*2	*6	2	6	0	24	*1	*3	1	3	0	12	0	12
abcdee	48	9	9	9	9	*2	0	*2	0	*2	0	*2	0	*2	0	*2	0	0	0	0	0	0	0	0	0
abcede	240	*9	1	1	1	18	24	18	24	18	24	*18	0	*18	0	*18	0	*16	0	*16	0	*16	0	0	0
abdece	480	0	*16	4	4	72	*24	*18	6	*18	6	18	54	18	54	*72	0	1	*27	1	*27	*4	0	*36	0
acdebe	160	0	0	*4	4	0	0	18	*6	*18	6	18	*6	*18	6	0	24	1	3	*1	*3	0	*12	0	*12
abeecd	240	0	0	0	0	*32	0	8	0	8	0	8	0	8	0	*32	0	9	27	9	27	*36	0	*36	0
aceebd	80	0	0	0	0	0	0	*8	0	8	0	8	0	*8	0	0	0	9	*3	*9	3	0	12	0	*12
abced e	36	9	*1	*1	*1	2	0	2	0	2	0	*2	0	*2	0	*2	0	4	0	4	0	4	0	0	0
abdce	288	0	64	*16	*16	32	0	*8	0	*8	0	8	0	8	0	*32	0	*1	27	*1	27	4	0	36	0
acdeb e	96	0	0	16	*16	0	0	8	0	*8	0	8	0	*8	0	0	0	*1	*3	1	3	0	12	0	12
abeec d	96	0	0	0	0	0	32	0	*8	0	*8	0	8	0	8	0	0	3	*1	3	*1	*12	0	12	0
aceeb d	288	0	0	0	0	0	0	72	0	*72	0	*8	0	8	0	32	27	1	*27	*1	0	*4	0	36
adeeb c	9	0	0	0	0	0	0	0	0	0	0	2	0	*2	0	2	0	1	0	*1	0	1	0	0
abc de e	45	13	*2	*2	*2	*1	3	*1	3	*1	3	1	0	1	0	1	0	*2	0	*2	0	*2	0	0	0
abd ce e	720	0	256	*64	*64	*32	*24	8	6	8	6	*8	54	*8	54	32	0	1	*27	1	*27	*4	0	*36	0
acd be e	240	0	0	64	*64	0	0	*8	*6	8	6	*8	*6	8	6	0	24	1	3	*1	*3	0	*12	0	*12
abe cd e	40	0	0	0	0	8	0	*2	0	*2	0	*2	0	*2	0	8	0	1	3	1	3	*4	0	*4	0
ace bd e	40	0	0	0	0	0	0	6	0	*6	0	*6	0	6	0	0	0	3	*1	*3	1	0	4	0	*4
abe ce d	48	0	0	0	0	0	8	0	*2	0	*2	0	2	0	2	0	0	*3	1	*3	1	12	0	*12	0
ace be d	144	0	0	0	0	0	0	18	0	*18	0	*2	0	2	0	8	*27	*1	27	1	0	4	0	*36
ade be c	9	0	0	0	0	0	0	0	0	0	0	1	0	*1	0	1	0	*2	0	2	0	*2	0	0

CGC Table III-18 (18ac)

(18ac) abcdef   [21] x [3] = [51] + [42] + [411] + [321]

	N	abc	abdef	acdef	abcef	acbef	bcaef	adcef	adbef	bdaef	abcdf	acbdf	bcadf	adbcf	bdacf	cdabf	aecdf	aebdf	beadf	aebcf	beacf
abcdef	10	0	0	0	0	0	0	0	0	0	0	0	0	0	0	0	0	0	0	0	0
abcdfe	960	0	0	0	0	0	0	0	0	100	100	100	100	100	100	0	0	0	0	0	0
abcefd	576	0	0	64	64	64	0	0	0	4	4	4	*4	*4	*4	0	0	0	48	48	
abdefc	288	36	0	4	*1	*1	0	27	27	4	*1	*1	1	1	*4	0	27	27	3	3	
acdefb	96	0	12	0	1	*1	12	3	*3	0	1	*1	1	*1	0	12	3	*3	3	*3	
abcdef	192	0	0	0	0	0	0	0	0	4	4	4	4	4	4	0	0	0	0	0	
abcedf	2880	0	0	64	64	64	0	0	0	4	4	4	*4	*4	*4	0	0	0	48	48	
abdecf	1440	36	0	4	*1	*1	0	27	27	4	*1	*1	1	1	*4	0	27	27	3	3	
acdebf	480	0	12	0	1	*1	12	3	*3	0	1	*1	1	*1	0	12	3	*3	3	*3	
abcfde	90	0	0	4	4	4	0	0	0	4	4	4	*4	*4	*4	0	0	0	*12	*12	
abdfce	720	36	0	4	*1	*1	0	27	27	64	*16	*16	16	16	*64	0	*108	*108	*12	*12	
acdfbe	240	0	12	0	1	*1	12	3	*3	0	16	*16	16	*16	0	*48	*12	12	*12	12	
abefcd	240	36	0	36	*9	*9	0	*27	*27	16	*4	*4	*4	*4	16	0	0	0	0	0	
acefbd	80	0	12	0	9	*9	*12	*3	3	0	4	*4	*4	4	0	0	0	0	0	0	
abcdef	96	0	0	0	0	0	0	0	0	4	4	4	4	4	4	0	0	0	0	0	
abcedf	1440	0	0	64	64	64	0	0	0	4	4	4	*4	*4	*4	0	0	0	48	48	
abdecf	720	36	0	4	*1	*1	0	27	27	4	*1	*1	1	1	*4	0	27	27	3	3	
acdebf	240	0	12	0	1	*1	12	3	*3	0	1	*1	1	*1	0	12	3	*3	3	*3	
abcfde	45	0	0	3	3	3	0	0	0	*3	*3	*3	3	3	3	0	0	0	*1	*1	
abdfce	1440	108	0	12	*3	*3	0	81	81	*192	48	48	*48	*48	192	0	*36	*36	*4	*4	
acdfbe	480	0	36	0	3	*3	36	9	*9	0	*48	48	*48	48	0	*16	*4	4	*4	4	
abefcd	96	12	0	*12	3	3	0	*1	*1	0	0	0	0	0	0	0	4	4	*4	*4	
acefbd	288	0	36	0	*27	27	*4	*1	1	0	0	0	0	0	0	16	4	*4	*36	36	
adefbc	9	0	0	0	0	0	1	*1	1	0	0	0	0	0	0	1	*1	1	0	0	
abcdef	90	0	0	1	1	1	0	0	0	1	1	1	*1	*1	*1	0	0	0	*3	*3	
abdcef	2880	36	0	4	*1	*1	0	27	27	64	*16	*16	16	16	*64	0	*108	*108	*12	*12	
acdbef	960	0	12	0	1	*1	12	3	*3	0	16	*16	16	*16	0	*48	*12	12	*12	12	
abecdf	960	36	0	36	*9	*9	0	*27	*27	16	*4	*4	*4	*4	16	0	0	0	0	0	
acebdf	320	0	12	0	9	*9	*12	*3	3	0	4	*4	*4	4	0	0	0	0	0	0	
abcdfe	90	0	0	3	3	3	0	0	0	*3	*3	*3	3	3	3	0	0	0	*1	*1	
abdcfe	2880	108	0	12	*3	*3	0	81	81	*192	48	48	*48	*48	192	0	*36	*36	*4	*4	
acdbfe	960	0	36	0	3	*3	36	9	*9	0	*48	48	*48	48	0	*16	*4	4	*4	4	
abecfd	192	12	0	*12	3	3	0	*1	*1	0	0	0	0	0	0	0	4	4	*4	*4	
acebfd	576	0	36	0	*27	27	*4	*1	1	0	0	0	0	0	0	16	4	*4	*36	36	
adebfc	18	0	0	0	0	0	1	*1	1	0	0	0	0	0	0	1	*1	1	0	0	
abfcde	64	4	0	4	*1	*1	0	*3	*3	*16	4	4	4	4	*16	0	0	0	0	0	
acfbde	64	0	4	0	3	*3	*4	*1	1	0	*12	12	12	*12	0	0	0	0	0	0	
abfced	64	12	0	*12	3	3	0	*1	*1	0	0	0	0	0	0	*4	*4	4	4		
acfbed	192	0	36	0	*27	27	*4	*1	1	0	0	0	0	0	0	*16	*4	4	36	*36	
aefbdc	6	0	0	0	0	0	1	*1	1	0	0	0	0	0	0	*1	1	*1	0	0	

CGC Table III-18 (18ac)

ce abf d	ab cde f	ac bde f	bc ade f	ad bce f	bd ace f	cd abe f	ae bcd f	be acd f	ce abd f	de abc f	af cde b	af cde c	af bde c	bf ade c	af bce d	bf ace d	cf abe d	af bcd e	bf acd e	cf abd e	df abc e
0	1	1	1	1	1	1	1	1	1	1	0	0	0	0	0	0	0	0	0	0	0
0	4	4	4	4	4	4	*9	*9	*9	*9	0	0	0	0	0	0	0	75	75	75	75
48	4	4	4	*4	*4	*4	1	1	1	*9	0	0	0	48	48	48	3	3	3	3	*27
*12	4	*1	*1	1	1	*4	1	1	*4	0	0	27	27	3	3	*12	3	3	*12	0	0
0	0	1	*1	1	*1	0	1	*1	0	0	12	3	*3	3	*3	0	3	*3	0	0	0
0	4	4	4	4	4	4	*9	*9	*9	*9	0	0	0	0	0	0	*27	*27	*27	*27	*27
48	100	100	100	*100	*100	*100	25	25	25	*225	0	0	0	*432	*432	*432	*27	*27	*27	*27	243
*12	100	*25	*25	25	25	*100	25	25	*100	0	0	*243	*243	*27	*27	108	*27	*27	108	0	0
0	0	25	*25	25	*25	0	25	*25	0	0	*108	*27	27	*27	27	0	*27	27	0	0	0
*12	1	1	1	*1	*1	*1	*1	*1	*1	9	0	0	0	0	0	0	0	0	0	0	0
48	16	*4	*4	4	4	*16	*16	*16	64	0	0	0	0	0	0	0	0	0	0	0	0
0	0	4	*4	4	*4	0	*16	16	0	0	0	0	0	0	0	0	0	0	0	0	0
0	16	*4	*4	*4	*4	16	0	0	0	0	0	0	0	0	0	0	0	0	0	0	0
0	0	4	*4	*4	4	0	0	0	0	0	0	0	0	0	0	0	0	0	0	0	0
0	*4	*4	*4	*4	*4	*4	9	9	9	9	0	0	0	0	0	0	*3	*3	*3	*3	*3
48	*100	*100	*100	100	100	100	*25	*25	*25	225	0	0	0	*48	*48	*48	*3	*3	*3	*3	27
*12	*100	25	25	*25	*25	100	*25	*25	100	0	0	*27	*27	*3	*3	12	*3	*3	12	0	0
0	0	*25	25	*25	25	0	*25	25	0	0	*12	*3	3	*3	3	0	*3	3	0	0	0
*1	0	0	0	0	0	0	0	0	0	0	0	0	0	1	1	1	*1	*1	*1	*1	9
16	0	0	0	0	0	0	0	0	0	0	0	36	36	4	4	*16	*64	*64	256	0	0
0	0	0	0	0	0	0	0	0	0	0	16	4	*4	4	*4	0	*64	64	0	0	0
16	0	0	0	0	0	0	0	0	0	0	0	4	4	*4	*4	16	0	0	0	0	0
0	0	0	0	0	0	0	0	0	0	0	16	4	*4	*36	36	0	0	0	0	0	0
0	0	0	0	0	0	0	0	0	0	0	1	*1	1	0	0	0	0	0	0	0	0
*3	*4	*4	*4	4	4	4	4	4	4	*36	0	0	0	0	0	0	0	0	0	0	0
48	*256	64	64	*64	*64	256	256	256	*1024	0	0	0	0	0	0	0	0	0	0	0	0
0	0	*64	64	*64	64	0	256	*256	0	0	0	0	0	0	0	0	0	0	0	0	0
0	*256	64	64	64	64	*256	0	0	0	0	0	0	0	0	0	0	0	0	0	0	0
0	0	*64	64	64	*64	0	0	0	0	0	0	0	0	0	0	0	0	0	0	0	0
*1	0	0	0	0	0	0	0	0	0	0	0	0	0	*4	*4	*4	4	4	4	*36
16	0	0	0	0	0	0	0	0	0	0	0	*144	*144	*16	*16	64	256	256	*1024	0
0	0	0	0	0	0	0	0	0	0	0	*64	*16	16	*16	16	0	256	*256	0	0
16	0	0	0	0	0	0	0	0	0	0	0	*16	*16	16	16	*64	0	0	0	0	0
0	0	0	0	0	0	0	0	0	0	0	*64	*16	16	144	*144	0	0	0	0	0	0
0	0	0	0	0	0	0	0	0	0	0	*4	4	*4	0	0	0	0	0	0	0	0
0	0	0	0	0	0	0	0	0	0	0	0	0	0	0	0	0	0	0	0	0	0
0	0	0	0	0	0	0	0	0	0	0	0	0	0	0	0	0	0	0	0	0	0
*16	0	0	0	0	0	0	0	0	0	0	0	0	0	0	0	0	0	0	0	0	0
0	0	0	0	0	0	0	0	0	0	0	0	0	0	0	0	0	0	0	0	0	0
0	0	0	0	0	0	0	0	0	0	0	0	0	0	0	0	0	0	0	0	0	0

CGC Tables III-19 (19a) — (19j)

```
TABLE III-19  [3]x[111]
```

(19a). aaabcd

	N	aaab cd	aab acd	aac abd	aad abc
aaabcd	4	1	3	0	0
aaacbd	20	*3	1	16	0
aaadbc	30	3	*1	1	25
aaabcd	6	3	*1	1	*1

(19b). abbbcd

	N	abb bcd	bbb acd	abbc abd	bbd abc
abbbcd	4	3	1	0	0
abbcbd	20	*1	3	16	0
abbdbc	30	1	*3	1	25
abbbcd	6	1	*3	1	*1

(19c). abcccd

	N	acc bcd	bcc acd	ccc abd	ccd abc
abcccd	2	1	1	0	0
accc bd	10	*3	3	4	0
accd bc	30	1	*1	3	25
acc bcd	6	1	*1	3	*1

(19d). abcddd

	N	add bcd	bdd acd	cdd abd	ddd abc
abddcd	2	1	1	0	0
acdd bd	6	*1	1	4	0
adddbc	6	1	*1	1	3
add bcd	6	1	*1	1	*3

(19e). aabbcd

	N	aab bcd	abb acd	abc abd	abd abc
aabbcd	2	1	1	0	0
aabcbd	10	*1	1	8	0
aabdbc	30	2	*2	1	25
aab bcd	6	2	*2	1	*1

(19f). aabccd

	N	aac bcd	abc acd	acc abd	acd abc
aabccd	3	1	2	0	0
aaccbd	15	*4	2	9	0
aacdbc	30	2	*1	2	25
aac bcd	6	2	*1	2	*1

(19g). aabcdd

	N	aad bcd	abd acd	acd abd	add abc
aabdcd	3	1	2	0	0
aacd bd	12	*2	1	9	0
aaddbc	12	2	*1	1	8
aad bcd	6	2	*1	1	*2

(19h). abbccd

	N	abc bcd	bbc acd	bcc abd	bcd abc
abbccd	3	2	1	0	0
abccbd	15	*2	4	9	0
abcdbc	30	1	*2	2	25
abc bcd	6	1	*2	2	*1

(19i). abbcdd

	N	bbc acd	abd bcd	bbd acd	bcd abc
abbdcd	3	1	2	0	0
abcd bd	12	2	*1	9	0
abdd bc	12	*2	1	1	8
abd bcd	6	*2	1	1	*2

(19j). abccdd

	N	acd bcd	bcd acd	ccd abd	cdd abc
abcdcd	2	1	1	0	0
accdbd	4	*1	1	2	0
acdd bc	12	1	*1	2	8
acd bcd	6	1	*1	2	*2

(19k).   aabcde

	N	aabcd e	aacb d e	abca d e	aadb c e	abda c e	acda b e	aaeb c d	abea c d	aceа b d	adea b c
aabcd e	4	1	1	2	0	0	0	0	0	0	0
aabdc e	60	*9	1	2	16	32	0	0	0	0	0
aacdb e	15	0	*2	1	*2	1	9	0	0	0	0
aabec d	90	9	*1	*2	1	2	0	25	50	0	0
aaceb d	360	0	32	*16	*2	1	9	*50	25	225	0
aadeb c	24	0	0	0	2	*1	1	2	*1	1	16
aabc d e	18	9	*1	*2	1	2	0	*1	*2	0	0
aacb d e	72	0	32	*16	*2	1	9	2	*1	*9	0
aad*16c e	120	0	0	0	5						
aaeb c d	5	0	0	0	0	0	0	2	*1	1	*1

(19l).   abbcde

	N	abbcd e	abcb d e	bbca d e	abdb c e	bbda c e	bcda b e	abeb c d	bbea c d	bceа b d	bdea b c
abbcd e	4	1	2	1	0	0	0	0	0	0	0
abbdc e	60	*9	2	1	32	16	0	0	0	0	0
abcdb e	15	0	*1	2	*1	2	9	0	0	0	0
abbec d	90	9	*2	*1	2	1	0	50	25	0	0
abceb d	360	0	16	*32	*1	2	9	*25	50	225	0
abdeb c	24	0	0	0	1	*2	1	1	*2	1	16
abbc d e	18	9	*2	*1	2	1	0	*2	*1	0	0
abcb d e	72	0	16	*32	*1	2	9	1	*2	*9	0
abdb c e	120	0	0	0	25	*50	25	*1	2	*1	*16
abeb c d	5	0	0	0	0	0	0	1	*2	1	*1

(19m). abccde

	N	abc cde	acc bde	bcc ade	acd bce	bcd ace	ccd abe	ace bcd	bce acd	cce abd	cde abc
abccde	4	2	1	1	0	0	0	0	0	0	0
abcdce	20	*2	1	1	8	8	0	0	0	0	0
accdbe	10	0	*1	1	*2	2	4	0	0	0	0
abcecd	60	4	*2	*2	1	1	0	25	25	0	0
accebd	120	0	8	*8	*1	1	2	*25	25	50	0
acdebc	24	0	0	0	1	*1	2	1	*1	2	16
abccde	12	4	*2	*2	1	1	0	*1	*1	0	0
accbde	24	0	8	*8	*1	1	2	1	*1	*2	0
acdbce	120	0	0	0	25	*25	50	*1	1	*2	*16
acebcd	5	0	0	0	0	0	0	1	*1	2	*1

(19n). abcdde

	N	abd cde	acd bde	bcd ade	add bce	bdd ace	cdd abe	ade bcd	bde acd	cde abd	dde abc
abcdde	3	1	1	1	0	0	0	0	0	0	0
abddce	30	*8	2	2	9	9	0	0	0	0	0
acddbe	10	0	*2	2	*1	1	4	0	0	0	0
abdecd	60	4	*1	*1	2	2	0	25	25	0	0
acdebd	180	0	9	*9	*2	2	8	*25	25	100	0
addebc	18	0	0	0	1	*1	1	2	*2	2	9
abdcde	12	4	*1	*1	2	2	0	*1	*1	0	0
acdbde	36	0	9	*9	*2	2	8	1	*1	*8	0
addbce	90	0	0	0	25	*25	25	*2	2	*2	*9
adebcd	5	0	0	0	0	0	0	1	*1	1	*2

CGC Table III-19 (19o)

(19o). abcdee

	N	abe cde	ace bde	bce ade	ade bcd	bde ace	cde abe	aee bcd	bee acd	cee abd	dee abc
abcde	3	1	1	1	0	0	0	0	0	0	0
abdce	24	*4	1	1	9	9	0	0	0	0	0
acdbe	8	0	*1	1	*1	1	4	0	0	0	0
abecd	24	4	*1	*1	1	1	0	8	8	0	0
acebd	72	0	9	*9	*1	1	4	*8	8	32	0
adebc	18	0	0	0	2	*2	2	1	*1	1	9
abecde	12	4	*1	*1	1	1	0	*2	*2	0	0
acebde	36	0	9	*9	*1	1	4	2	*2	*8	0
adebce	36	0	0	0	8	*8	8	*1	1	*1	*9
aeebcd	4	0	0	0	0	0	0	1	*1	1	*1

CGC Table III-19 (19p)

(19p).   abcdef

	N	abc def	abd cef	acd bef	bcd aef	abe cdf	ace bdf	bce adf	ade bcf	bde acf	cde abf	abf cde	acf bde	bcf ade	adf bce	bdf ace	cdf abe	aef bcd	bef acd	cef abd	def abc
abcdef	4	1	1	1	1	0	0	0	0	0	0	0	0	0	0	0	0	0	0	0	0
abcdef	60	*9	1	1	1	16	16	16	0	0	0	0	0	0	0	0	0	0	0	0	0
abdecf	30	0	*4	1	1	*4	1	1	9	9	0	0	0	0	0	0	0	0	0	0	0
acdebf	10	0	0	*1	1	0	*1	1	*1	1	4	0	0	0	0	0	0	0	0	0	0
abcfde	90	9	*1	*1	*1	1	1	1	0	0	0	25	25	25	0	0	0	0	0	0	0
abdfce	720	0	64	*16	*16	*4	1	1	9	9	0	*100	25	25	225	225	0	0	0	0	0
acdfbe	240	0	0	16	*16	0	*1	1	*1	1	4	0	*25	25	*25	25	100	0	0	0	0
abefcd	48	0	0	0	0	4	*1	*1	1	1	0	4	*1	*1	1	1	0	16	16	0	0
acefbd	144	0	0	0	0	0	9	*9	*1	1	4	0	9	*9	*1	1	4	*16	16	64	0
adefbc	18	0	0	0	0	0	0	0	1	*1	1	0	0	0	1	*1	1	1	*1	1	9
abcdef	18	9	*1	*1	*1	1	1	1	0	0	0	*1	*1	*1	0	0	0	0	0	0	0
abdcef	144	0	64	*16	*16	*4	1	1	9	9	0	4	*1	*1	*9	*9	0	0	0	0	0
acdbef	48	0	0	16	*16	0	*1	1	*1	1	4	0	1	*1	1	*1	*4	0	0	0	0
abecdf	240	0	0	0	0	100	*25	*25	25	25	0	*4	1	1	*1	*1	0	*16	*16	0	0
acebdf	720	0	0	0	0	0	225	*225	*25	25	100	0	*9	9	1	*1	*4	16	*16	*64	0
adebcf	90	0	0	0	0	0	0	0	25	*25	25	0	0	0	*1	1	*1	*1	1	*1	*9
abfcde	10	0	0	0	0	0	0	0	0	0	0	4	*1	*1	1	1	0	*1	*1	0	0
acfbde	30	0	0	0	0	0	0	0	0	0	0	0	9	*9	*1	1	4	1	*1	*4	0
adfbce	60	0	0	0	0	0	0	0	0	0	0	0	0	0	16	*16	16	*1	1	*1	*9
aefbcd	4	0	0	0	0	0	0	0	0	0	0	0	0	0	0	0	0	1	*1	1	*1

TABLE III-20   [111]x[21]

(20a).   aaabcd

	N	a aa b d c	a aa b c d	a aa c b d
aaa bc d	2	0	1	1
aaa bd c	6	4	1	*1
aaa b c d	3	1	*1	1

(20b).   abbbcd

	N	a bb b d c	a bb b c d	b ab c b d
abb bc d	2	0	1	1
abb bd c	6	4	1	*1
abb b c d	3	1	*1	1

(20c).   abcccd

	N	a cc b d c	a bc c c d	b ac c c d
abc cc d	2	0	1	1
acc bd c	6	4	1	*1
acc b c d	3	1	*1	1

(20d).   abcddd

	N	a cd b d d	a bd c d d	b ad c d d
abd cd d	2	0	1	1
acd bd d	6	4	1	*1
add b c d	3	1	*1	1

(20e).   aabbcc

	N	a ab b c c	a ac b b c
aab bc c	1	1	0
aac bb c	1	0	1

(20f). aabbcd

	N	a b c / a b d	a b b / a d b c	a b c / a b d	a b b / a c d	a b b / a c d	b c d / a a b
a a b b c d	4	0	0	2	0	1	1
a a c b b d	8	0	0	0	6	1	*1
a a b b d c	12	8	0	2	0	*1	*1
a a d b b c	40	0	32	0	2	*3	3
a a b b c d	6	2	0	*2	0	1	1
a a b b c d	10	0	2	0	*2	*3	3

(20g). aabccd

	N	a b c / a c d	a b c / a d c	a b c / a c d	a c c / a b d	a c b / a c d	b c d / a a c
a a b c c d	3	0	0	0	2	0	1
a a c b c d	48	0	0	18	1	27	*2
a a c b d c	24	16	0	2	1	*3	*2
a a d b c c	80	0	64	6	*3	*1	6
a a c b c d	12	4	0	*2	*1	3	2
a a b c c d	20	0	4	*6	3	3	*6

CGC Tables III-20 (20h) — (20k)

(20h). aabcdd

	N	a ad b d c	a ac b d d	a ad b c d	a ab c d d	a ad c b d	b aa c d d
aab cd d	3	0	0	0	2	0	1
aac bd d	12	0	9	0	1	0	*2
aad bc d	2	0	0	1	0	1	0
aad bd c	60	32	1	12	*1	*12	2
aad b c d	12	2	1	*3	*1	3	2
aa bd c d	20	6	*3	*1	3	1	*6

(20i). abbccd

	N	a bc b d c	a bd b c c	a bc b c d	a bb c c d	b ab c c d	b ac c b d
abb cc d	3	0	0	0	1	2	0
abc bc d	48	0	0	18	2	*1	27
abc bd c	24	16	0	2	2	*1	*3
abd bc c	80	0	64	6	*6	3	*1
abc b c d	12	4	0	*2	*2	1	3
ab bc c d	20	0	4	*6	6	*3	1

(20j). abbcdd

	N	a bd b d c	a bc b d d	a bd b c d	a bb c d d	b ab c d d	b ad c b d
abb cd d	3	0	0	0	1	2	0
abc bd d	12	0	9	0	2	*1	0
abd bc d	2	0	0	1	0	0	1
abd bd c	60	32	1	12	*2	1	*12
abd b c d	12	2	1	*3	*2	1	3
ab bd c d	20	6	*3	*1	6	*3	1

(20k). abccdd

	N	a cd b d c	a cc b d d	a bc c d d	a bd c c d	b ac c d d	b ad c c d
abc cd d	2	0	0	1	0	1	0
acc bd d	4	0	2	1	0	*1	0
abd cc d	2	0	0	0	1	0	1
acd bd c	60	32	2	*1	12	1	*12
acd b c d	12	2	2	*1	*3	1	3
ac bd c d	20	6	*6	3	*1	*3	1

CGC Table III-20 (201)

(201).   aabcde   [111]x[21]=[321]+[3111]+[2211]+[21111]

	N	a ad b e c	a ae b d c	a ac b e d	a ae b c d	a ab c e d	a ae c b d	b aa c e d	a ac b d e	a ad b c e	a ab c d e	a ad c b e	b aa c d e	a ab d c e	a ac d b e	b aa d c e	c d e
aab cd e	6	0	0	0	0	0	0	0	0	0	2	0	1	2	0	1	0
aac bd e	96	0	0	0	0	0	0	0	36	0	4	0	*8	*1	27	2	18
aad bc e	32	0	0	0	0	0	0	0	0	12	0	12	0	1	3	*2	*2
aab ce d	18	0	0	0	0	8	0	4	0	0	2	0	1	*2	0	*1	0
aac be d	288	0	0	144	0	16	0	*32	36	0	4	0	*8	1	*27	*2	*18
aad be c	480	256	0	16	0	*16	0	32	*4	48	4	*48	*8	9	*3	*18	18
aae bc d	160	0	0	0	64	0	64	0	0	4	0	4	0	*3	*9	6	6
aae bd c	480	0	256	0	64	0	*64	0	12	16	*12	*16	24	*3	1	6	*6
aab c d e	9	0	0	0	0	2	0	1	0	0	*2	0	*1	2	0	1	0
aac b d e	144	0	0	36	0	4	0	*8	*36	0	*4	0	8	*1	27	2	18
aad b c e	240	64	0	4	0	*4	0	8	4	*48	*4	48	8	*9	3	18	*18
aae b c d	120	*3	25	3	*25	*3	25	6	3	*6	*3	1	6	3	*1	*6	6
aa bc d e	40	0	0	0	4	0	4	0	0	*4	0	*4	0	3	9	*6	*6
aa bd c e	120	0	16	0	4	0	*4	0	*12	*16	12	16	*24	3	*1	*6	6
aa be c d	240	27	25	*27	*25	27	25	*54	*3	1	3	*1	*6	*3	1	6	*6
aa b c d e	48	3	*1	*3	1	3	*1	*6	3	*1	*3	1	6	3	*1	*6	6

CGC Table III-20 (20m)

(20m).   abbcde

	N	a bd b e c	a be b d c	a bc b e d	a be b c d	a bb c e d	b ab c e d	b ae c b d	a bc b d e	a bd b c e	a bb c d e	b ab c d e	b ad c b e	a bb d c e	b ab d c e	b ac d b e	c ab d b e
a bb c d e	6	0	0	0	0	0	0	0	0	0	1	2	0	1	2	0	0
a bc b d e	96	0	0	0	0	0	0	0	36	0	8	*4	0	*2	1	27	18
a bd b c e	32	0	0	0	0	0	0	0	0	12	0	0	12	2	*1	3	*2
a bb c e d	18	0	0	0	0	4	8	0	0	0	1	2	0	*1	*2	0	0
a bc b e d	288	0	0	144	0	32	*16	0	36	0	8	*4	0	2	*1	*27	*18
a bd b e c	480	256	0	16	0	*32	16	0	*4	48	8	*4	*48	18	*9	*3	18
a be b c d	160	0	0	0	64	0	0	64	0	4	0	0	4	*6	3	*9	6
a be b d c	480	0	256	0	64	0	0	*64	12	16	*24	12	*16	*6	3	1	*6
a bb c d e	9	0	0	0	0	1	2	0	0	0	*1	*2	0	1	2	0	0
a bc b d e	144	0	0	36	0	8	*4	0	*36	0	*8	4	0	*2	1	27	18
a bd b c e	240	64	0	4	0	*8	4	0	4	*48	*8	4	48	*18	9	3	*18
a be b c d	120	*3	25	3	*25	*6	3	25	3	*1	*6	3	1	6	*3	*1	6
a b bc d e	40	0	0	0	4	0	0	4	0	*4	0	0	*4	6	*3	9	*6
a b bd c e	120	0	16	0	4	0	0	*4	*12	*16	24	*12	16	6	*3	*1	6
a b be c d	240	27	25	*27	*25	54	*27	25	*3	1	6	*3	*1	*6	3	1	*6
a b b c d e	48	3	*1	*3	1	6	*3	*1	3	*1	*6	3	1	6	*3	*1	6

CGC Table III-20 (20n)

(20n). abccde

	N	acd be c	ace bd c	acc be d	abc ce d	abe cc d	bac ce d	bae cc d	acc bd e	abc cd e	abd cc e	bac cd e	bad cc e	abc dc e	bac dc e	cab dc e	cac db e
abc cd e	8	0	0	0	0	0	0	0	0	2	0	2	0	1	1	2	0
acc bd e	16	0	0	0	0	0	0	0	4	2	0	*2	0	*1	1	0	6
abd cc e	16	0	0	0	0	0	0	0	0	0	6	0	6	1	1	*2	0
abc ce d	24	0	0	0	8	0	8	0	0	2	0	2	0	*1	*1	*2	0
acc be d	48	0	0	16	8	0	*8	0	4	2	0	*2	0	1	*1	0	*6
acd be c	240	128	0	16	*8	0	8	0	*4	2	24	*2	*24	9	*9	0	6
abe cc d	80	0	0	0	0	32	0	32	0	0	2	0	2	*3	*3	6	0
ace bd c	240	0	128	0	0	32	0	*32	12	*6	8	6	*8	*3	3	0	*2
abc c d e	12	0	0	0	2	0	2	0	0	*2	0	*2	0	1	1	2	0
acc b d e	24	0	0	4	2	0	*2	0	*4	*2	0	2	0	*1	1	0	6
acd b c e	120	32	0	4	*2	0	2	0	4	*2	*24	2	24	*9	9	0	*6
ace b c d	120	*3	25	6	*3	*25	3	25	6	*3	*1	3	1	6	*6	0	4
ab cc d e	20	0	0	0	0	2	0	2	0	0	*2	0	*2	3	3	*6	0
ac bd c e	60	0	8	0	0	2	0	*2	*12	6	*8	*6	8	3	*3	0	2
ac be c d	240	27	25	*54	27	*25	*27	25	*6	3	1	*3	*1	*6	6	0	*4
ac b c d e	48	3	*1	*6	3	1	*3	*1	6	*3	*1	3	1	6	*6	0	4

CGC Table III-20 (20o)

(20o). abcdde

	N	add be c	acd be d	ace bd d	abd ce d	abe cd d	bad ce d	bae cd d	acd bd e	abd cd e	bad cd e	abc dd e	abd dc e	bac dd e	bad dc e	cab dd e	cad db e
abc dd e	3	0	0	0	0	0	0	0	0	0	0	1	0	1	0	1	0
abd cd e	96	0	0	0	0	0	0	0	0	18	18	1	27	1	27	*4	0
acd bd e	32	0	0	0	0	0	0	0	8	2	*2	1	*3	*1	3	0	12
abd ce d	48	0	0	0	16	0	16	0	0	2	2	1	*3	1	*3	*4	0
acd be d	144	0	64	0	16	0	*16	0	8	2	*2	9	3	*9	*3	0	*12
add be c	45	18	4	0	*4	0	4	0	*2	2	*2	0	3	0	*3	0	3
abe cd d	160	0	0	0	0	64	0	64	0	6	6	*3	*1	*3	*1	12	0
ace bd d	480	0	0	256	0	64	0	*64	24	6	*6	*27	1	27	*1	0	*4
abd c d e	24	0	0	0	4	0	4	0	0	*2	*2	*1	3	*1	3	4	0
acd b d e	72	0	16	0	4	0	*4	0	*8	*2	2	*9	*3	9	3	0	12
add b c e	45	9	2	0	*2	0	2	0	4	*4	4	0	*6	0	6	0	*6
ade b c d	120	*6	3	25	*3	*25	3	25	6	*6	6	0	4	0	*4	0	4
ab cd d e	40	0	0	0	0	4	0	4	0	*6	*6	3	1	3	1	*12	0
ac bd d e	120	0	0	16	0	4	0	*4	*24	*6	6	27	*1	*27	1	0	4
ad be c d	240	54	*27	25	27	*25	*27	25	*6	6	*6	0	*4	0	4	0	*4
ad b c d e	48	6	*3	*1	3	1	*3	*1	6	*6	6	0	4	0	*4	0	4

CGC Table III-20 (20p)

(20p).   abcdee

	N	adebc	acebd	abecd	baecd	acdbe	acebd	abdce	abecd	badce	baecd	abcde	abedc	bacde	baedc	cabde	caedb
abcdee	3	0	0	0	0	0	0	0	0	0	0	1	0	1	0	1	0
abdcee	24	0	0	0	0	0	0	9	0	9	0	1	0	1	0	*4	0
acdbee	8	0	0	0	0	4	0	1	0	*1	0	1	0	*1	0	0	0
abecde	4	0	0	0	0	0	0	0	1	0	1	0	1	0	1	0	0
acebde	12	0	0	0	0	0	4	0	1	0	*1	0	*1	0	1	0	4
abeced	120	0	0	32	32	0	0	1	12	1	12	*1	*12	*1	*12	4	0
acebed	360	0	128	32	*32	4	48	1	12	*1	*12	*9	12	9	*12	0	*48
adebec	45	18	2	*2	2	1	*3	*1	3	1	*3	0	3	0	*3	0	3
abecde	24	0	0	2	2	0	0	1	*3	1	*3	*1	3	*1	3	4	0
acebde	72	0	8	2	*2	4	*12	1	*3	*1	3	*9	*3	9	3	0	12
adebce	72	9	1	*1	1	8	6	*8	*6	8	6	0	*6	0	6	0	*6
aeebcd	24	*3	3	*3	3	0	2	0	*2	0	2	0	2	0	*2	0	2
abcede	40	0	0	6	6	0	0	*3	*1	*3	*1	3	1	3	1	*12	0
acbede	120	0	24	6	*6	*12	*4	*3	*1	3	1	27	*1	*27	1	0	4
adbece	120	27	3	*6	3	*24	2	24	*2	*24	2	0	*2	0	2	0	*2
aebcde	24	3	*3	3	*3	0	2	0	*2	0	2	0	2	0	*2	0	2

TABLE III-21 $[111] \times [111]$

(21a). aabbcd

	N	a a b b c d	a a b b d c
aa bb cd	2	1	1
aa bb c d	2	1	*1

(21b). aabccd

	N	a a b c c d	a a c b d c
aa bc cd	2	1	1
aa bc c d	2	1	*1

(21c). aabcdd

	N	a a b c d d	a a c b d d
aa bc dd	2	1	1
aa bd c d	2	1	*1

(21d). abbccd

	N	a b b c c d	b a c b d c
ab bc cd	2	1	1
ab bc c d	2	1	*1

(21e). abbcdd

	N	a b b c d d	b a c b d d
ab bc dd	2	1	1
ab bd c d	2	1	*1

(21f). abccdd

	N	a b c c d d	b a c c d d
ab cc dd	2	1	1
ac bd c d	2	1	*1

(21g). aabcde

	N	a a b d c e	a a b c d e	a a c b d e	a a b c e d	a a c b e d	a a d b e c
aa bc de	4	0	1	1	1	1	0
aa bd ce	12	4	1	*1	*1	1	4
aa bc d e	4	0	1	1	*1	*1	0
aa bd c e	12	4	1	*1	1	*1	*4
aa be c d	6	*1	1	*1	1	*1	1
aa b c d e	6	1	*1	1	1	*1	1

(21h). abbcde

	N	a b b d c e	a b b c d e	b a c b d e	a b b c e d	b a c b e d	b a d b e c
ab bc de	4	0	1	1	1	1	0
ab bd ce	12	4	1	*1	*1	1	4
ab bc d e	4	0	1	1	*1	*1	0
ab bd c e	12	4	1	*1	1	*1	*4
ab be c d	6	*1	1	*1	1	*1	1
ab b c d e	6	1	*1	1	1	*1	1

(21i). abccde

	N	a c b d c e	a b c c d e	b a c c d e	a b c c e d	b a c c e d	c a d b e c
ab cc de	4	0	1	1	1	1	0
ac bd ce	12	4	1	*1	*1	1	4
ab cc d e	4	0	1	1	*1	*1	0
ac bd c e	12	4	1	*1	1	*1	*4
ac be c d	6	*1	1	*1	1	*1	1
ac b c d e	6	1	*1	1	1	*1	1

(21j). abcdde

	N	a c b d d e	a b c d d e	b a c d d e	a b d c e d	b a d c e d	c a d b e d
ab cd de	4	0	1	1	1	1	0
ac bd de	12	4	1	*1	*1	1	4
ab cd d e	4	0	1	1	*1	*1	0
ac bd d e	12	4	1	*1	1	*1	*4
ad be c d	6	*1	1	*1	1	*1	1
ad b c d e	6	1	*1	1	1	*1	1

(21k). abcdee

	N	a c b d e e	a b c d e e	b a c d e e	a b d c e e	b a d c e e	c a d b e e
ab cd ee	4	0	1	1	1	1	0
ac bd ee	12	4	1	*1	*1	1	4
ab ce d e	4	0	1	1	*1	*1	0
ac be d e	12	4	1	*1	1	*1	*4
ad be c e	6	*1	1	*1	1	*1	1
ae b c d e	6	1	*1	1	1	*1	1

2. Tables of the SU(n) Racah Coefficients for $(f_1 f_2 f f_3 ; f_{12} f_{23})$

I-1	(1131; 22)
II-1	(1142; 23)
II-2	(1241; 33)
III-1	(1153; 24)
III-2	(1252; 34)
III-3	(1351; 44)
III-4	(2152; 33)
IV-1	(1164; 25)
IV-2	(1263; 35)
IV-3	(1362; 45)
IV-4	(1461; 55)
IV-5	(2163; 34)
IV-6	(2262; 44)
V-1	(1175; 26)
V-2	(1274; 36)
V-3	(1373; 46)
V-4	(1472; 56)
V-5	(1571; 66)
V-6	(2174; 35)
V-7	(2273; 45)
V-8	(2372; 55)
V-9	(3173; 44)

RAC Tables I-1a — III-2f

I-1a v=(3, 2) v1=(1,1) v12=(2,2)

	(1,1)
	(1,1)
(2,1)	3/4
(2,2)	-1/4

II-1a v=(4, 2) v1=(1,1) v12=(2,1)

	(1,1)	(1,1)
	(2,1)	(2,2)
(3,1)	1/3	0
(3,2)	2/3	1

II-1b v=(4, 2) v1=(1,1) v12=(2,2)

	(1,1)
	(2,1)
(3,1)	2/3
(3,2)	-1/3

II-1c v=(4,3) v1=(1,1) v12=(2,1)

	(1,1)
	(2,1)
(3,2)	1

II-1d v=(4, 3) v1=(1,1) v12=(2,2)

	(1,1)
	(2,2)
(3,2)	1

II-1e v=(4, 4) v1=(1,1) v12=(2,1)

	(1,1)
	(2,2)
(3,2)	1/3
(3,3)	2/3

II-1f v=(4, 4) v1=(1,1) v12=(2,2)

	(1,1)	(1,1)
	(2,1)	(2,2)
(3,2)	1	2/3
(3,3)	0	-1/3

II-2a v=(4,2) v1=(1,1) v12=(3,1)

	(2,1)
	(1,1)
(3,1)	1/9
(3,2)	8/9

II-2b v=(4, 2) v1=(1,1) v12=(3,2)

	(2,1)	(2,2)
	(1,1)	(1,1)
(3,1)	8/9	0
(3,2)	-1/9	1

II-2c v=(4, 3) v1=(1,1) v12=(3,2)

	(2,1)	(2,2)
	(1,1)	(1,1)
(3,2)	1	1

II-2d v=(4, 4) v1=(1,1) v12=(3,2)

	(2,1)	(2,2)
	(1,1)	(1,1)
(3,2)	1	-1/9
(3,3)	0	8/9

II-2e v=(4, 4) v1=(1,1) v12=(3,3)

	(2,2)
	(1,1)
(3,2)	8/9
(3,3)	1/9

III-1a v=(5, 2) v1=(1,1) v12=(2,1)

	(1,1)	(1,1)
	(3,1)	(3,2)
(4,1)	3/8	0
(4,2)	5/8	1

III-1b v=(5, 2) v1=(1,1) v12=(2,2)

	(1,1)
	(3,1)
(4,1)	5/8
(4,2)	-3/8

III-1c v=(5, 3) v1=(1,1) v12=(2,1)

	(1,1)	(1,1)
	(3,1)	(3,2)
(4,2)	1	1/4
(4,3)	0	3/4

III-1d v=(5, 3) v1=(1,1) v12=(2,2)

	(1,1)
	(3,2)
(4,2)	3/4
(4,3)	-1/4

III-1e v=(5, 4) v1=(1,1) v12=(2,1)

	(1,1)	(1,1)
	(3,2)	(3,3)
(4,2)	3/8	0
(4,4)	5/8	1

III-1f v=(5, 4) v1=(1,1) v12=(2,2)

	(1,1)	(1,1)
	(3,1)	(3,2)
(4,2)	1	5/8
(4,4)	0	-3/8

III-1g v=(5, 5) v1=(1,1) v12=(2,1)

	(1,1)
	(3,2)
(4,3)	1/4
(4,4)	3/4

III-1h v=(5, 5) v1=(1,1) v12=(2,2)

	(1,1)	(1,1)
	(3,2)	(3,3)
(4,3)	3/4	0
(4,4)	-1/4	1

III-1i v=(5, 6) v1=(1,1) v12=(2,1)

	(1,1)
	(3,3)
(4,4)	3/8
(4,5)	5/8

III-1j v=(5, 6) v1=(1,1) v12=(2,2)

	(1,1)	(1,1)
	(3,2)	(3,3)
(4,4)	1	5/8
(4,5)	0	-3/8

III-2a v=(5, 2) v1=(1,1) v12=(3,1)

	(2,1)	(2,1)
	(2,1)	(2,2)
(4,1)	1/6	0
(4,2)	5/6	1

III-2b v=(5, 2) v1=(1,1) v12=(3,2)

	(2,1)	(2,2)
	(2,1)	(2,1)
(4,1)	5/6	0
(4,2)	-1/6	1

III-2c v=(5, 3) v1=(1,1) v12=(3,1)

	(2,1)
	(2,1)
(4,2)	1/3
(4,3)	2/3

III-2d v=(5, 3) v1=(1,1) v12=(3,2)

	(2,1)	(2,1)	(2,2)	(2,2)
	(2,1)	(2,2)	(2,1)	(2,2)
(4,2)	2/3	1	1	0
(4,3)	-1/3	0	0	1

III-2e v=(5, 4) v1=(1,1) v12=(3,1)

	(2,1)
	(2,2)
(4,2)	1/6
(4,4)	5/6

III-2f v=(5, 4) v1=(1,1) v12=(3,2)

	(2,1)	(2,1)	(2,2)	(2,2)
	(2,1)	(2,2)	(2,1)	(2,2)
(4,2)	1	5/6	-1/6	0
(4,4)	0	-1/6	5/6	1

RAC Tables III-2g — III-4m

III-2g v=(5, 4) v1=(1,1) v12=(3,3)

	(2,2)
	(2,1)
(4,2)	5/ 6
(4,4)	1/ 6

III-2h v=(5, 5) v1=(1,1) v12=(3,2)

	(2,1)	(2,1)	(2,2)	(2,2)
	(2,1)	(2,2)	(2,1)	(2,2)
(4,3)	1	0	0	1/ 3
(4,4)	0	1	1	2/ 3

III-2i v=(5, 5) v1=(1,1) v12=(3,3)

	(2,2)
	(2,2)
(4,3)	2/ 3
(4,4)	-1/ 3

III-2j v=(5, 6) v1=(1,1) v12=(3,2)

	(2,1)	(2,2)
	(2,2)	(2,2)
(4,4)	1	-1/ 6
(4,5)	0	5/ 6

III-2k v=(5, 6) v1=(1,1) v12=(3,3)

	(2,2)	(2,2)
	(2,1)	(2,2)
(4,4)	1	5/ 6
(4,5)	0	1/ 6

III-3a v=(5, 2) v1=(1,1) v12=(4,1)

	(3,1)
	(1,1)
(4,1)	1/16
(4,2)	15/16

III-3b v=(5, 2) v1=(1,1) v12=(4,2)

	(3,1)	(3,2)
	(1,1)	(1,1)
(4,1)	15/16	0
(4,2)	-1/16	1

III-3c v=(5, 3) v1=(1,1) v12=(4,2)

	(3,1)	(3,2)
	(1,1)	(1,1)
(4,2)	1	1/ 4
(4,3)	0	3/ 4

III-3d v=(5, 3) v1=(1,1) v12=(4,3)

	(3,2)
	(1,1)
(4,2)	3/ 4
(4,3)	-1/ 4

III-3e v=(5, 4) v1=(1,1) v12=(4,2)

	(3,1)	(3,2)
	(1,1)	(1,1)
(4,2)	1	-1/16
(4,4)	0	15/16

III-3f v=(5, 4) v1=(1,1) v12=(4,4)

	(3,2)	(3,3)
	(1,1)	(1,1)
(4,2)	15/16	0
(4,4)	1/16	1

III-3g v=(5, 5) v1=(1,1) v12=(4,3)

	(3,2)
	(1,1)
(4,3)	1/ 4
(4,4)	3/ 4

III-3h v=(5, 5) v1=(1,1) v12=(4,4)

	(3,2)	(3,3)
	(1,1)	(1,1)
(4,3)	3/ 4	0
(4,4)	-1/ 4	1

III-3i v=(5, 6) v1=(1,1) v12=(4,4)

	(3,2)	(3,3)
	(1,1)	(1,1)
(4,4)	1	1/16
(4,5)	0	15/16

III-3j v=(5, 6) v1=(1,1) v12=(4,5)

	(3,3)
	(1,1)
(4,4)	15/16
(4,5)	-1/16

III-4a v=(5, 2) v1=(2,1) v12=(3,1)

	(1,1)	(1,1)
	(2,1)	(2,2)
(3,1)	4/ 9	0
(3,2)	5/ 9	1

III-4b v=(5, 2) v1=(2,1) v12=(3,2)

	(1,1)
	(2,1)
(3,1)	5/ 9
(3,2)	-4/ 9

III-4c v=(5, 2) v1=(2,2) v12=(3,2)

	(1,1)
	(2,1)
(3,1)	1

III-4d v=(5, 3) v1=(2,1) v12=(3,1)

	(1,1)
	(2,1)
(3,1)	1/ 9
(3,2)	8/ 9

III-4e v=(5, 3) v1=(2,1) v12=(3,2)

	(1,1)	(1,1)
	(2,1)	(2,2)
(3,1)	8/ 9	0
(3,2)	-1/ 9	1

III-4f v=(5, 3) v1=(2,2) v12=(3,2)

	(1,1)	(1,1)
	(2,1)	(2,2)
(3,2)	1	1

III-4g v=(5, 4) v1=(2,1) v12=(3,1)

	(1,1)
	(2,2)
(3,2)	4/ 9
(3,3)	5/ 9

III-4h v=(5, 4) v1=(2,1) v12=(3,2)

	(1,1)	(1,1)
	(2,1)	(2,2)
(3,2)	1	5/ 9
(3,3)	0	-4/ 9

III-4i v=(5, 4) v1=(2,2) v12=(3,2)

	(1,1)	(1,1)
	(2,1)	(2,2)
(3,1)	4/ 9	0
(3,2)	5/ 9	1

III-4j v=(5, 4) v1=(2,2) v12=(3,3)

	(1,1)
	(2,1)
(3,1)	5/ 9
(3,2)	-4/ 9

III-4k v=(5, 5) v1=(2,1) v12=(3,2)

	(1,1)	(1,1)
	(2,1)	(2,2)
(3,2)	1	1

III-4l v=(5, 5) v1=(2,2) v12=(3,2)

	(1,1)	(1,1)
	(2,1)	(2,2)
(3,2)	1	-1/ 9
(3,3)	0	8/ 9

III-4m v=(5, 5) v1=(2,2) v12=(3,3)

	(1,1)
	(2,2)
(3,2)	8/ 9
(3,3)	1/ 9

RAC Tables III-4n — IV-2h

III-4n v=(5, 6) v1=(2,1) v12=(3,2)

	(1,1)
	(2,2)
(3,3)	1

III-4o v=(5, 6) v1=(2,2) v12=(3,2)

	(1,1)
	(2,2)
(3,2)	4/9
(3,3)	5/9

III-4p v=(5, 6) v1=(2,2) v12=(3,3)

	(1,1)	(1,1)
	(2,1)	(2,2)
(3,2)	1	5/9
(3,3)	0	-4/9

IV-1a v=(6, 2) v1=(1,1) v12=(2,1)

	(1,1)	(1,1)
	(4,1)	(4,2)
(5,1)	2/5	0
(5,2)	3/5	1

IV-1b v=(6, 2) v1=(1,1) v12=(2,2)

	(1,1)
	(4,1)
(5,1)	3/5
(5,2)	-2/5

IV-1c v=(6, 3) v1=(1,1) v12=(2,1)

	(1,1)	(1,1)	(1,1)
	(4,1)	(4,2)	(4,3)
(5,2)	1	1/3	0
(5,3)	0	2/3	1

IV-1d v=(6, 3) v1=(1,1) v12=(2,2)

	(1,1)
	(4,2)
(5,2)	2/3
(5,3)	-1/3

IV-1e v=(6, 4) v1=(1,1) v12=(2,1)

	(1,1)	(1,1)
	(4,2)	(4,4)
(5,2)	2/5	0
(5,4)	3/5	1

IV-1f v=(6, 4) v1=(1,1) v12=(2,2)

	(1,1)	(1,1)
	(4,1)	(4,2)
(5,2)	1	3/5
(5,4)	0	-2/5

IV-1g v=(6, 5) v1=(1,1) v12=(2,1)

	(1,1)
	(4,2)
(5,3)	1

IV-1h v=(6, 5) v1=(1,1) v12=(2,2)

	(1,1)
	(4,3)
(5,3)	1

IV-1i v=(6, 6) v1=(1,1) v12=(2,1)

	(1,1)	(1,1)	(1,1)
	(4,2)	(4,3)	(4,4)
(5,3)	1/4	3/8	0
(5,4)	3/4	0	1/4
(5,5)	0	5/8	3/4

IV-1j v=(6, 6) v1=(1,1) v12=(2,2)

	(1,1)	(1,1)	(1,1)
	(4,2)	(4,3)	(4,4)
(5,3)	3/4	5/8	0
(5,4)	-1/4	0	3/4
(5,5)	0	-3/8	-1/4

IV-1k v=(6, 7) v1=(1,1) v12=(2,1)

	(1,1)	(1,1)
	(4,4)	(4,5)
(5,4)	2/5	0
(5,6)	3/5	1

IV-1l v=(6, 7) v1=(1,1) v12=(2,2)

	(1,1)	(1,1)
	(4,2)	(4,4)
(5,4)	1	3/5
(5,6)	0	-2/5

IV-1m v=(6, 8) v1=(1,1) v12=(2,1)

	(1,1)
	(4,3)
(5,5)	1

IV-1n v=(6, 8) v1=(1,1) v12=(2,2)

	(1,1)
	(4,4)
(5,5)	1

IV-1o v=(6, 9) v1=(1,1) v12=(2,1)

	(1,1)
	(4,4)
(5,5)	1/3
(5,6)	2/3

IV-1p v=(6, 9) v1=(1,1) v12=(2,2)

	(1,1)	(1,1)	(1,1)
	(4,3)	(4,4)	(4,5)
(5,5)	1	2/3	0
(5,6)	0	-1/3	1

IV-1q v=(6,10) v1=(1,1) v12=(2,2)

	(1,1)	(1,1)
	(4,4)	(4,5)
(5,6)	1	3/5
(5,7)	0	-2/5

IV-2a v=(6, 2) v1=(1,1) v12=(3,1)

	(2,1)	(2,1)
	(3,1)	(3,2)
(5,1)	1/5	0
(5,2)	4/5	1

IV-2b v=(6, 2) v1=(1,1) v12=(3,2)

	(2,1)	(2,2)
	(3,1)	(3,1)
(5,1)	4/5	0
(5,2)	-1/5	1

IV-2c v=(6, 3) v1=(1,1) v12=(3,1)

	(2,1)	(2,1)
	(3,1)	(3,2)
(5,2)	4/9	1/9
(5,3)	5/9	8/9

IV-2d v=(6, 3) v1=(1,1) v12=(3,2)

	(2,1)	(2,1)	(2,2)	(2,2)
	(3,1)	(3,2)	(3,1)	(3,2)
(5,2)	5/9	8/9	1	0
(5,3)	-4/9	-1/9	0	1

IV-2e v=(6, 4) v1=(1,1) v12=(3,1)

	(2,1)	(2,1)
	(3,2)	(3,3)
(5,2)	1/5	0
(5,4)	4/5	1

IV-2f v=(6, 4) v1=(1,1) v12=(3,2)

	(2,1)	(2,1)	(2,2)	(2,2)
	(3,1)	(3,2)	(3,1)	(3,2)
(5,2)	1	4/5	-1/5	0
(5,4)	0	-1/5	4/5	1

IV-2g v=(6, 4) v1=(1,1) v12=(3,3)

	(2,2)
	(3,1)
(5,2)	4/5
(5,4)	1/5

IV-2h v=(6, 5) v1=(1,1) v12=(3,1)

	(2,1)
	(3,1)
(5,3)	1

RAC Tables IV-2i — IV-3n

IV-2i v=(6, 5) v1=(1,1) v12=(3,2)

| | (2,1) | (2,2) |
	(3,2)	(3,2)
(5,3)	1	1

IV-2j v=(6, 6) v1=(1,1) v12=(3,1)

| | (2,1) |
	(3,2)
(5,3)	1/ 8
(5,4)	1/ 4
(5,5)	5/ 8

IV-2k v=(6, 6) v1=(1,1) v12=(3,2)

| | (2,1) | (2,1) | (2,1) | (2,1) | (2,2) | (2,2) | (2,2) | (2,2) |
| | (3,1) | (3,2) | (3,2) | (3,3) | (3,1) | (3,2) | (3,2) | (3,3) |
t:	1	1	2	1	1	1	2	1
(5,3)	1	9/16	-5/16	0	0	1/16	5/16	0
(5,4)	0	1/ 8	5/ 8	1	1	5/ 8	1/ 8	0
(5,5)	0	-5/16	-1/16	0	0	5/16	-9/16	1

IV-2l v=(6, 6) v1=(1,1) v12=(3,3)

| | (2,2) |
	(3,2)
(5,3)	5/ 8
(5,4)	-1/ 4
(5,5)	1/ 8

IV-2m v=(6, 7) v1=(1,1) v12=(3,1)

| | (2,1) |
	(3,3)
(5,4)	1/ 5
(5,6)	4/ 5

IV-2n v=(6, 7) v1=(1,1) v12=(3,2)

| | (2,1) | (2,1) | (2,2) | (2,2) |
	(3,2)	(3,3)	(3,2)	(3,3)
(5,4)	1	4/ 5	-1/ 5	0
(5,6)	0	-1/ 5	4/ 5	1

IV-2o v=(6, 7) v1=(1,1) v12=(3,3)

| | (2,2) | (2,2) |
	(3,1)	(3,2)
(5,4)	1	4/ 5
(5,6)	0	1/ 5

IV-2p v=(6, 8) v1=(1,1) v12=(3,2)

| | (2,1) | (2,2) |
	(3,2)	(3,2)
(5,5)	1	1

IV-2q v=(6, 8) v1=(1,1) v12=(3,3)

| | (2,2) |
	(3,3)
(5,5)	1

IV-2r v=(6, 9) v1=(1,1) v12=(3,2)

| | (2,1) | (2,1) | (2,2) | (2,2) |
	(3,2)	(3,3)	(3,2)	(3,3)
(5,5)	1	0	-1/ 9	4/ 9
(5,6)	0	1	8/ 9	5/ 9

IV-2s v=(6, 9) v1=(1,1) v12=(3,3)

| | (2,2) | (2,2) |
	(3,2)	(3,3)
(5,5)	8/ 9	5/ 9
(5,6)	1/ 9	-4/ 9

IV-2t v=(6,10) v1=(1,1) v12=(3,2)

| | (2,1) | (2,2) |
	(3,3)	(3,3)
(5,6)	1	-1/ 5
(5,7)	0	4/ 5

IV-2u v=(6,10) v1=(1,1) v12=(3,3)

| | (2,2) | (2,2) |
	(3,2)	(3,3)
(5,6)	1	4/ 5
(5,7)	0	1/ 5

IV-3a v=(6, 2) v1=(1,1) v12=(4,1)

| | (3,1) | (3,1) |
	(2,1)	(2,2)
(5,1)	1/10	0
(5,2)	9/10	1

IV-3b v=(6, 2) v1=(1,1) v12=(4,2)

| | (3,1) | (3,2) |
	(2,1)	(2,1)
(5,1)	9/10	0
(5,2)	-1/10	1

IV-3c v=(6, 3) v1=(1,1) v12=(4,1)

| | (3,1) |
	(2,1)
(5,2)	1/ 6
(5,3)	5/ 6

IV-3d v=(6, 3) v1=(1,1) v12=(4,2)

| | (3,1) | (3,1) | (3,2) | (3,2) |
	(2,1)	(2,2)	(2,1)	(2,2)
(5,2)	5/ 6	1	1/ 3	0
(5,3)	-1/ 6	0	2/ 3	1

IV-3e v=(6, 3) v1=(1,1) v12=(4,3)

| | (3,2) |
	(2,1)
(5,2)	2/ 3
(5,3)	-1/ 3

IV-3f v=(6, 4) v1=(1,1) v12=(4,1)

| | (3,1) |
	(2,2)
(5,2)	1/10
(5,4)	9/10

IV-3g v=(6, 4) v1=(1,1) v12=(4,2)

| | (3,1) | (3,1) | (3,2) | (3,2) |
	(2,1)	(2,2)	(2,1)	(2,2)
(5,2)	1	9/10	-1/10	0
(5,4)	0	-1/10	9/10	1

IV-3h v=(6, 4) v1=(1,1) v12=(4,4)

| | (3,2) | (3,3) |
	(2,1)	(2,1)
(5,2)	9/10	0
(5,4)	1/10	1

IV-3i v=(6, 5) v1=(1,1) v12=(4,2)

| | (3,1) | (3,2) |
	(2,1)	(2,1)
(5,3)	1	1

IV-3j v=(6, 5) v1=(1,1) v12=(4,3)

| | (3,2) |
	(2,2)
(5,3)	1

IV-3k v=(6, 6) v1=(1,1) v12=(4,2)

| | (3,1) | (3,1) | (3,2) | (3,2) |
	(2,1)	(2,2)	(2,1)	(2,2)
(5,3)	1	0	-1/64	9/64
(5,4)	0	1	9/32	5/32
(5,5)	0	0	45/64	45/64

IV-3l v=(6, 6) v1=(1,1) v12=(4,3)

| | (3,2) | (3,2) |
	(2,1)	(2,2)
(5,3)	9/32	5/32
(5,4)	9/16	9/16
(5,5)	-5/32	-9/32

IV-3m v=(6, 6) v1=(1,1) v12=(4,4)

| | (3,2) | (3,2) | (3,3) | (3,3) |
	(2,1)	(2,2)	(2,1)	(2,2)
(5,3)	45/64	45/64	0	0
(5,4)	-5/32	-9/32	1	0
(5,5)	9/64	-1/64	0	1

IV-3n v=(6, 7) v1=(1,1) v12=(4,2)

| | (3,1) | (3,2) |
	(2,2)	(2,2)
(5,4)	1	-1/10
(5,6)	0	9/10

RAC Tables IV-3o — IV-5d

IV-3o v=(6, 7) v1=(1,1) v12=(4,4)

	(3,2)	(3,2)	(3,3)	(3,3)
	(2,1)	(2,2)	(2,1)	(2,2)
(5,4)	1	9/10	1/10	0
(5,6)	0	1/10	9/10	1

IV-3p v=(6, 7) v1=(1,1) v12=(4,5)

	(3,3)
	(2,1)
(5,4)	9/10
(5,6)	-1/10

IV-3q v=(6, 9) v1=(1,1) v12=(4,3)

	(3,2)
	(2,2)
(5,5)	1/3
(5,6)	2/3

IV-3r v=(6, 9) v1=(1,1) v12=(4,4)

	(3,2)	(3,2)	(3,3)	(3,3)
	(2,1)	(2,2)	(2,1)	(2,2)
(5,5)	1	2/3	0	-1/6
(5,6)	0	-1/3	1	5/6

IV-3s v=(6, 9) v1=(1,1) v12=(4,5)

	(3,3)
	(2,2)
(5,5)	5/6
(5,6)	1/6

IV-3t v=(6,10) v1=(1,1) v12=(4,4)

	(3,2)	(3,3)
	(2,2)	(2,2)
(5,6)	1	1/10
(5,7)	0	9/10

IV-3u v=(6,10) v1=(1,1) v12=(4,5)

	(3,3)	(3,3)
	(2,1)	(2,2)
(5,6)	1	9/10
(5,7)	0	-1/10

IV-4a v=(6, 2) v1=(1,1) v12=(5,1)

	(4,1)
	(1,1)
(5,1)	1/25
(5,2)	24/25

IV-4b v=(6, 2) v1=(1,1) v12=(5,2)

	(4,1)	(4,2)
	(1,1)	(1,1)
(5,1)	24/25	0
(5,2)	-1/25	1

IV-4c v=(6, 3) v1=(1,1) v12=(5,2)

	(4,1)	(4,2)
	(1,1)	(1,1)
(5,2)	1	1/9
(5,3)	0	8/9

IV-4d v=(6, 3) v1=(1,1) v12=(5,3)

	(4,2)	(4,3)
	(1,1)	(1,1)
(5,2)	8/9	0
(5,3)	-1/9	1

IV-4e v=(6, 4) v1=(1,1) v12=(5,2)

	(4,1)	(4,2)
	(1,1)	(1,1)
(5,2)	1	-1/25
(5,4)	0	24/25

IV-4f v=(6, 4) v1=(1,1) v12=(5,4)

	(4,2)	(4,4)
	(1,1)	(1,1)
(5,2)	24/25	0
(5,4)	1/25	1

IV-4g v=(6, 5) v1=(1,1) v12=(5,3)

	(4,2)	(4,3)
	(1,1)	(1,1)
(5,3)	1	1

IV-4h v=(6, 6) v1=(1,1) v12=(5,3)

	(4,2)	(4,3)
	(1,1)	(1,1)
(5,3)	1/4	-1/16
(5,4)	3/4	0
(5,5)	0	15/16

IV-4i v=(6, 6) v1=(1,1) v12=(5,4)

	(4,2)	(4,4)
	(1,1)	(1,1)
(5,3)	3/4	0
(5,4)	-1/4	1/4
(5,5)	0	3/4

IV-4j v=(6, 6) v1=(1,1) v12=(5,5)

	(4,3)	(4,4)
	(1,1)	(1,1)
(5,3)	15/16	0
(5,4)	0	3/4
(5,5)	1/16	-1/4

IV-4k v=(6, 7) v1=(1,1) v12=(5,4)

	(4,2)	(4,4)
	(1,1)	(1,1)
(5,4)	1	1/25
(5,6)	0	24/25

IV-4l v=(6, 7) v1=(1,1) v12=(5,6)

	(4,4)	(4,5)
	(1,1)	(1,1)
(5,4)	24/25	0
(5,6)	-1/25	1

IV-4m v=(6, 8) v1=(1,1) v12=(5,5)

	(4,3)	(4,4)
	(1,1)	(1,1)
(5,5)	1	1

IV-4n v=(6, 9) v1=(1,1) v12=(5,5)

	(4,3)	(4,4)
	(1,1)	(1,1)
(5,5)	1	-1/9
(5,6)	0	8/9

IV-4o v=(6, 9) v1=(1,1) v12=(5,6)

	(4,4)	(4,5)
	(1,1)	(1,1)
(5,5)	8/9	0
(5,6)	1/9	1

IV-4p v=(6,10) v1=(1,1) v12=(5,6)

	(4,4)	(4,5)
	(1,1)	(1,1)
(5,6)	1	-1/25
(5,7)	0	24/25

IV-4q v=(6,10) v1=(1,1) v12=(5,7)

	(4,5)
	(1,1)
(5,6)	24/25
(5,7)	1/25

IV-5a v=(6, 2) v1=(2,1) v12=(3,1)

	(1,1)	(1,1)
	(3,1)	(3,2)
(4,1)	1/2	0
(4,2)	1/2	1

IV-5b v=(6, 2) v1=(2,1) v12=(3,2)

	(1,1)
	(3,1)
(4,1)	1/2
(4,2)	-1/2

IV-5c v=(6, 2) v1=(2,2) v12=(3,2)

	(1,1)
	(3,1)
(4,1)	1

IV-5d v=(6, 3) v1=(2,1) v12=(3,1)

	(1,1)	(1,1)
	(3,1)	(3,2)
(4,1)	1/6	0
(4,2)	5/6	1/3
(4,3)	0	2/3

IV-5e v=(6, 3) v1=(2,1) v12=(3,2)

	(1,1) (3,1)	(1,1) (3,2)
(4,1)	5/6	0
(4,2)	-1/6	2/3
(4,3)	0	-1/3

IV-5f v=(6, 3) v1=(2,2) v12=(3,2)

	(1,1) (3,1)	(1,1) (3,2)
(4,2)	1	1

IV-5g v=(6, 4) v1=(2,1) v12=(3,1)

	(1,1) (3,2)	(1,1) (3,3)
(4,2)	1/2	0
(4,4)	1/2	1

IV-5h v=(6, 4) v1=(2,1) v12=(3,2)

	(1,1) (3,1)	(1,1) (3,2)
(4,2)	1	1/2
(4,4)	0	-1/2

IV-5i v=(6, 4) v1=(2,2) v12=(3,2)

	(1,1) (3,1)	(1,1) (3,2)
(4,1)	1/2	0
(4,2)	1/2	1

IV-5j v=(6, 4) v1=(2,2) v12=(3,3)

	(1,1) (3,1)
(4,1)	1/2
(4,2)	-1/2

IV-5k v=(6, 5) v1=(2,1) v12=(3,1)

	(1,1) (3,1)
(4,2)	1

IV-5l v=(6, 5) v1=(2,1) v12=(3,2)

	(1,1) (3,2)
(4,2)	1

IV-5m v=(6, 5) v1=(2,2) v12=(3,2)

	(1,1) (3,2)
(4,3)	1

IV-5n v=(6, 6) v1=(2,1) v12=(3,1)

	(1,1) (3,2)
(4,2)	1/8
(4,3)	1/4
(4,4)	5/8

IV-5o v=(6, 6) v1=(2,1) v12=(3,2)

	(1,1) (3,1)	(1,1) (3,2)	(1,1) (3,2)	(1,1) (3,3)
t:	1	1	2	1
(4,2)	1	9/16	5/16	0
(4,3)	0	1/8	-5/8	0
(4,4)	0	-5/16	1/16	1

IV-5p v=(6, 6) v1=(2,2) v12=(3,2)

	(1,1) (3,1)	(1,1) (3,2)	(1,1) (3,2)	(1,1) (3,3)
t:	1	1	2	1
(4,2)	1	1/16	-5/16	0
(4,3)	0	5/8	-1/8	0
(4,4)	0	5/16	9/16	1

IV-5q v=(6, 6) v1=(2,2) v12=(3,3)

	(1,1) (3,2)
(4,2)	5/8
(4,3)	-1/4
(4,4)	1/8

IV-5r v=(6, 7) v1=(2,1) v12=(3,1)

	(1,1) (3,3)
(4,4)	1/2
(4,5)	1/2

IV-5s v=(6, 7) v1=(2,1) v12=(3,2)

	(1,1) (3,2)	(1,1) (3,3)
(4,4)	1	1/2
(4,5)	0	-1/2

IV-5t v=(6, 7) v1=(2,2) v12=(3,2)

	(1,1) (3,2)	(1,1) (3,3)
(4,2)	1/2	0
(4,4)	1/2	1

IV-5u v=(6, 7) v1=(2,2) v12=(3,3)

	(1,1) (3,1)	(1,1) (3,2)
(4,2)	1	1/2
(4,4)	0	-1/2

IV-5v v=(6, 8) v1=(2,1) v12=(3,2)

	(1,1) (3,2)
(4,3)	1

IV-5w v=(6, 8) v1=(2,2) v12=(3,2)

	(1,1) (3,2)
(4,4)	1

IV-5x v=(6, 8) v1=(2,2) v12=(3,3)

	(1,1) (3,3)
(4,4)	1

IV-5y v=(6, 9) v1=(2,1) v12=(3,2)

	(1,1) (3,2)	(1,1) (3,3)
(4,4)	1	1

IV-5z v=(6, 9) v1=(2,2) v12=(3,2)

	(1,1) (3,2)	(1,1) (3,3)
(4,3)	1/3	0
(4,4)	2/3	-1/6
(4,5)	0	5/6

IV-5aa v=(6, 9) v1=(2,2) v12=(3,3)

	(1,1) (3,2)	(1,1) (3,3)
(4,3)	2/3	0
(4,4)	-1/3	5/6
(4,5)	0	1/6

IV-5ab v=(6,10) v1=(2,1) v12=(3,2)

	(1,1) (3,3)
(4,5)	1

IV-5ac v=(6,10) v1=(2,2) v12=(3,2)

	(1,1) (3,3)
(4,4)	1/2
(4,5)	1/2

IV-5ad v=(6,10) v1=(2,2) v12=(3,3)

	(1,1) (3,2)	(1,1) (3,3)
(4,4)	1	1/2
(4,5)	0	-1/2

IV-6a v=(6, 2) v1=(2,1) v12=(4,1)

	(2,1) (2,1)	(2,1) (2,2)
(4,1)	1/4	0
(4,2)	3/4	1

IV-6b v=(6, 2) v1=(2,1) v12=(4,2)

	(2,1) (2,2)	(2,2) (2,1)
(4,1)	3/4	0
(4,2)	-1/4	1

RAC Tables IV-6c — IV-6ad

IV-6c v=(6, 2) v1=(2,2) v12=(4,2)

	(2,1)
	(2,1)
(4,1)	1

IV-6d v=(6, 3) v1=(2,1) v12=(4,1)

	(2,1)
	(2,1)
(4,1)	1/36
(4,2)	5/12
(4,3)	5/9

IV-6e v=(6, 3) v1=(2,1) v12=(4,2)

	(2,1)	(2,1)	(2,2)	(2,2)
	(2,1)	(2,2)	(2,1)	(2,2)
(4,1)	5/12	0	0	0
(4,2)	1/4	1	1	0
(4,3)	-1/3	0	0	1

IV-6f v=(6, 3) v1=(2,2) v12=(4,2)

	(2,1)	(2,1)
	(2,1)	(2,2)
(4,2)	1	1

IV-6g v=(6, 3) v1=(2,1) v12=(4,3)

	(2,1)
	(2,1)
(4,1)	5/9
(4,2)	-1/3
(4,3)	1/9

IV-6h v=(6, 4) v1=(2,1) v12=(4,1)

	(2,1)
	(2,2)
(4,2)	1/4
(4,4)	3/4

IV-6i v=(6, 4) v1=(2,1) v12=(4,2)

	(2,1)	(2,1)	(2,2)	(2,2)
	(2,1)	(2,2)	(2,1)	(2,2)
(4,2)	1	3/4	-1/4	0
(4,4)	0	-1/4	3/4	1

IV-6j v=(6, 4) v1=(2,2) v12=(4,2)

	(2,1)	(2,1)
	(2,1)	(2,2)
(4,1)	1/4	0
(4,2)	3/4	1

IV-6k v=(6, 4) v1=(2,1) v12=(4,4)

	(2,2)
	(2,1)
(4,2)	3/4
(4,4)	1/4

IV-6l v=(6, 4) v1=(2,2) v12=(4,4)

	(2,1)	(2,2)
	(2,1)	(2,1)
(4,1)	3/4	0
(4,2)	-1/4	1

IV-6m v=(6, 5) v1=(2,1) v12=(4,2)

	(2,1)	(2,2)
	(2,1)	(2,1)
(4,2)	1	1

IV-6n v=(6, 5) v1=(2,2) v12=(4,2)

	(2,1)
	(2,1)
(4,3)	1

IV-6o v=(6, 5) v1=(2,1) v12=(4,3)

	(2,1)
	(2,2)
(4,2)	1

IV-6p v=(6, 5) v1=(2,2) v12=(4,3)

	(2,2)
	(2,2)
(4,3)	1

IV-6q v=(6, 6) v1=(2,1) v12=(4,2)

	(2,1)	(2,1)	(2,2)	(2,2)
	(2,1)	(2,2)	(2,1)	(2,2)
(4,2)	1/4	3/8	-1/16	0
(4,3)	3/4	0	0	3/8
(4,4)	0	5/8	15/16	5/8

IV-6r v=(6, 6) v1=(2,2) v12=(4,2)

	(2,1)	(2,1)
	(2,1)	(2,2)
(4,2)	3/8	-1/16
(4,3)	5/8	0
(4,4)	0	15/16

IV-6s v=(6, 6) v1=(2,1) v12=(4,3)

	(2,1)	(2,1)
	(2,1)	(2,2)
(4,2)	3/4	5/8
(4,3)	-1/4	0
(4,4)	0	-3/8

IV-6t v=(6, 6) v1=(2,2) v12=(4,3)

	(2,2)	(2,2)
	(2,1)	(2,2)
(4,2)	3/8	0
(4,3)	0	1/4
(4,4)	5/8	3/4

IV-6u v=(6, 6) v1=(2,1) v12=(4,4)

	(2,2)	(2,2)
	(2,1)	(2,2)
(4,2)	15/16	0
(4,3)	0	5/8
(4,4)	1/16	-3/8

IV-6v v=(6, 6) v1=(2,2) v12=(4,4)

	(2,1)	(2,1)	(2,2)	(2,2)
	(2,1)	(2,2)	(2,1)	(2,2)
(4,2)	5/8	15/16	5/8	0
(4,3)	-3/8	0	0	3/4
(4,4)	0	1/16	-3/8	-1/4

IV-6w v=(6, 7) v1=(2,1) v12=(4,2)

	(2,1)	(2,2)
	(2,2)	(2,2)
(4,4)	1	-1/4
(4,5)	0	3/4

IV-6x v=(6, 7) v1=(2,2) v12=(4,2)

	(2,1)
	(2,2)
(4,2)	1/4
(4,4)	3/4

IV-6y v=(6, 7) v1=(2,1) v12=(4,4)

	(2,2)	(2,2)
	(2,1)	(2,2)
(4,4)	1	3/4
(4,5)	0	1/4

IV-6z v=(6, 7) v1=(2,2) v12=(4,4)

	(2,1)	(2,1)	(2,2)	(2,2)
	(2,1)	(2,2)	(2,1)	(2,2)
(4,2)	1	3/4	-1/4	0
(4,4)	0	-1/4	3/4	1

IV-6aa v=(6, 8) v1=(2,1) v12=(4,3)

	(2,1)
	(2,1)
(4,3)	1

IV-6ab v=(6, 8) v1=(2,2) v12=(4,3)

	(2,2)
	(2,1)
(4,4)	1

IV-6ac v=(6, 8) v1=(2,1) v12=(4,4)

	(2,2)
	(2,2)
(4,3)	1

IV-6ad v=(6, 8) v1=(2,2) v12=(4,4)

	(2,1)	(2,2)
	(2,2)	(2,2)
(4,4)	1	1

RAC Tables IV-6ae — V-1t

IV-6ae v=(6, 9) v1=(2,1) v12=(4,3)

	(2,1)
	(2,2)
(4,4)	1

IV-6af v=(6, 9) v1=(2,2) v12=(4,3)

	(2,2)
	(2,2)
(4,3)	1/ 9
(4,4)	1/ 3
(4,5)	5/ 9

IV-6ag v=(6, 9) v1=(2,1) v12=(4,4)

	(2,2)	(2,2)
	(2,1)	(2,2)
(4,4)	1	1

IV-6ah v=(6, 9) v1=(2,2) v12=(4,4)

	(2,1)	(2,1)	(2,2)	(2,2)
	(2,1)	(2,2)	(2,1)	(2,2)
(4,3)	1	0	0	1/ 3
(4,4)	0	1	1	1/ 4
(4,5)	0	0	0	-5/12

IV-6ai v=(6, 9) v1=(2,2) v12=(4,5)

	(2,2)
	(2,2)
(4,3)	5/ 9
(4,4)	-5/12
(4,5)	1/36

IV-6aj v=(6,10) v1=(2,1) v12=(4,4)

	(2,2)
	(2,2)
(4,5)	1

IV-6ak v=(6,10) v1=(2,2) v12=(4,4)

	(2,1)	(2,2)
	(2,2)	(2,2)
(4,4)	1	-1/ 4
(4,5)	0	3/ 4

IV-6al v=(6,10) v1=(2,2) v12=(4,5)

	(2,2)	(2,2)
	(2,1)	(2,2)
(4,4)	1	3/ 4
(4,5)	0	1/ 4

V-1a v=(7, 2) v1=(1,1) v12=(2,1)

	(1,1)	(1,1)
	(5,1)	(5,2)
(6,1)	5/12	0
(6,2)	7/12	1

V-1b v=(7, 2) v1=(1,1) v12=(2,2)

	(1,1)
	(5,1)
(6,1)	7/12
(6,2)	-5/12

V-1c v=(7, 3) v1=(1,1) v12=(2,1)

	(1,1)	(1,1)	(1,1)
	(5,1)	(5,2)	(5,3)
(6,2)	1	3/ 8	0
(6,3)	0	5/ 8	1

V-1d v=(7, 3) v1=(1,1) v12=(2,2)

	(1,1)
	(5,2)
(6,2)	5/ 8
(6,3)	-3/ 8

V-1e v=(7, 4) v1=(1,1) v12=(2,1)

	(1,1)	(1,1)
	(5,2)	(5,4)
(6,2)	5/12	0
(6,4)	7/12	1

V-1f v=(7, 4) v1=(1,1) v12=(2,2)

	(1,1)	(1,1)
	(5,1)	(5,2)
(6,2)	1	7/12
(6,4)	0	-5/12

V-1g v=(7, 5) v1=(1,1) v12=(2,1)

	(1,1)	(1,1)
	(5,2)	(5,3)
(6,3)	1	1/ 4
(6,5)	0	3/ 4

V-1h v=(7, 5) v1=(1,1) v12=(2,2)

	(1,1)
	(5,3)
(6,3)	3/ 4
(6,5)	-1/ 4

V-1i v=(7, 6) v1=(1,1) v12=(2,1)

	(1,1)	(1,1)	(1,1)	(1,1)
	(5,2)	(5,3)	(5,4)	(5,5)
(6,3)	1/ 4	2/ 5	0	0
(6,4)	3/ 4	0	1/ 3	0
(6,6)	0	3/ 5	2/ 3	1

V-1j v=(7, 6) v1=(1,1) v12=(2,2)

	(1,1)	(1,1)	(1,1)
	(5,2)	(5,3)	(5,4)
(6,3)	3/ 4	3/ 5	0
(6,4)	-1/ 4	0	2/ 3
(6,6)	0	-2/ 5	-1/ 3

V-1k v=(7, 7) v1=(1,1) v12=(2,1)

	(1,1)	(1,1)
	(5,4)	(5,6)
(6,4)	5/12	0
(6,7)	7/12	1

V-1l v=(7, 7) v1=(1,1) v12=(2,2)

	(1,1)	(1,1)
	(5,2)	(5,4)
(6,4)	1	7/12
(6,7)	0	-5/12

V-1m v=(7, 8) v1=(1,1) v12=(2,1)

	(1,1)	(1,1)
	(5,3)	(5,4)
(6,5)	1/ 3	0
(6,6)	2/ 3	1

V-1n v=(7, 8) v1=(1,1) v12=(2,2)

	(1,1)	(1,1)
	(5,3)	(5,5)
(6,5)	2/ 3	0
(6,6)	-1/ 3	1

V-1o v=(7, 9) v1=(1,1) v12=(2,1)

	(1,1)	(1,1)
	(5,3)	(5,5)
(6,6)	1	1/ 3
(6,8)	0	2/ 3

V-1p v=(7, 9) v1=(1,1) v12=(2,2)

	(1,1)	(1,1)
	(5,4)	(5,5)
(6,6)	1	2/ 3
(6,8)	0	-1/ 3

V-1q v=(7,10) v1=(1,1) v12=(2,1)

	(1,1)	(1,1)	(1,1)
	(5,4)	(5,5)	(5,6)
(6,6)	1/ 3	2/ 5	0
(6,7)	2/ 3	0	1/ 4
(6,9)	0	3/ 5	3/ 4

V-1r v=(7,10) v1=(1,1) v12=(2,2)

	(1,1)	(1,1)	(1,1)	(1,1)
	(5,3)	(5,4)	(5,5)	(5,6)
(6,6)	1	2/ 3	3/ 5	0
(6,7)	0	-1/ 3	0	3/ 4
(6,9)	0	0	-2/ 5	-1/ 4

V-1s v=(7,11) v1=(1,1) v12=(2,1)

	(1,1)	(1,1)
	(5,6)	(5,7)
(6,7)	5/12	0
(6,10)	7/12	1

V-1t v=(7,11) v1=(1,1) v12=(2,2)

	(1,1)	(1,1)
	(5,4)	(5,6)
(6,7)	1	7/12
(6,10)	0	-5/12

RAC Tables V-1u — V-2t

V-1u v=(7,12) v1=(1,1) v12=(2,1)

	(1,1)
	(5,5)
(6,8)	1/4
(6,9)	3/4

V-1v v=(7,12) v1=(1,1) v12=(2,2)

	(1,1)	(1,1)
	(5,5)	(5,6)
(6,8)	3/4	0
(6,9)	-1/4	1

V-1w v=(7,13) v1=(1,1) v12=(2,1)

	(1,1)
	(5,6)
(6,9)	3/8
(6,10)	5/8

V-1x v=(7,13) v1=(1,1) v12=(2,2)

	(1,1)	(1,1)	(1,1)
	(5,5)	(5,6)	(5,7)
(6,9)	1	5/8	0
(6,10)	0	-3/8	1

V-1y v=(7,14) v1=(1,1) v12=(2,1)

	(1,1)
	(5,7)
(6,10)	5/12
(6,11)	7/12

V-1z v=(7,14) v1=(1,1) v12=(2,2)

	(1,1)	(1,1)
	(5,6)	(5,7)
(6,10)	1	7/12
(6,11)	0	-5/12

V-2a v=(7, 2) v1=(1,1) v12=(3,1)

	(2,1)	(2,1)
	(4,1)	(4,2)
(6,1)	2/9	0
(6,2)	7/9	1

V-2b v=(7, 2) v1=(1,1) v12=(3,2)

	(2,1)	(2,2)
	(4,1)	(4,1)
(6,1)	7/9	0
(6,2)	-2/9	1

V-2c v=(7, 3) v1=(1,1) v12=(3,1)

	(2,1)	(2,1)	(2,1)
	(4,1)	(4,2)	(4,3)
(6,2)	1/2	1/6	0
(6,3)	1/2	5/6	1

V-2d v=(7, 3) v1=(1,1) v12=(3,2)

	(2,1)	(2,1)	(2,2)	(2,2)
	(4,1)	(4,2)	(4,1)	(4,2)
(6,2)	1/2	5/6	1	0
(6,3)	-1/2	-1/6	0	1

V-2e v=(7, 4) v1=(1,1) v12=(3,1)

	(2,1)	(2,1)
	(4,2)	(4,4)
(6,2)	2/9	0
(6,4)	7/9	1

V-2f v=(7, 4) v1=(1,1) v12=(3,2)

	(2,1)	(2,1)	(2,2)	(2,2)
	(4,1)	(4,2)	(4,1)	(4,2)
(6,2)	1	7/9	-2/9	0
(6,4)	0	-2/9	7/9	1

V-2g v=(7, 4) v1=(1,1) v12=(3,3)

	(2,2)
	(4,1)
(6,2)	7/9
(6,4)	2/9

V-2h v=(7, 5) v1=(1,1) v12=(3,1)

	(2,1)	(2,1)
	(4,1)	(4,2)
(6,3)	1	1/3
(6,5)	0	2/3

V-2i v=(7, 5) v1=(1,1) v12=(3,2)

	(2,1)	(2,1)	(2,2)	(2,2)
	(4,2)	(4,3)	(4,2)	(4,3)
(6,3)	2/3	1	1	0
(6,5)	-1/3	0	0	1

V-2j v=(7, 6) v1=(1,1) v12=(3,1)

	(2,1)	(2,1)	(2,1)
	(4,2)	(4,3)	(4,4)
(6,3)	2/15	1/5	0
(6,4)	1/3	0	1/9
(6,6)	8/15	4/5	8/9

V-2k v=(7, 6) v1=(1,1) v12=(3,3)

	(2,2)
	(4,2)
(6,3)	3/5
(6,4)	-2/9
(6,6)	8/45

V-2l v=(7, 7) v1=(1,1) v12=(3,1)

	(2,1)	(2,1)
	(4,4)	(4,5)
(6,4)	2/9	0
(6,7)	7/9	1

V-2m v=(7, 7) v1=(1,1) v12=(3,2)

	(2,1)	(2,1)	(2,2)	(2,2)
	(4,2)	(4,4)	(4,2)	(4,4)
(6,4)	1	7/9	-2/9	0
(6,7)	0	-2/9	7/9	1

V-2n v=(7, 7) v1=(1,1) v12=(3,3)

	(2,2)	(2,2)
	(4,1)	(4,2)
(6,4)	1	7/9
(6,7)	0	2/9

V-2o v=(7, 8) v1=(1,1) v12=(3,1)

	(2,1)
	(4,2)
(6,5)	1/9
(6,6)	8/9

V-2p v=(7, 8) v1=(1,1) v12=(3,2)

	(2,1)	(2,1)	(2,1)	(2,2)	(2,2)	(2,2)
	(4,2)	(4,3)	(4,4)	(4,2)	(4,3)	(4,4)
(6,5)	8/9	0	0	0	4/9	0
(6,6)	-1/9	1	1	1	5/9	1

V-2q v=(7, 8) v1=(1,1) v12=(3,3)

	(2,2)
	(4,3)
(6,5)	5/9
(6,6)	-4/9

V-2r v=(7, 9) v1=(1,1) v12=(3,1)

	(2,1)
	(4,3)
(6,6)	4/9
(6,8)	5/9

V-2s v=(7, 9) v1=(1,1) v12=(3,2)

	(2,1)	(2,1)	(2,1)	(2,2)	(2,2)	(2,2)
	(4,2)	(4,3)	(4,4)	(4,2)	(4,3)	(4,4)
(6,6)	1	5/9	1	1	1	-1/9
(6,8)	0	-4/9	0	0	0	8/9

V-2t v=(7, 9) v1=(1,1) v12=(3,3)

	(2,2)
	(4,4)
(6,6)	8/9
(6,8)	1/9

V-2u v=(7,10) v1=(1,1) v12=(3,1)

	(2,1)
	(4,4)
(6,6)	8/45
(6,7)	2/ 9
(6,9)	3/ 5

V-2v v=(7,10) v1=(1,1) v12=(3,3)

	(2,2)	(2,2)	(2,2)
	(4,2)	(4,3)	(4,4)
(6,6)	8/ 9	4/ 5	8/15
(6,7)	1/ 9	0	-1/ 3
(6,9)	0	1/ 5	2/15

V-2w v=(7,11) v1=(1,1) v12=(3,1)

	(2,1)
	(4,5)
(6,7)	2/ 9
(6,10)	7/ 9

V-2x v=(7,11) v1=(1,1) v12=(3,2)

	(2,1)	(2,1)	(2,2)	(2,2)
	(4,4)	(4,5)	(4,4)	(4,5)
(6,7)	1	7/ 9	-2/ 9	0
(6,10)	0	-2/ 9	7/ 9	1

V-2y v=(7,11) v1=(1,1) v12=(3,3)

	(2,2)	(2,2)
	(4,2)	(4,4)
(6,7)	1	7/ 9
(6,10)	0	2/ 9

V-2z v=(7,12) v1=(1,1) v12=(3,2)

	(2,1)	(2,1)	(2,2)	(2,2)
	(4,3)	(4,4)	(4,3)	(4,4)
(6,8)	1	0	0	1/ 3
(6,9)	0	1	1	2/ 3

V-2aa v=(7,12) v1=(1,1) v12=(3,3)

	(2,2)	(2,2)
	(4,4)	(4,5)
(6,8)	2/ 3	0
(6,9)	-1/ 3	1

V-2ab v=(7,13) v1=(1,1) v12=(3,2)

	(2,1)	(2,1)	(2,2)	(2,2)
	(4,4)	(4,5)	(4,4)	(4,5)
(6,9)	1	0	-1/ 6	1/ 2
(6,10)	0	1	5/ 6	1/ 2

V-2ac v=(7,13) v1=(1,1) v12=(3,3)

	(2,2)	(2,2)	(2,2)
	(4,3)	(4,4)	(4,5)
(6,9)	1	5/ 6	1/ 2
(6,10)	0	1/ 6	-1/ 2

V-2ad v=(7,14) v1=(1,1) v12=(3,2)

	(2,1)	(2,2)
	(4,5)	(4,5)
(6,10)	1	-2/ 9
(6,10)	0	7/ 9

V-2ae v=(7,14) v1=(1,1) v12=(3,3)

	(2,2)	(2,2)
	(4,4)	(4,5)
(6,10)	1	7/ 9
(6,11)	0	2/ 9

V-3a v=(7, 2) v1=(1,1) v12=(4,1)

	(3,1)	(3,1)
	(3,1)	(3,2)
(6,1)	1/ 8	0
(6,2)	7/ 8	1

V-3b v=(7, 2) v1=(1,1) v12=(4,2)

	(3,1)	(3,2)
	(3,1)	(3,1)
(6,1)	7/ 8	0
(6,2)	-1/ 8	1

V-3c v=(7, 3) v1=(1,1) v12=(4,1)

	(3,1)	(3,1)
	(3,1)	(3,2)
(6,2)	1/ 4	1/16
(6,3)	3/ 4	15/16

V-3d v=(7, 3) v1=(1,1) v12=(4,2)

	(3,1)	(3,1)	(3,2)	(3,2)
	(3,1)	(3,2)	(3,1)	(3,2)
(6,2)	3/ 4	15/16	3/ 8	0
(6,3)	-1/ 4	-1/16	5/ 8	1

V-3e v=(7, 3) v1=(1,1) v12=(4,3)

	(3,2)
	(3,1)
(6,2)	5/ 8
(6,3)	-3/ 8

V-3f v=(7, 4) v1=(1,1) v12=(4,1)

	(3,1)	(3,1)
	(3,2)	(3,3)
(6,2)	1/ 8	0
(6,4)	7/ 8	1

V-3g v=(7, 4) v1=(1,1) v12=(4,2)

	(3,1)	(3,1)	(3,2)	(3,2)
	(3,1)	(3,2)	(3,1)	(3,2)
(6,2)	1	7/ 8	-1/ 8	0
(6,4)	0	-1/ 8	7/ 8	1

V-3h v=(7, 4) v1=(1,1) v12=(4,4)

	(3,2)	(3,3)
	(3,1)	(3,1)
(6,2)	7/ 8	0
(6,4)	1/ 8	1

V-3i v=(7, 5) v1=(1,1) v12=(4,1)

	(3,1)
	(3,1)
(6,3)	3/ 8
(6,5)	5/ 8

V-3j v=(7, 5) v1=(1,1) v12=(4,2)

	(3,1)	(3,1)	(3,2)	(3,2)
	(3,1)	(3,2)	(3,1)	(3,2)
(6,3)	5/ 8	1	1	1/ 4
(6,5)	-3/ 8	0	0	3/ 4

V-3k v=(7, 5) v1=(1,1) v12=(4,3)

	(3,2)
	(3,2)
(6,3)	3/ 4
(6,5)	-1/ 4

V-3l v=(7, 6) v1=(1,1) v12=(4,1)

	(3,1)
	(3,2)
(6,3)	3/40
(6,4)	1/ 8
(6,6)	4/ 5

V-3m v=(7, 6) v1=(1,1) v12=(4,3)

	(3,2)	(3,2)
	(3,1)	(3,2)
t23:		
(6,3)	1	3/10	3/20
(6,4)	1	1/ 2	1/ 2
(6,6)	1	-1/ 5	-9/40
(6,6)	2	0	-1/ 8

V-3n v=(7, 6) v1=(1,1) v12=(4,4)

	(3,2)	(3,2)	(3,3)	(3,3)
	(3,1)	(3,2)	(3,1)	(3,2)
t23:				
(6,3)	1	27/40	27/40	0	0
(6,4)	1	-1/ 8	-1/ 4	1	0
(6,6)	1	1/ 5	1/80	0	1
(6,6)	2	0	-1/16	0	0

V-3o v=(7, 7) v1=(1,1) v12=(4,1)

	(3,1)
	(3,3)
(6,4)	1/ 8
(6,7)	7/ 8

V-3p v=(7, 7) v1=(1,1) v12=(4,2)

	(3,1)	(3,1)	(3,2)	(3,2)
	(3,2)	(3,3)	(3,2)	(3,3)
(6,4)	1	7/ 8	-1/ 8	0
(6,7)	0	-1/ 8	7/ 8	1

RAC Tables V-3q — V-4f

V-3q v=(7, 7) v1=(1,1) v12=(4,4)

| | (3,2) | (3,2) | (3,3) | (3,3) |
	(3,1)	(3,2)	(3,1)	(3,2)
(6,4)	1	7/ 8	1/ 8	0
(6,7)	0	1/ 8	7/ 8	1

V-3r v=(7, 7) v1=(1,1) v12=(4,5)

| | (3,3) |
	(3,1)
(6,4)	7/ 8
(6,7)	-1/ 8

V-3s v=(7, 8) v1=(1,1) v12=(4,2)

| | (3,1) | (3,1) | (3,2) | (3,2) | |
| | (3,1) | (3,2) | (3,1) | (3,2) | |
t23:					
(6,5)	1	1	0	0	1/ 8
(6,6)	1	0	1	1	9/16
(6,6)	2	0	0	0	5/16

V-3t v=(7, 8) v1=(1,1) v12=(4,3)

| | | (3,2) | (3,2) |
| | | (3,2) | (3,3) |
t23:			
(6,5)	1	1/ 4	0
(6,6)	1	1/ 8	1
(6,6)	2	-5/ 8	0

V-3u v=(7, 9) v1=(1,1) v12=(4,3)

| | | (3,2) | (3,2) |
| | | (3,1) | (3,2) |
t23:			
(6,6)	1	1	5/ 8
(6,6)	2	0	-1/ 8
(6,8)	1	0	-1/ 4

V-3v v=(7, 9) v1=(1,1) v12=(4,4)

| | | (3,2) | (3,2) | (3,3) | (3,3) |
| | | (3,2) | (3,3) | (3,2) | (3,3) |
t23:					
(6,6)	1	5/16	1	1	0
(6,6)	2	9/16	0	0	0
(6,8)	1	1/ 8	0	0	1

V-3w v=(7,10) v1=(1,1) v12=(4,2)

| | | (3,1) | (3,1) | (3,2) | (3,2) | |
| | | (3,2) | (3,3) | (3,2) | (3,3) | |
t23:						
(6,6)	1	1	0	-1/16	1/ 5	
(6,6)	2	0	0	1/80	0	
(6,7)	1	0	1	1/ 4	1/ 8	
(6,9)	1	0	0	27/40	27/40	

V-3x v=(7,10) v1=(1,1) v12=(4,3)

| | | (3,2) | (3,2) |
| | | (3,2) | (3,3) |
t23:			
(6,6)	1	1/ 8	1/ 5
(6,6)	2	9/40	0
(6,7)	1	1/ 2	1/ 2
(6,9)	1	-3/20	-3/10

V-3y v=(7,10) v1=(1,1) v12=(4,5)

| | (3,3) |
	(3,2)
(6,6)	4/ 5
(6,7)	1/ 8
(6,9)	-3/40

V-3z v=(7,11) v1=(1,1) v12=(4,2)

| | (3,1) | (3,2) |
	(3,3)	(3,3)
(6,7)	1	-1/ 8
(6,10)	0	7/ 8

V-3aa v=(7,11) v1=(1,1) v12=(4,4)

| | (3,2) | (3,2) | (3,3) | (3,3) |
	(3,2)	(3,3)	(3,2)	(3,3)
(6,7)	1	7/ 8	1/ 8	0
(6,10)	0	1/ 8	7/ 8	1

V-3ab v=(7,11) v1=(1,1) v12=(4,5)

| | (3,3) | (3,3) |
	(3,1)	(3,2)
(6,7)	1	7/ 8
(6,10)	0	-1/ 8

V-3ac v=(7,12) v1=(1,1) v12=(4,3)

| | (3,2) |
	(3,2)
(6,8)	1/ 4
(6,9)	3/ 4

V-3ad v=(7,12) v1=(1,1) v12=(4,4)

| | (3,2) | (3,2) | (3,3) | (3,3) |
	(3,2)	(3,3)	(3,2)	(3,3)
(6,8)	3/ 4	0	0	3/ 8
(6,9)	-1/ 4	1	1	5/ 8

V-3ae v=(7,12) v1=(1,1) v12=(4,5)

| | (3,3) |
	(3,3)
(6,8)	5/ 8
(6,9)	-3/ 8

V-3af v=(7,13) v1=(1,1) v12=(4,3)

| | (3,2) |
	(3,3)
(6,9)	3/ 8
(6,10)	5/ 8

V-3ag v=(7,13) v1=(1,1) v12=(4,4)

| | | (3,2) | (3,2) | (3,3) | (3,3) |
		(3,2)	(3,3)	(3,2)	(3,3)
(6,9)	1	5/ 8	1/16	-1/ 4	
(6,10)	0	-3/ 8	15/16	3/ 4	

V-3ah v=(7,13) v1=(1,1) v12=(4,5)

| | (3,3) | (3,3) |
	(3,2)	(3,3)
(6,9)	15/16	3/ 4
(6,10)	-1/16	1/ 4

V-3ai v=(7,14) v1=(1,1) v12=(4,4)

| | (3,2) | (3,3) |
	(3,3)	(3,3)
(6,10)	1	1/ 8
(6,11)	0	7/ 8

V-3aj v=(7,14) v1=(1,1) v12=(4,5)

| | (3,3) | (3,3) |
	(3,2)	(3,3)
(6,10)	1	7/ 8
(6,11)	0	-1/ 8

V-4a v=(7, 2) v1=(1,1) v12=(5,1)

| | (4,1) | (4,1) |
	(2,1)	(2,2)
(6,1)	1/15	0
(6,2)	14/15	1

V-4b v=(7, 2) v1=(1,1) v12=(5,2)

| | (4,1) | (4,2) |
	(2,1)	(2,1)
(6,1)	14/15	0
(6,2)	-1/15	1

V-4c v=(7, 3) v1=(1,1) v12=(5,1)

| | (4,1) |
	(2,1)
(6,2)	1/10
(6,3)	9/10

V-4d v=(7, 3) v1=(1,1) v12=(5,2)

| | (4,1) | (4,1) | (4,2) | (4,2) |
	(2,1)	(2,2)	(2,1)	(2,2)
(6,2)	9/10	1	1/ 6	0
(6,3)	-1/10	0	5/ 6	1

V-4e v=(7, 3) v1=(1,1) v12=(5,3)

| | (4,2) | (4,3) |
	(2,1)	(2,1)
(6,2)	5/ 6	0
(6,3)	-1/ 6	1

V-4f v=(7, 4) v1=(1,1) v12=(5,1)

| | (4,1) |
	(2,2)
(6,2)	1/15
(6,4)	14/15

V-4g v=(7, 4) v1=(1,1) v12=(5,2)

	(4,1) (2,1)	(4,1) (2,2)	(4,2) (2,1)	(4,2) (2,2)
(6,2)	1	14/15	-1/15	0
(6,4)	0	-1/15	14/15	1

V-4h v=(7, 4) v1=(1,1) v12=(5,4)

	(4,2) (2,1)	(4,4) (2,1)
(6,2)	14/15	0
(6,4)	1/15	1

V-4i v=(7, 5) v1=(1,1) v12=(5,2)

	(4,1) (2,1)	(4,2) (2,1)
(6,3)	1	1/3
(6,5)	0	2/3

V-4j v=(7, 5) v1=(1,1) v12=(5,3)

	(4,2) (2,1)	(4,2) (2,2)	(4,3) (2,1)	(4,3) (2,2)
(6,3)	2/3	1	1	0
(6,5)	-1/3	0	0	1

V-4k v=(7, 6) v1=(1,1) v12=(5,2)

	(4,1) (2,1)	(4,1) (2,2)	(4,2) (2,1)	(4,2) (2,2)
(6,3)	1	0	-1/75	2/25
(6,4)	0	1	2/15	1/15
(6,6)	0	0	64/75	64/75

V-4l v=(7, 6) v1=(1,1) v12=(5,3)

	(4,2) (2,1)	(4,2) (2,2)	(4,3) (2,1)	(4,3) (2,2)
(6,3)	4/15	1/5	-1/10	0
(6,4)	2/3	2/3	0	0
(6,6)	-1/15	-2/15	9/10	1

V-4m v=(7, 6) v1=(1,1) v12=(5,4)

	(4,2) (2,1)	(4,2) (2,2)	(4,4) (2,1)	(4,4) (2,2)
(6,3)	18/25	18/25	0	0
(6,4)	-1/5	-4/15	1/3	0
(6,6)	2/25	-1/75	2/3	1

V-4n v=(7, 6) v1=(1,1) v12=(5,5)

	(4,3) (2,1)	(4,4) (2,1)
(6,3)	9/10	0
(6,4)	0	2/3
(6,6)	1/10	-1/3

V-4o v=(7, 7) v1=(1,1) v12=(5,2)

	(4,1) (2,2)	(4,2) (2,2)
(6,4)	1	-1/15
(6,7)	0	14/15

V-4p v=(7, 7) v1=(1,1) v12=(5,4)

	(4,2) (2,1)	(4,2) (2,2)	(4,4) (2,1)	(4,4) (2,2)
(6,4)	1	14/15	1/15	0
(6,7)	0	1/15	14/15	1

V-4q v=(7, 7) v1=(1,1) v12=(5,6)

	(4,4) (2,1)	(4,5) (2,1)
(6,4)	14/15	0
(6,7)	-1/15	1

V-4r v=(7, 8) v1=(1,1) v12=(5,3)

	(4,2) (2,1)	(4,2) (2,2)	(4,3) (2,1)	(4,3) (2,2)
(6,5)	1/3	0	0	1/6
(6,6)	2/3	1	1	5/6

V-4s v=(7, 8) v1=(1,1) v12=(5,4)

	(4,2) (2,1)	(4,4) (2,1)
(6,5)	2/3	0
(6,6)	-1/3	1

V-4t v=(7, 8) v1=(1,1) v12=(5,5)

	(4,3) (2,2)	(4,4) (2,2)
(6,5)	5/6	0
(6,6)	-1/6	1

V-4u v=(7, 9) v1=(1,1) v12=(5,3)

	(4,2) (2,1)	(4,3) (2,1)
(6,6)	1	-1/6
(6,8)	0	5/6

V-4v v=(7, 9) v1=(1,1) v12=(5,4)

	(4,2) (2,2)	(4,4) (2,2)
(6,6)	1	1/3
(6,8)	0	2/3

V-4w v=(7, 9) v1=(1,1) v12=(5,5)

	(4,3) (2,1)	(4,3) (2,2)	(4,4) (2,1)	(4,4) (2,2)
(6,6)	5/6	1	1	2/3
(6,8)	1/6	0	0	-1/3

V-4x v=(7,10) v1=(1,1) v12=(5,3)

	(4,2) (2,2)	(4,3) (2,2)
(6,6)	1/3	-1/10
(6,7)	2/3	0
(6,9)	0	9/10

V-4y v=(7,10) v1=(1,1) v12=(5,4)

	(4,2) (2,1)	(4,2) (2,2)	(4,4) (2,1)	(4,4) (2,2)
(6,6)	1	2/3	1/75	-2/25
(6,7)	0	-1/3	4/15	1/5
(6,9)	0	0	18/25	18/25

V-4z v=(7,10) v1=(1,1) v12=(5,5)

	(4,3) (2,1)	(4,3) (2,2)	(4,4) (2,1)	(4,4) (2,2)
(6,6)	1	9/10	-2/15	-1/15
(6,7)	0	0	2/3	2/3
(6,9)	0	1/10	-1/5	-4/15

V-4aa v=(7,10) v1=(1,1) v12=(5,6)

	(4,4) (2,1)	(4,4) (2,2)	(4,5) (2,1)	(4,5) (2,2)
(6,6)	64/75	64/75	0	0
(6,7)	1/15	2/15	1	0
(6,9)	-2/25	1/75	0	1

RAC Tables V-4ab — V-5r

V-4ab v=(7,11) v1=(1,1) v12=(5,4)

	(4,2)	(4,4)
	(2,2)	(2,2)
(6,7)	1	1/15
(6,10)	0	14/15

V-4ac v=(7,11) v1=(1,1) v12=(5,6)

	(4,4)	(4,4)	(4,5)	(4,5)
	(2,1)	(2,2)	(2,1)	(2,2)
(6,7)	1	14/15	-1/15	0
(6,10)	0	-1/15	14/15	1

V-4ad v=(7,11) v1=(1,1) v12=(5,7)

	(4,5)
	(2,1)
(6,7)	14/15
(6,10)	1/15

V-4ae v=(7,12) v1=(1,1) v12=(5,5)

	(4,3)	(4,3)	(4,4)	(4,4)
	(2,1)	(2,2)	(2,1)	(2,2)
(6,8)	1	0	0	1/3
(6,9)	0	1	1	2/3

V-4af v=(7,12) v1=(1,1) v12=(5,6)

	(4,4)	(4,5)
	(2,2)	(2,2)
(6,8)	2/3	0
(6,9)	-1/3	1

V-4ag v=(7,13) v1=(1,1) v12=(5,5)

	(4,3)	(4,4)
	(2,2)	(2,2)
(6,9)	1	-1/6
(6,10)	0	5/6

V-4ah v=(7,13) v1=(1,1) v12=(5,6)

	(4,4)	(4,4)	(4,5)	(4,5)
	(2,1)	(2,2)	(2,1)	(2,2)
(6,9)	1	5/6	0	1/10
(6,10)	0	1/6	1	9/10

V-4ai v=(7,13) v1=(1,1) v12=(5,7)

	(4,5)
	(2,2)
(6,9)	9/10
(6,10)	-1/10

V-4aj v=(7,14) v1=(1,1) v12=(5,6)

	(4,4)	(4,5)
	(2,2)	(2,2)
(6,10)	1	-1/15
(6,11)	0	14/15

V-4ak v=(7,14) v1=(1,1) v12=(5,7)

	(4,5)	(4,5)
	(2,1)	(2,2)
(6,10)	1	14/15
(6,11)	0	1/15

V-5a v=(7,2) v1=(1,1) v12=(6,1)

	(5,1)
	(1,1)
(6,1)	1/36
(6,2)	35/36

V-5b v=(7,2) v1=(1,1) v12=(6,2)

	(5,1)	(5,2)
	(1,1)	(1,1)
(6,1)	35/36	0
(6,2)	-1/36	1

V-5c v=(7,3) v1=(1,1) v12=(6,2)

	(5,1)	(5,2)
	(1,1)	(1,1)
(6,2)	1	1/16
(6,3)	0	15/16

V-5d v=(7,3) v1=(1,1) v12=(6,3)

	(5,2)	(5,3)
	(1,1)	(1,1)
(6,2)	15/16	0
(6,3)	-1/16	1

V-5e v=(7,4) v1=(1,1) v12=(6,2)

	(5,1)	(5,2)
	(1,1)	(1,1)
(6,2)	1	-1/36
(6,4)	0	35/36

V-5f v=(7,4) v1=(1,1) v12=(6,4)

	(5,2)	(5,4)
	(1,1)	(1,1)
(6,2)	35/36	0
(6,4)	1/36	1

V-5g v=(7,5) v1=(1,1) v12=(6,3)

	(5,2)	(5,3)
	(1,1)	(1,1)
(6,3)	1	1/4
(6,5)	0	3/4

V-5h v=(7,5) v1=(1,1) v12=(6,5)

	(5,3)
	(1,1)
(6,3)	3/4
(6,5)	-1/4

V-5i v=(7,6) v1=(1,1) v12=(6,3)

	(5,2)	(5,3)
	(1,1)	(1,1)
(6,3)	1/4	-1/25
(6,4)	3/4	0
(6,6)	0	24/25

V-5j v=(7,6) v1=(1,1) v12=(6,4)

	(5,2)	(5,4)
	(1,1)	(1,1)
(6,3)	3/4	0
(6,4)	-1/4	1/9
(6,6)	0	8/9

V-5k v=(7,6) v1=(1,1) v12=(6,6)

	(5,3)	(5,4)	(5,5)
	(1,1)	(1,1)	(1,1)
(6,3)	24/25	0	0
(6,4)	0	8/9	0
(6,6)	1/25	-1/9	1

V-5l v=(7,7) v1=(1,1) v12=(6,4)

	(5,2)	(5,4)
	(1,1)	(1,1)
(6,4)	1	1/36
(6,7)	0	35/36

V-5m v=(7,7) v1=(1,1) v12=(6,7)

	(5,4)	(5,6)
	(1,1)	(1,1)
(6,4)	35/36	0
(6,7)	-1/36	1

V-5n v=(7,8) v1=(1,1) v12=(6,5)

	(5,3)
	(1,1)
(6,5)	1/9
(6,6)	8/9

V-5o v=(7,8) v1=(1,1) v12=(6,6)

	(5,3)	(5,4)	(5,5)
	(1,1)	(1,1)	(1,1)
(6,5)	8/9	0	0
(6,6)	-1/9	1	1

V-5p v=(7,9) v1=(1,1) v12=(6,6)

	(5,3)	(5,4)	(5,5)
	(1,1)	(1,1)	(1,1)
(6,6)	1	1	-1/9
(6,8)	0	0	8/9

V-5q v=(7,9) v1=(1,1) v12=(6,8)

	(5,5)
	(1,1)
(6,6)	8/9
(6,8)	1/9

V-5r v=(7,10) v1=(1,1) v12=(6,6)

	(5,3)	(5,4)	(5,5)
	(1,1)	(1,1)	(1,1)
(6,6)	1	-1/9	1/25
(6,7)	0	8/9	0
(6,9)	0	0	24/25

V-5s v=(7,10) v1=(1,1) v12=(6,7)

	(5,4)	(5,6)
	(1,1)	(1,1)
(6,6)	8/9	0
(6,7)	1/9	1/4
(6,9)	0	3/4

V-5t v=(7,10) v1=(1,1) v12=(6,9)

	(5,5)	(5,6)
	(1,1)	(1,1)
(6,6)	24/25	0
(6,7)	0	3/4
(6,9)	−1/25	−1/4

V-5u v=(7,11) v1=(1,1) v12=(6,7)

	(5,4)	(5,6)
	(1,1)	(1,1)
(6,7)	1	−1/36
(6,10)	0	35/36

V-5v v=(7,11) v1=(1,1) v12=(6,10)

	(5,6)	(5,7)
	(1,1)	(1,1)
(6,7)	35/36	0
(6,10)	1/36	1

V-5w v=(7,12) v1=(1,1) v12=(6,8)

	(5,5)
	(1,1)
(6,8)	1/4
(6,9)	3/4

V-5x v=(7,12) v1=(1,1) v12=(6,9)

	(5,5)	(5,6)
	(1,1)	(1,1)
(6,8)	3/4	0
(6,9)	−1/4	1

V-5y v=(7,13) v1=(1,1) v12=(6,9)

	(5,5)	(5,6)
	(1,1)	(1,1)
(6,9)	1	1/16
(6,10)	0	15/16

V-5z v=(7,13) v1=(1,1) v12=(6,10)

	(5,6)	(5,7)
	(1,1)	(1,1)
(6,9)	15/16	0
(6,10)	−1/16	1

V-5aa v=(7,14) v1=(1,1) v12=(6,10)

	(5,6)	(5,7)
	(1,1)	(1,1)
(6,10)	1	1/36
(6,11)	0	35/36

V-5ab v=(7,14) v1=(1,1) v12=(6,11)

	(5,7)
	(1,1)
(6,10)	35/36
(6,11)	−1/36

V-6a v=(7,2) v1=(2,1) v12=(3,1)

	(1,1)	(1,1)
	(4,1)	(4,2)
(5,1)	8/15	0
(5,2)	7/15	1

V-6b v=(7,2) v1=(2,1) v12=(3,2)

	(1,1)
	(4,1)
(5,1)	7/15
(5,2)	−8/15

V-6c v=(7,2) v1=(2,2) v12=(3,2)

	(1,1)
	(4,1)
(5,1)	1

V-6d v=(7,3) v1=(2,1) v12=(3,1)

	(1,1)	(1,1)	(1,1)
	(4,1)	(4,2)	(4,3)
(5,1)	1/5	0	0
(5,2)	4/5	4/9	0
(5,3)	0	5/9	1

V-6e v=(7,3) v1=(2,1) v12=(3,2)

	(1,1)	(1,1)
	(4,1)	(4,2)
(5,1)	4/5	0
(5,2)	−1/5	5/9
(5,3)	0	−4/9

V-6f v=(7,3) v1=(2,2) v12=(3,2)

	(1,1)	(1,1)
	(4,1)	(4,2)
(5,2)	1	1

V-6g v=(7,4) v1=(2,1) v12=(3,1)

	(1,1)	(1,1)
	(4,2)	(4,4)
(5,2)	8/15	0
(5,4)	7/15	1

V-6h v=(7,4) v1=(2,1) v12=(3,2)

	(1,1)	(1,1)
	(4,1)	(4,2)
(5,2)	1	7/15
(5,4)	0	−8/15

V-6i v=(7,4) v1=(2,2) v12=(3,3)

	(1,1)
	(4,1)
(5,1)	7/15
(5,2)	−8/15

V-6j v=(7,5) v1=(2,1) v12=(3,1)

	(1,1)	(1,1)
	(4,1)	(4,2)
(5,2)	1	1/9
(5,3)	0	8/9

V-6k v=(7,5) v1=(2,1) v12=(3,2)

	(1,1)	(1,1)
	(4,2)	(4,3)
(5,2)	8/9	0
(5,3)	−1/9	1

V-6l v=(7,5) v1=(2,2) v12=(3,2)

	(1,1)	(1,1)
	(4,2)	(4,3)
(5,3)	1	1

V-6m v=(7,6) v1=(2,1) v12=(3,1)

	(1,1)	(1,1)	(1,1)
	(4,2)	(4,3)	(4,4)
(5,2)	8/45	0	0
(5,3)	2/9	1/2	0
(5,4)	3/5	0	1/3
(5,5)	0	1/2	2/3

V-6n v=(7,6) v1=(2,2) v12=(3,3)

	(1,1)
	(4,2)
(5,2)	8/15
(5,3)	−1/3
(5,4)	2/15

V-6o v=(7,7) v1=(2,1) v12=(3,1)

	(1,1)	(1,1)
	(4,4)	(4,5)
(5,4)	8/15	0
(5,6)	7/15	1

V-6p v=(7,7) v1=(2,1) v12=(3,2)

	(1,1)	(1,1)
	(4,2)	(4,4)
(5,4)	1	7/15
(5,6)	0	−8/15

V-6q v=(7,7) v1=(2,2) v12=(3,2)

	(1,1)	(1,1)
	(4,2)	(4,4)
(5,2)	8/15	0
(5,4)	7/15	1

V-6r v=(7,7) v1=(2,2) v12=(3,3)

	(1,1)	(1,1)
	(4,1)	(4,2)
(5,2)	1	7/15
(5,4)	0	−8/15

RAC Tables V-6s — V-7e

V-6s v=(7, 8) v1=(2,1) v12=(3,1)

	(1,1)
	(4,2)
(5,3)	1/3
(5,4)	2/3

V-6t v=(7, 8) v1=(2,1) v12=(3,2)

	(1,1)	(1,1)	(1,1)
	(4,2)	(4,3)	(4,4)
(5,3)	2/3	1	0
(5,4)	-1/3	0	1

V-6u v=(7, 8) v1=(2,2) v12=(3,2)

	(1,1)	(1,1)	(1,1)
	(4,2)	(4,3)	(4,4)
(5,3)	1	-1/6	0
(5,5)	0	5/6	1

V-6v v=(7, 8) v1=(2,2) v12=(3,3)

	(1,1)
	(4,3)
(5,3)	5/6
(5,5)	1/6

V-6w v=(7, 9) v1=(2,1) v12=(3,1)

	(1,1)
	(4,3)
(5,3)	1/6
(5,5)	5/6

V-6x v=(7, 9) v1=(2,1) v12=(3,2)

	(1,1)	(1,1)	(1,1)
	(4,2)	(4,3)	(4,4)
(5,3)	1	5/6	0
(5,5)	0	-1/6	1

V-6y v=(7, 9) v1=(2,2) v12=(3,2)

	(1,1)	(1,1)	(1,1)
	(4,2)	(4,3)	(4,4)
(5,4)	1	0	1/3
(5,5)	0	1	2/3

V-6z v=(7, 9) v1=(2,2) v12=(3,3)

	(1,1)
	(4,4)
(5,4)	2/3
(5,5)	-1/3

V-6aa v=(7,10) v1=(2,1) v12=(3,1)

	(1,1)
	(4,4)
(5,4)	2/15
(5,5)	1/3
(5,6)	8/15

V-6ab v=(7,10) v1=(2,2) v12=(3,3)

	(1,1)	(1,1)	(1,1)
	(4,2)	(4,3)	(4,4)
(5,3)	2/3	1/2	0
(5,4)	-1/3	0	3/5
(5,5)	0	-1/2	-2/9
(5,6)	0	0	8/45

V-6ac v=(7,11) v1=(2,1) v12=(3,1)

	(1,1)
	(4,5)
(5,6)	8/15
(5,7)	7/15

V-6ad v=(7,11) v1=(2,1) v12=(3,2)

	(1,1)	(1,1)
	(4,4)	(4,5)
(5,6)	1	7/15
(5,7)	0	-8/15

V-6ae v=(7,11) v1=(2,2) v12=(3,2)

	(1,1)	(1,1)
	(4,4)	(4,5)
(5,4)	8/15	0
(5,6)	7/15	1

V-6af v=(7,11) v1=(2,2) v12=(3,3)

	(1,1)	(1,1)
	(4,2)	(4,4)
(5,4)	1	7/15
(5,6)	0	-8/15

V-6ag v=(7,12) v1=(2,1) v12=(3,2)

	(1,1)	(1,1)
	(4,3)	(4,4)
(5,5)	1	1

V-6ah v=(7,12) v1=(2,2) v12=(3,2)

	(1,1)	(1,1)
	(4,3)	(4,4)
(5,5)	1	-1/9
(5,6)	0	8/9

V-6ai v=(7,12) v1=(2,2) v12=(3,3)

	(1,1)	(1,1)
	(4,4)	(4,5)
(5,5)	8/9	0
(5,6)	1/9	1

V-6aj v=(7,13) v1=(2,1) v12=(3,2)

	(1,1)	(1,1)
	(4,4)	(4,5)
(5,6)	1	1

V-6ak v=(7,13) v1=(2,2) v12=(3,2)

	(1,1)	(1,1)
	(4,4)	(4,5)
(5,5)	4/9	0
(5,6)	5/9	-1/5
(5,7)	0	4/5

V-6al v=(7,13) v1=(2,2) v12=(3,3)

	(1,1)	(1,1)	(1,1)
	(4,3)	(4,4)	(4,5)
(5,5)	1	5/9	0
(5,6)	0	-4/9	4/5
(5,7)	0	0	1/5

V-6am v=(7,14) v1=(2,1) v12=(3,2)

	(1,1)
	(4,5)
(5,7)	1

V-6an v=(7,14) v1=(2,2) v12=(3,2)

	(1,1)
	(4,5)
(5,6)	8/15
(5,7)	7/15

V-6ao v=(7,14) v1=(2,2) v12=(3,3)

	(1,1)	(1,1)
	(4,4)	(4,5)
(5,6)	1	7/15
(5,7)	0	-8/15

V-7a v=(7, 2) v1=(2,1) v12=(4,1)

	(2,1)	(2,1)
	(3,1)	(3,2)
(5,1)	3/10	0
(5,2)	7/10	1

V-7b v=(7, 2) v1=(2,1) v12=(4,2)

	(2,1)	(2,2)
	(3,1)	(3,1)
(5,1)	7/10	0
(5,2)	-3/10	1

V-7c v=(7, 2) v1=(2,2) v12=(4,2)

	(2,1)
	(3,1)
(5,1)	1

V-7d v=(7, 3) v1=(2,1) v12=(4,1)

	(2,1)	(2,1)
	(3,1)	(3,2)
(5,1)	1/20	0
(5,2)	8/15	1/6
(5,3)	5/12	5/6

V-7e v=(7, 3) v1=(2,1) v12=(4,2)

	(2,1)	(2,1)	(2,2)	(2,2)
	(3,1)	(3,2)	(3,1)	(3,2)
(5,1)	9/20	0	0	0
(5,2)	2/15	5/6	1	0
(5,3)	-5/12	-1/6	0	1

V-7f v=(7, 3) v1=(2,2) v12=(4,2)

	(2,1)	(2,1)
	(3,1)	(3,2)
(5,2)	1	1

V-7g v=(7, 3) v1=(2,1) v12=(4,3)

	(2,1)
	(3,1)
(5,1)	1/2
(5,2)	-1/3
(5,3)	1/6

V-7h v=(7, 3) v1=(2,2) v12=(4,3)

	(2,2)
	(3,1)
(5,2)	1

V-7i v=(7, 4) v1=(2,1) v12=(4,1)

	(2,1)	(2,1)
	(3,2)	(3,3)
(5,2)	3/10	0
(5,4)	7/10	1

V-7j v=(7, 4) v1=(2,1) v12=(4,2)

	(2,1)	(2,1)	(2,2)	(2,2)
	(3,1)	(3,2)	(3,1)	(3,2)
(5,2)	1	7/10	-3/10	0
(5,4)	0	-3/10	7/10	1

V-7k v=(7, 4) v1=(2,2) v12=(4,2)

	(2,1)	(2,1)
	(3,1)	(3,2)
(5,1)	3/10	0
(5,2)	7/10	1

V-7l v=(7, 4) v1=(2,1) v12=(4,4)

	(2,2)
	(3,1)
(5,2)	7/10
(5,4)	3/10

V-7m v=(7, 4) v1=(2,2) v12=(4,4)

	(2,1)	(2,2)
	(3,1)	(3,1)
(5,1)	7/10	0
(5,2)	-3/10	1

V-7n v=(7, 5) v1=(2,1) v12=(4,1)

	(2,1)
	(3,1)
(5,2)	1/6
(5,3)	5/6

V-7o v=(7, 5) v1=(2,1) v12=(4,2)

	(2,1)	(2,1)	(2,2)	(2,2)
	(3,1)	(3,2)	(3,1)	(3,2)
(5,2)	5/6	1/3	1	0
(5,3)	-1/6	2/3	0	1

V-7p v=(7, 5) v1=(2,2) v12=(4,2)

	(2,1)	(2,1)
	(3,1)	(3,2)
(5,3)	1	1

V-7q v=(7, 5) v1=(2,1) v12=(4,3)

	(2,1)
	(3,2)
(5,2)	2/3
(5,3)	-1/3

V-7r v=(7, 5) v1=(2,2) v12=(4,3)

	(2,2)
	(3,2)
(5,3)	1

V-7s v=(7, 6) v1=(2,1) v12=(4,1)

	(2,1)
	(3,2)
(5,2)	1/30
(5,3)	1/6
(5,4)	3/10
(5,5)	1/2

V-7t v=(7, 6) v1=(2,1) v12=(4,3)

	(2,1)	(2,1)
	(3,1)	(3,2)
(5,2)	2/3	8/15
(5,3)	-1/3	-1/24
(5,4)	0	-3/10
(5,5)	0	1/8

V-7u v=(7, 6) v1=(2,2) v12=(4,3)

	(2,2)	(2,2)
	(3,1)	(3,2)
(5,2)	2/5	0
(5,3)	0	1/4
(5,4)	3/5	3/4

V-7v v=(7, 6) v1=(2,1) v12=(4,4)

	(2,2)	(2,2)
	(3,1)	(3,2)
(5,2)	9/10	0
(5,3)	0	9/16
(5,4)	1/10	-1/4
(5,5)	0	3/16

V-7w v=(7, 6) v1=(2,2) v12=(4,4)

	(2,1)	(2,1)	(2,2)	(2,2)
	(3,1)	(3,2)	(3,1)	(3,2)
(5,2)	1/2	4/5	3/5	0
(5,3)	-1/2	-1/8	0	3/4
(5,4)	0	3/40	-2/5	-1/4

V-7x v=(7, 7) v1=(2,1) v12=(4,1)

	(2,1)
	(3,3)
(5,4)	3/10
(5,6)	7/10

V-7y v=(7, 7) v1=(2,1) v12=(4,2)

	(2,1)	(2,1)	(2,2)	(2,2)
	(3,2)	(3,3)	(3,2)	(3,3)
(5,4)	1	7/10	-3/10	0
(5,6)	0	-3/10	7/10	1

V-7z v=(7, 7) v1=(2,2) v12=(4,2)

	(2,1)	(2,1)
	(3,2)	(3,3)
(5,2)	3/10	0
(5,4)	7/10	1

V-7aa v=(7, 7) v1=(2,1) v12=(4,4)

	(2,2)	(2,2)
	(3,1)	(3,2)
(5,4)	1	7/10
(5,6)	0	3/10

V-7ab v=(7, 7) v1=(2,2) v12=(4,4)

	(2,1)	(2,1)	(2,2)	(2,2)
	(3,1)	(3,2)	(3,1)	(3,2)
(5,2)	1	7/10	-3/10	0
(5,4)	0	-3/10	7/10	1

V-7ac v=(7, 7) v1=(2,2) v12=(4,5)

	(2,2)
	(3,1)
(5,2)	7/10
(5,4)	3/10

V-7ad v=(7, 8) v1=(2,1) v12=(4,2)

	(2,1)	(2,1)	(2,2)	(2,2)
	(3,1)	(3,2)	(3,1)	(3,2)
(5,3)	1	1/4	0	3/8
(5,4)	0	3/4	1	5/8

V-7ae v=(7, 8) v1=(2,2) v12=(4,2)

	(2,1)	(2,1)
	(3,1)	(3,2)
(5,3)	1	-1/16
(5,5)	0	15/16

V-7af v=(7, 8) v1=(2,1) v12=(4,3)

	(2,1)	(2,1)
	(3,2)	(3,3)
(5,3)	3/4	0
(5,4)	-1/4	1

V-7ag v=(7, 8) v1=(2,2) v12=(4,3)

	(2,2)	(2,2)
	(3,2)	(3,3)
(5,3)	3/8	0
(5,5)	5/8	1

RAC Tables V-7ah — V-7bi

V-7ah v=(7, 8) v1=(2,1) v12=(4,4)

	(2,2)
	(3,2)
(5,3)	5/8
(5,4)	-3/8

V-7ai v=(7, 8) v1=(2,2) v12=(4,4)

	(2,1)	(2,2)
	(3,2)	(3,2)
(5,3)	15/16	5/8
(5,5)	1/16	-3/8

V-7aj v=(7, 9) v1=(2,1) v12=(4,2)

	(2,1)	(2,2)
	(3,2)	(3,2)
(5,3)	3/8	-1/16
(5,5)	5/8	15/16

V-7ak v=(7, 9) v1=(2,2) v12=(4,2)

	(2,1)
	(3,2)
(5,4)	3/8
(5,5)	5/8

V-7al v=(7, 9) v1=(2,1) v12=(4,3)

	(2,1)	(2,1)
	(3,1)	(3,2)
(5,3)	1	5/8
(5,5)	0	-3/8

V-7am v=(7, 9) v1=(2,2) v12=(4,3)

	(2,2)	(2,2)
	(3,1)	(3,2)
(5,4)	1	1/4
(5,5)	0	3/4

V-7an v=(7, 9) v1=(2,1) v12=(4,4)

	(2,2)	(2,2)
	(3,2)	(3,3)
(5,3)	15/16	0
(5,5)	1/16	1

V-7ao v=(7, 9) v1=(2,2) v12=(4,4)

	(2,1)	(2,1)	(2,2)	(2,2)
	(3,2)	(3,3)	(3,2)	(3,3)
(5,4)	5/8	1	3/4	0
(5,5)	-3/8	0	-1/4	1

V-7ap v=(7,10) v1=(2,1) v12=(4,2)

	(2,1)	(2,1)	(2,2)	(2,2)
	(3,2)	(3,3)	(3,2)	(3,3)
(5,4)	1/4	2/5	-3/40	0
(5,5)	3/4	0	-1/8	1/2
(5,6)	0	3/5	4/5	1/2

V-7aq v=(7,10) v1=(2,2) v12=(4,2)

	(2,1)	(2,1)
	(3,2)	(3,3)
(5,3)	3/16	0
(5,4)	1/4	-1/10
(5,5)	9/16	0
(5,6)	0	9/10

V-7ar v=(7,10) v1=(2,1) v12=(4,3)

	(2,1)	(2,1)
	(3,2)	(3,3)
(5,4)	3/4	3/5
(5,5)	-1/4	0
(5,6)	0	-2/5

V-7as v=(7,10) v1=(2,2) v12=(4,3)

	(2,2)	(2,2)
	(3,2)	(3,3)
(5,3)	1/8	0
(5,4)	3/10	0
(5,5)	-1/24	1/3
(5,6)	8/15	2/3

V-7at v=(7,10) v1=(2,2) v12=(4,5)

	(2,2)
	(3,2)
(5,3)	1/2
(5,4)	-3/10
(5,5)	1/6
(5,6)	1/30

V-7au v=(7,11) v1=(2,1) v12=(4,2)

	(2,1)	(2,2)
	(3,3)	(3,3)
(5,6)	1	-3/10
(5,7)	0	7/10

V-7av v=(7,11) v1=(2,2) v12=(4,2)

	(2,1)
	(3,3)
(5,4)	3/10
(5,6)	7/10

V-7aw v=(7,11) v1=(2,1) v12=(4,4)

	(2,2)	(2,2)
	(3,2)	(3,3)
(5,6)	1	7/10
(5,7)	0	3/10

V-7ax v=(7,11) v1=(2,2) v12=(4,4)

	(2,1)	(2,1)	(2,2)	(2,2)
	(3,2)	(3,3)	(3,2)	(3,3)
(5,4)	1	7/10	-3/10	0
(5,6)	0	-3/10	7/10	1

V-7ay v=(7,11) v1=(2,2) v12=(4,5)

	(2,2)	(2,2)
	(3,1)	(3,2)
(5,4)	1	7/10
(5,6)	0	3/10

V-7az v=(7,12) v1=(2,1) v12=(4,3)

	(2,1)
	(3,2)
(5,5)	1

V-7ba v=(7,12) v1=(2,2) v12=(4,3)

	(2,2)
	(3,2)
(5,5)	1/3
(5,6)	2/3

V-7bb v=(7,12) v1=(2,1) v12=(4,4)

	(2,2)	(2,2)
	(3,2)	(3,3)
(5,5)	1	1

V-7bc v=(7,12) v1=(2,2) v12=(4,4)

	(2,1)	(2,1)	(2,2)	(2,2)
	(3,2)	(3,3)	(3,2)	(3,3)
(5,5)	1	0	2/3	-1/6
(5,6)	0	1	-1/3	5/6

V-7bd v=(7,12) v1=(2,2) v12=(4,5)

	(2,2)
	(3,3)
(5,5)	5/6
(5,6)	1/6

V-7be v=(7,13) v1=(2,1) v12=(4,3)

	(2,1)
	(3,3)
(5,6)	1

V-7bf v=(7,13) v1=(2,2) v12=(4,3)

	(2,2)
	(3,3)
(5,5)	1/6
(5,6)	1/3
(5,7)	1/2

V-7bg v=(7,13) v1=(2,1) v12=(4,4)

	(2,2)	(2,2)
	(3,2)	(3,3)
(5,6)	1	1

V-7bh v=(7,13) v1=(2,2) v12=(4,4)

	(2,1)	(2,1)	(2,2)	(2,2)
	(3,2)	(3,3)	(3,2)	(3,3)
(5,5)	1	0	-1/6	5/12
(5,6)	0	1	5/6	2/15
(5,7)	0	0	0	-9/20

V-7bi v=(7,13) v1=(2,2) v12=(4,5)

	(2,2)	(2,2)
	(3,2)	(3,3)
(5,5)	5/6	5/12
(5,6)	1/6	-8/15
(5,7)	0	1/20

RAC Tables V-7bj — V-8y

V-7bj v=(7,14) v1=(2,1) v12=(4,4)

	(2,2)
	(3,3)
(5,7)	1

V-7bk v=(7,14) v1=(2,2) v12=(4,4)

	(2,1)	(2,2)
	(3,3)	(3,3)
(5,6)	1	-3/10
(5,7)	0	7/10

V-7bl v=(7,14) v1=(2,2) v12=(4,5)

	(2,2)	(2,2)
	(3,2)	(3,3)
(5,6)	1	7/10
(5,7)	0	3/10

V-8a v=(7, 2) v1=(2,1) v12=(5,1)

	(3,1)	(3,1)
	(2,1)	(2,2)
(5,1)	4/25	0
(5,2)	21/25	1

V-8b v=(7, 2) v1=(2,1) v12=(5,2)

	(3,1)	(3,2)
	(2,1)	(2,1)
(5,1)	21/25	0
(5,2)	-4/25	1

V-8c v=(7, 2) v1=(2,2) v12=(5,2)

	(3,1)
	(2,1)
(5,1)	1

V-8d v=(7, 3) v1=(2,1) v12=(5,1)

	(3,1)
	(2,1)
(5,1)	1/100
(5,2)	6/25
(5,3)	3/4

V-8e v=(7, 3) v1=(2,1) v12=(5,2)

	(3,1)	(3,1)	(3,2)	(3,2)
	(2,1)	(2,2)	(2,1)	(2,2)
(5,1)	6/25	0	0	0
(5,2)	121/225	1	4/9	0
(5,3)	-2/9	0	5/9	1

V-8f v=(7, 3) v1=(2,2) v12=(5,2)

	(3,1)	(3,1)
	(2,1)	(2,2)
(5,2)	1	1

V-8g v=(7, 3) v1=(2,1) v12=(5,3)

	(3,1)	(3,2)
	(2,1)	(2,1)
(5,1)	3/4	0
(5,2)	-2/9	5/9
(5,3)	1/36	-4/9

V-8h v=(7, 3) v1=(2,2) v12=(5,3)

	(3,2)
	(2,1)
(5,2)	1

V-8i v=(7, 4) v1=(2,1) v12=(5,1)

	(3,1)
	(2,2)
(5,2)	4/25
(5,4)	21/25

V-8j v=(7, 4) v1=(2,1) v12=(5,2)

	(3,1)	(3,1)	(3,2)	(3,2)
	(2,1)	(2,2)	(2,1)	(2,2)
(5,2)	1	21/25	-4/25	0
(5,4)	0	-4/25	21/25	1

V-8k v=(7, 4) v1=(2,2) v12=(5,2)

	(3,1)	(3,1)
	(2,1)	(2,2)
(5,1)	4/25	0
(5,2)	21/25	1

V-8l v=(7, 4) v1=(2,1) v12=(5,4)

	(3,2)	(3,3)
	(2,1)	(2,1)
(5,2)	21/25	0
(5,4)	4/25	1

V-8m v=(7, 4) v1=(2,2) v12=(5,4)

	(3,1)	(3,2)
	(2,1)	(2,1)
(5,1)	21/25	0
(5,2)	-4/25	1

V-8n v=(7, 5) v1=(2,1) v12=(5,2)

	(3,1)	(3,2)
	(2,1)	(2,1)
(5,2)	4/9	1/9
(5,3)	5/9	8/9

V-8o v=(7, 5) v1=(2,2) v12=(5,2)

	(3,1)
	(2,1)
(5,3)	1

V-8p v=(7, 5) v1=(2,1) v12=(5,3)

	(3,1)	(3,1)	(3,2)	(3,2)
	(2,1)	(2,2)	(2,1)	(2,2)
(5,2)	5/9	1	8/9	0
(5,3)	-4/9	0	-1/9	1

V-8q v=(7, 5) v1=(2,2) v12=(5,3)

	(3,2)	(3,2)
	(2,1)	(2,2)
(5,3)	1	1

V-8r v=(7, 6) v1=(2,1) v12=(5,2)

	(3,1)	(3,1)	(3,2)	(3,2)
	(2,1)	(2,2)	(2,1)	(2,2)
(5,2)	1/9	1/5	-4/225	0
(5,3)	8/9	0	-1/45	1/5
(5,4)	0	4/5	9/25	1/5
(5,5)	0	0	3/5	3/5

V-8s v=(7, 6) v1=(2,2) v12=(5,2)

	(3,1)	(3,1)
	(2,1)	(2,2)
(5,2)	1/5	-1/25
(5,3)	4/5	0
(5,4)	0	24/25

V-8t v=(7, 6) v1=(2,1) v12=(5,3)

	(3,1)	(3,1)	(3,2)	(3,2)
	(2,1)	(2,2)	(2,1)	(2,2)
(5,2)	8/9	4/5	-1/45	0
(5,3)	-1/9	0	49/144	1/8
(5,4)	0	-1/5	9/20	1/2
(5,5)	0	0	-3/16	-3/8

V-8u v=(7, 6) v1=(2,2) v12=(5,3)

	(3,2)	(3,2)
	(2,1)	(2,2)
(5,2)	1/5	0
(5,3)	1/8	1/4
(5,4)	27/40	3/4

V-8v v=(7, 6) v1=(2,1) v12=(5,4)

	(3,2)	(3,2)	(3,3)	(3,3)
	(2,1)	(2,2)	(2,1)	(2,2)
(5,2)	9/25	0	0	0
(5,3)	9/20	27/40	0	0
(5,4)	-1/25	-3/10	1	0
(5,5)	3/20	-1/40	0	1

V-8w v=(7, 6) v1=(2,2) v12=(5,4)

	(3,1)	(3,1)	(3,2)	(3,2)
	(2,1)	(2,2)	(2,1)	(2,2)
(5,2)	4/5	24/25	1/5	0
(5,3)	-1/5	0	1/2	3/4
(5,4)	0	1/25	-3/10	-1/4

V-8x v=(7, 6) v1=(2,1) v12=(5,5)

	(3,2)
	(2,1)
(5,2)	3/5
(5,3)	-3/16
(5,4)	3/20
(5,5)	-1/16

V-8y v=(7, 6) v1=(2,2) v12=(5,5)

	(3,2)	(3,3)
	(2,1)	(2,1)
(5,2)	3/5	0
(5,3)	-3/8	0
(5,4)	-1/40	1

RAC Tables V-8z — V-8ba

V-8z v=(7, 7) v1=(2,1) v12=(5,2)

| | (3,1) | (3,2) |
	(2,2)	(2,2)
(5,4)	1	-4/25
(5,6)	0	21/25

V-8aa v=(7, 7) v1=(2,2) v12=(5,2)

| | (3,1) |
	(2,2)
(5,2)	4/25
(5,4)	21/25

V-8ab v=(7, 7) v1=(2,1) v12=(5,4)

| | (3,2) | (3,2) | (3,3) | (3,3) |
	(2,1)	(2,2)	(2,1)	(2,2)
(5,4)	1	21/25	4/25	0
(5,6)	0	4/25	21/25	1

V-8ac v=(7, 7) v1=(2,2) v12=(5,4)

| | (3,1) | (3,1) | (3,2) | (3,2) |
	(2,1)	(2,2)	(2,1)	(2,2)
(5,2)	1	21/25	-4/25	0
(5,4)	0	-4/25	21/25	1

V-8ad v=(7, 7) v1=(2,1) v12=(5,6)

| | (3,3) |
	(2,1)
(5,4)	21/25
(5,6)	-4/25

V-8ae v=(7, 7) v1=(2,2) v12=(5,6)

| | (3,2) | (3,3) |
	(2,1)	(2,1)
(5,2)	21/25	0
(5,4)	4/25	1

V-8af v=(7, 8) v1=(2,1) v12=(5,3)

| | (3,1) | (3,1) | (3,2) | (3,2) |
	(2,1)	(2,2)	(2,1)	(2,2)
(5,3)	1	0	1/4	3/8
(5,4)	0	1	3/4	5/8

V-8ag v=(7, 8) v1=(2,2) v12=(5,3)

| | (3,2) | (3,2) |
	(2,1)	(2,2)
(5,3)	3/8	-1/16
(5,5)	5/8	15/16

V-8ah v=(7, 8) v1=(2,1) v12=(5,4)

| | (3,2) | (3,3) |
	(2,1)	(2,1)
(5,3)	3/4	0
(5,4)	-1/4	1

V-8ai v=(7, 8) v1=(2,2) v12=(5,4)

| | (3,1) | (3,2) |
	(2,1)	(2,1)
(5,3)	1	5/8
(5,5)	0	-3/8

V-8aj v=(7, 8) v1=(2,1) v12=(5,5)

| | (3,2) |
	(2,2)
(5,3)	5/8
(5,4)	-3/8

V-8ak v=(7, 8) v1=(2,2) v12=(5,5)

| | (3,2) | (3,3) |
	(2,2)	(2,2)
(5,3)	15/16	0
(5,5)	1/16	1

V-8al v=(7, 9) v1=(2,1) v12=(5,3)

| | (3,1) | (3,2) |
	(2,1)	(2,1)
(5,3)	1	-1/16
(5,5)	0	15/16

V-8am v=(7, 9) v1=(2,2) v12=(5,4)

| | (3,1) | (3,2) |
	(2,2)	(2,2)
(5,4)	1	1/4
(5,5)	0	3/4

V-8an v=(7, 9) v1=(2,1) v12=(5,5)

| | (3,2) | (3,2) |
	(2,1)	(2,2)
(5,3)	15/16	5/8
(5,5)	1/16	-3/8

V-8ao v=(7, 9) v1=(2,2) v12=(5,5)

| | (3,2) | (3,2) | (3,3) | (3,3) |
	(2,1)	(2,2)	(2,1)	(2,2)
(5,4)	5/8	3/4	1	0
(5,5)	-3/8	-1/4	0	1

V-8ap v=(7,10) v1=(2,1) v12=(5,3)

| | (3,1) | (3,2) |
	(2,2)	(2,2)
(5,4)	1	-1/40
(5,5)	0	3/8
(5,6)	0	3/5

V-8aq v=(7,10) v1=(2,2) v12=(5,3)

| | (3,2) |
	(2,2)
(5,3)	1/16
(5,4)	3/20
(5,5)	3/16
(5,6)	3/5

V-8ar v=(7,10) v1=(2,1) v12=(5,4)

| | (3,2) | (3,2) | (3,3) | (3,3) |
	(2,1)	(2,2)	(2,1)	(2,2)
(5,4)	1/4	3/10	1/25	0
(5,5)	3/4	1/2	0	-1/5
(5,6)	0	-1/5	24/25	4/5

V-8as v=(7,10) v1=(2,2) v12=(5,4)

| | (3,1) | (3,1) | (3,2) | (3,2) |
	(2,1)	(2,2)	(2,1)	(2,2)
(5,3)	1	0	-1/40	3/20
(5,4)	0	1	3/10	1/25
(5,5)	0	0	27/40	9/20
(5,6)	0	0	0	-9/25

V-8at v=(7,10) v1=(2,1) v12=(5,5)

| | (3,2) | (3,2) |
	(2,1)	(2,2)
(5,4)	3/4	27/40
(5,5)	-1/4	-1/8
(5,6)	0	1/5

V-8au v=(7,10) v1=(2,2) v12=(5,5)

| | (3,2) | (3,2) | (3,3) | (3,3) |
	(2,1)	(2,2)	(2,1)	(2,2)
(5,3)	3/8	3/16	0	0
(5,4)	1/2	9/20	-1/5	0
(5,5)	-1/8	-49/144	0	-1/9
(5,6)	0	-1/45	4/5	8/9

V-8av v=(7,10) v1=(2,1) v12=(5,6)

| | (3,3) | (3,3) |
	(2,1)	(2,2)
(5,4)	24/25	0
(5,5)	0	4/5
(5,6)	-1/25	1/5

V-8aw v=(7,10) v1=(2,2) v12=(5,6)

| | (3,2) | (3,2) | (3,3) | (3,3) |
	(2,1)	(2,2)	(2,1)	(2,2)
(5,3)	3/5	3/5	0	0
(5,4)	-1/5	-9/25	4/5	0
(5,5)	1/5	-1/45	0	8/9
(5,6)	0	4/225	1/5	1/9

V-8ax v=(7,11) v1=(2,1) v12=(5,4)

| | (3,2) | (3,3) |
	(2,2)	(2,2)
(5,6)	1	4/25
(5,7)	0	21/25

V-8ay v=(7,11) v1=(2,2) v12=(5,4)

| | (3,1) | (3,2) |
	(2,2)	(2,2)
(5,4)	1	-4/25
(5,6)	0	21/25

V-8az v=(7,11) v1=(2,1) v12=(5,6)

| | (3,3) | (3,3) |
	(2,1)	(2,2)
(5,6)	1	21/25
(5,7)	0	-4/25

V-8ba v=(7,11) v1=(2,2) v12=(5,6)

| | (3,2) | (3,2) | (3,3) | (3,3) |
	(2,1)	(2,2)	(2,1)	(2,2)
(5,4)	1	21/25	4/25	0
(5,6)	0	4/25	21/25	1

RAC Tables V-8bb — V-9o

V-8bb v=(7,11) v1=(2,2) v12=(5,7)

	(3,3)
	(2,1)
(5,4)	21/25
(5,6)	-4/25

V-8bc v=(7,12) v1=(2,1) v12=(5,5)

	(3,2)	(3,2)
	(2,1)	(2,2)
(5,5)	1	1

V-8bd v=(7,12) v1=(2,2) v12=(5,5)

	(3,2)	(3,2)	(3,3)	(3,3)
	(2,1)	(2,2)	(2,1)	(2,2)
(5,5)	1	-1/9	0	4/9
(5,6)	0	8/9	1	5/9

V-8be v=(7,12) v1=(2,1) v12=(5,6)

	(3,3)
	(2,2)
(5,5)	1

V-8bf v=(7,12) v1=(2,2) v12=(5,6)

	(3,2)	(3,3)
	(2,2)	(2,2)
(5,5)	8/9	5/9
(5,6)	1/9	-4/9

V-8bg v=(7,13) v1=(2,1) v12=(5,5)

	(3,2)
	(2,2)
(5,6)	1

V-8bh v=(7,13) v1=(2,2) v12=(5,5)

	(3,2)	(3,3)
	(2,2)	(2,2)
(5,5)	4/9	1/36
(5,6)	5/9	-2/9
(5,7)	0	3/4

V-8bi v=(7,13) v1=(2,1) v12=(5,6)

	(3,3)	(3,3)
	(2,1)	(2,2)
(5,6)	1	1

V-8bj v=(7,13) v1=(2,2) v12=(5,6)

	(3,2)	(3,2)	(3,3)	(3,3)
	(2,1)	(2,2)	(2,1)	(2,2)
(5,5)	1	5/9	0	-2/9
(5,6)	0	-4/9	1	121/225
(5,7)	0	0	0	6/25

V-8bk v=(7,13) v1=(2,2) v12=(5,7)

	(3,3)
	(2,2)
(5,5)	3/4
(5,6)	6/25
(5,7)	1/100

V-8bl v=(7,14) v1=(2,1) v12=(5,6)

	(3,3)
	(2,2)
(5,7)	1

V-8bm v=(7,14) v1=(2,2) v12=(5,6)

	(3,2)	(3,3)
	(2,2)	(2,2)
(5,6)	1	4/25
(5,7)	0	21/25

V-8bn v=(7,14) v1=(2,2) v12=(5,7)

	(3,3)	(3,3)
	(2,1)	(2,2)
(5,6)	1	21/25
(5,7)	0	-4/25

V-9a v=(7, 2) v1=(3,1) v12=(4,1)

	(1,1)	(1,1)
	(3,1)	(3,2)
(4,1)	9/16	0
(4,2)	7/16	1

V-9b v=(7, 2) v1=(3,1) v12=(4,2)

	(1,1)
	(3,1)
(4,1)	7/16
(4,2)	-9/16

V-9c v=(7, 2) v1=(3,2) v12=(4,2)

	(1,1)
	(3,1)
(4,1)	1

V-9d v=(7, 3) v1=(3,1) v12=(4,1)

	(1,1)	(1,1)
	(3,1)	(3,2)
(4,1)	1/4	0
(4,2)	3/4	3/8
(4,3)	0	5/8

V-9e v=(7, 3) v1=(3,1) v12=(4,2)

	(1,1)	(1,1)
	(3,1)	(3,2)
(4,1)	3/4	0
(4,2)	-1/4	5/8
(4,3)	0	-3/8

V-9f v=(7, 3) v1=(3,2) v12=(4,2)

	(1,1)	(1,1)
	(3,1)	(3,2)
(4,1)	3/8	0
(4,2)	5/8	1

V-9g v=(7, 3) v1=(3,2) v12=(4,3)

	(1,1)
	(3,1)
(4,1)	5/8
(4,2)	-3/8

V-9h v=(7, 4) v1=(3,1) v12=(4,1)

	(1,1)	(1,1)
	(3,2)	(3,3)
(4,2)	9/16	0
(4,4)	7/16	1

V-9i v=(7, 4) v1=(3,1) v12=(4,2)

	(1,1)	(1,1)
	(3,1)	(3,2)
(4,2)	1	7/16
(4,4)	0	-9/16

V-9j v=(7, 4) v1=(3,2) v12=(4,2)

	(1,1)	(1,1)
	(3,1)	(3,2)
(4,1)	9/16	0
(4,2)	7/16	1

V-9k v=(7, 4) v1=(3,2) v12=(4,4)

	(1,1)
	(3,1)
(4,1)	7/16
(4,2)	-9/16

V-9l v=(7, 4) v1=(3,3) v12=(4,4)

	(1,1)
	(3,1)
(4,1)	1

V-9m v=(7, 5) v1=(3,1) v12=(4,1)

	(1,1)
	(3,1)
(4,1)	1/16
(4,2)	15/16

V-9n v=(7, 5) v1=(3,1) v12=(4,2)

	(1,1)	(1,1)
	(3,1)	(3,2)
(4,1)	15/16	0
(4,2)	-1/16	1

V-9o v=(7, 5) v1=(3,2) v12=(4,2)

	(1,1)	(1,1)
	(3,1)	(3,2)
(4,2)	1	1/4
(4,3)	0	3/4

RAC Tables V-9p — V-9aq

V-9p $v=(7,5)$ $v1=(3,2)$ $v12=(4,3)$

	(1,1)
	(3,2)
(4,2)	3/4
(4,3)	-1/4

V-9q $v=(7,6)$ $v1=(3,1)$ $v12=(4,1)$

	(1,1)
	(3,2)
(4,2)	3/16
(4,3)	1/4
(4,4)	9/16

V-9r $v=(7,6)$ $v1=(3,3)$ $v12=(4,4)$

	(1,1)	(1,1)
	(3,1)	(3,2)
(4,2)	1	1

V-9s $v=(7,7)$ $v1=(3,1)$ $v12=(4,1)$

	(1,1)
	(3,3)
(4,4)	9/16
(4,5)	7/16

V-9t $v=(7,7)$ $v1=(3,1)$ $v12=(4,2)$

	(1,1)	(1,1)
	(3,2)	(3,3)
(4,4)	1	7/16
(4,5)	0	-9/16

V-9u $v=(7,7)$ $v1=(3,2)$ $v12=(4,2)$

	(1,1)	(1,1)
	(3,2)	(3,3)
(4,2)	9/16	0
(4,4)	7/16	1

V-9v $v=(7,7)$ $v1=(3,2)$ $v12=(4,4)$

	(1,1)	(1,1)
	(3,1)	(3,2)
(4,2)	1	7/16
(4,4)	0	-9/16

V-9w $v=(7,7)$ $v1=(3,3)$ $v12=(4,4)$

	(1,1)	(1,1)
	(3,1)	(3,2)
(4,1)	9/16	0
(4,2)	7/16	1

V-9x $v=(7,7)$ $v1=(3,3)$ $v12=(4,5)$

	(1,1)
	(3,1)
(4,1)	7/16
(4,2)	-9/16

V-9y $v=(7,8)$ $v1=(3,1)$ $v12=(4,2)$

	(1,1)	(1,1)
	(3,1)	(3,2)
(4,2)	1	1

V-9z $v=(7,8)$ $v1=(3,2)$ $v12=(4,2)$

	(1,1)	(1,1)
	(3,1)	(3,2)
(4,2)	1	-1/64
(4,3)	0	9/32
(4,4)	0	45/64

V-9aa $v=(7,8)$ $v1=(3,2)$ $v12=(4,3)$

	(1,1)	(1,1)
	(3,2)	(3,3)
(4,2)	9/32	0
(4,3)	9/16	0
(4,4)	-5/32	1

V-9ab $v=(7,8)$ $v1=(3,2)$ $v12=(4,4)$

	(1,1)
	(3,2)
(4,2)	45/64
(4,3)	-5/32
(4,4)	9/64

V-9ac $v=(7,8)$ $v1=(3,3)$ $v12=(4,4)$

	(1,1)
	(3,2)
(4,3)	1

V-9ad $v=(7,9)$ $v1=(3,1)$ $v12=(4,2)$

	(1,1)
	(3,2)
(4,3)	1

V-9ae $v=(7,9)$ $v1=(3,2)$ $v12=(4,2)$

	(1,1)
	(3,2)
(4,2)	9/64
(4,3)	5/32
(4,4)	45/64

V-9af $v=(7,9)$ $v1=(3,2)$ $v12=(4,3)$

	(1,1)	(1,1)
	(3,1)	(3,2)
(4,2)	1	5/32
(4,3)	0	9/16
(4,4)	0	-9/32

V-9ag $v=(7,9)$ $v1=(3,2)$ $v12=(4,4)$

	(1,1)	(1,1)
	(3,2)	(3,3)
(4,2)	45/64	0
(4,3)	-9/32	0
(4,4)	-1/64	1

V-9ah $v=(7,9)$ $v1=(3,3)$ $v12=(4,4)$

	(1,1)	(1,1)
	(3,2)	(3,3)
(4,4)	1	1

V-9ai $v=(7,10)$ $v1=(3,1)$ $v12=(4,2)$

	(1,1)	(1,1)
	(3,2)	(3,3)
(4,4)	1	1

V-9aj $v=(7,10)$ $v1=(3,3)$ $v12=(4,5)$

	(1,1)
	(3,2)
(4,2)	9/16
(4,3)	-1/4
(4,4)	3/16

V-9ak $v=(7,11)$ $v1=(3,1)$ $v12=(4,2)$

	(1,1)
	(3,3)
(4,5)	1

V-9al $v=(7,11)$ $v1=(3,2)$ $v12=(4,2)$

	(1,1)
	(3,3)
(4,4)	9/16
(4,5)	7/16

V-9am $v=(7,11)$ $v1=(3,2)$ $v12=(4,4)$

	(1,1)	(1,1)
	(3,2)	(3,3)
(4,4)	1	7/16
(4,5)	0	-9/16

V-9an $v=(7,11)$ $v1=(3,3)$ $v12=(4,4)$

	(1,1)	(1,1)
	(3,2)	(3,3)
(4,2)	9/16	0
(4,4)	7/16	1

V-9ao $v=(7,11)$ $v1=(3,3)$ $v12=(4,5)$

	(1,1)	(1,1)
	(3,1)	(3,2)
(4,2)	1	7/16
(4,4)	0	-9/16

V-9ap $v=(7,12)$ $v1=(3,2)$ $v12=(4,3)$

	(1,1)
	(3,2)
(4,3)	1/4
(4,4)	3/4

V-9aq $v=(7,12)$ $v1=(3,2)$ $v12=(4,4)$

	(1,1)	(1,1)
	(3,2)	(3,3)
(4,3)	3/4	0
(4,4)	-1/4	1

V-9ar v=(7,12) v1=(3,3) v12=(4,4)

| | (1,1) | (1,1) |
	(3,2)	(3,3)
(4,4)	1	1/16
(4,5)	0	15/16

V-9as v=(7,12) v1=(3,3) v12=(4,5)

| | (1,1) |
	(3,3)
(4,4)	15/16
(4,5)	-1/16

V-9at v=(7,13) v1=(3,2) v12=(4,3)

| | (1,1) |
	(3,3)
(4,4)	3/8
(4,5)	5/8

V-9au v=(7,13) v1=(3,2) v12=(4,4)

| | (1,1) | (1,1) |
	(3,2)	(3,3)
(4,4)	1	5/8
(4,5)	0	-3/8

V-9av v=(7,13) v1=(3,3) v12=(4,4)

| | (1,1) | (1,1) |
	(3,2)	(3,3)
(4,3)	3/8	0
(4,4)	5/8	-1/4
(4,5)	0	3/4

V-9aw v=(7,13) v1=(3,3) v12=(4,5)

| | (1,1) | (1,1) |
	(3,2)	(3,3)
(4,3)	5/8	0
(4,4)	-3/8	3/4
(4,5)	0	1/4

V-9ax v=(7,14) v1=(3,2) v12=(4,4)

| | (1,1) |
	(3,3)
(4,5)	1

V-9ay v=(7,14) v1=(3,3) v12=(4,4)

| | (1,1) |
	(3,3)
(4,4)	9/16
(4,5)	7/16

V-9az v=(7,14) v1=(3,3) v12=(4,5)

| | (1,1) | (1,1) |
	(3,2)	(3,3)
(4,4)	1	7/16
(4,5)	0	-9/16

3. Tables of the SU($m+n$) ↓ SU(m) × SU(n) Subduction Coefficients

The content of tables for UG-SDI

I-1	m=1 n=2 m+n=3	[v]=[21]
II-1	m=1,2 n=2,3 m+n=4	[v]=[31]
II-2	m=1,2 n=2,3 m+n=4	[v]=[22]
II-3	m=1,2 n=2,3 m+n=4	[v]=[211]
III-1	m=1,2 n=3,4 m+n=5	[v]=[41]
III-2	m=1,2 n=3,4 m+n=5	[v]=[32]
III-3	m=1,2 n=3,4 m+n=5	[v]=[311]
III-4	m=1,2 n=3,4 m+n=5	[v]=[221]
III-5	m=1,2 n=3,4 m+n=5	[v]=[2111]
IV-1	m=1,2,3 n=3,4,5 m+n=6	[v]=[51]
IV-2	m=1,2,3 n=3,4,5 m+n=6	[v]=[42]
IV-3	m=1,2,3 n=3,4,5 m+n=6	[v]=[411]
IV-4	m=1,2,3 n=3,4,5 m+n=6	[v]=[33]
IV-5	m=1,2,3 n=3,4,5 m+n=6	[v]=[321]
IV-6	m=1,2,3 n=3,4,5 m+n=6	[v]=[3111]
IV-7	m=1,2,3 n=3,4,5 m+n=6	[v]=[222]
IV-8	m=1,2,3 n=3,4,5 m+n=6	[v]=[2211]
IV-9	m=1,2,3 n=3,4,5 m+n=6	[v]=[21111]

SDC Tables I-1 — III-2d

I-1 abc

	N	ab/c	ac/b
a/bc	4	1	3
a/b/c	4	3	-1

II-1a aabc

	N	aab/c	aac/b
aa/bc	3	1	2
aa/b/c	3	2	-1

II-1b abbc

	N	abb/c	abc/b
a/bbc	9	1	8
a/bb/c	9	8	-1

II-1c abcc

	N	abc/c	acc/b
a/bcc	3	1	2
a/bc/c	3	2	-1
ab/cc	1	1	0
a/b/cc	1	0	1

II-1d abcd

	N	abc/d	abd/c	acd/b
a/bcd	9	1	2	6
a/bc/d	36	32	-1	-3
a/bd/c	4	0	3	-1
ab/cd	3	1	2	0
ab/c/d	3	2	-1	0
a/cd/b	1	0	0	1

II-2 abcd

	N	ab/cd	ac/bd
a/bc/d	4	1	3
a/bd/c	4	3	-1
ab/cd	1	1	0
a/c/b/d	1	0	1

II-3 abcd

	N	ab/c/d	ac/b/d	ad/b/c
a/bc/d	4	1	3	0
a/bd/c	36	-3	1	32
a/b/c/d	9	6	-2	1
ab/c/d	1	1	0	0
a/cd/b	3	0	1	2
a/c/b/d	3	0	2	-1

III-1a abbbc

	N	abbb/c	abb/b
a/bbbc	16	1	15
a/bbb/c	16	15	-1

III-1b abccc

	N	abcc/c	accc/b
a/bccc	8	3	5
a/bcc/c	8	5	-3
ab/ccc	1	1	0
a/ccc/b	1	0	1

III-1c aabbc

	N	aabb/c	aabc/b
aa/bbc	6	1	5
aa/bb/c	6	5	-1

III-1d aabcc

	N	aabc/c	aacc/b
aa/bcc	9	4	5
aa/bc/c	9	5	-4

III-1e abbcc

	N	abbc/c	abcc/b
a/bbcc	6	1	5
a/bbc/c	6	5	-1

III-1f aabcd

	N	aabc/d	aabd/c	aacd/b
aa/bcd	18	3	5	10
aa/bc/d	18	15	-1	-2
aa/bd/c	3	0	2	-1

III-1g abbcd

	N	abbc/d	abbd/c	abcd/b
a/bbcd	48	3	5	40
a/bbc/d	144	135	-1	-8
a/bbd/c	9	0	8	-1

III-1h abccd

	N	abcc/d	abcd/c	accd/b
a/bccd	16	1	5	10
a/bcc/d	48	45	-1	-2
a/bcd/c	3	0	2	-1
ab/ccd	6	1	5	0
ab/cc/d	6	5	-1	0
a/ccd/b	1	0	0	1

III-1i abcdd

	N	abcd/d	abdd/c	acdd/b
a/bcdd	24	4	5	15
a/bcd/d	24	20	-1	-3
a/bdd/c	4	0	3	-1
ab/cdd	9	4	5	0
ab/cd/d	9	5	-4	0
a/cdd/b	1	0	0	1

III-1j abcde

	N	abcd/e	abce/d	abde/c	acde/b
a/bcde	48	3	5	10	30
a/bcd/e	144	135	-1	-2	-6
a/bce/d	36	0	32	-1	-3
a/bde/c	4	0	0	3	-1
ab/cde	18	3	5	10	0
ab/cd/e	18	15	-1	-2	0
ab/ce/d	3	0	2	-1	0
a/cde/b	1	0	0	0	1

III-2a aabbc

	N	aab/bc	aac/bb
aa/bbc	3	1	2
aa/bb/c	3	2	-1

III-2b aabcc

	N	aab/cc	aac/bc
aa/bcc	9	1	8
aa/bc/c	9	8	-1

III-2c abbcc

	N	abb/cc	abc/bc
a/bbc/c	3	1	2
a/bb/cc	3	2	-1

III-2d aabcd

	N	aab/cd	aac/bd	aad/bc
aa/bcd	9	1	2	6
aa/bc/d	9	2	4	-3
aa/bd/c	3	2	-1	0

SDC Tables III-2e — III-3e

III-2e abbcd

		N	abb cd	abc bd	abd bc
a	bbcd	9	1	8	0
a	bbdc	36	8	-1	27
a	bbcd	12	8	-1	-3

III-2f abccd

		N	abc cd	acc bd	abd cc
a	bccd	3	1	2	0
a	bcdc	12	2	-1	9
a	bccd	4	2	-1	-1
ab	ccd	3	1	0	2
ab	ccd	3	2	0	-1
a b	ccd	1	0	1	0

III-2g abcdd

		N	abc dd	abd cd	acd bd
a	bcdd	6	2	1	3
a	bddc	4	0	3	-1
a	bcdd	12	8	-1	-3
ab	cdd	9	1	8	0
ab	cdd	9	8	-1	0
a b	cd	1	0	0	1

III-2h abcde

		N	abc de	abd ce	acd be	abe cd	ace bd
a	bcde	9	1	2	6	0	0
a	bced	144	32	-1	-3	27	81
a	bdec	16	0	3	-1	9	-3
a	bcde	48	32	-1	-3	-3	-9
a	bdce	16	0	9	-3	-3	1
ab	cde	9	1	2	0	6	0
ab	cde	9	2	4	0	-3	0
ab	ced	3	2	-1	0	0	0
a b	cde	1	0	0	1	0	0
a b	ced	1	0	0	0	0	1

III-3a aabcd

		N	aab cd	aac bd	aad bc
aa	bcd	3	1	2	0
aa	bdc	18	-2	1	15
aa	bcd	18	10	-5	3

III-3b abbcd

		N	abb cd	abc bd	abd bc
a	bbcd	9	1	8	0
a	bbdc	144	-8	1	135
a	bbcd	48	40	-5	3

III-3c abccd

		N	abc cd	acc bd	acd bc
a	bccd	3	1	2	0
a	bcdc	48	-2	1	45
a	bccd	16	10	-5	1
ab	ccd	1	1	0	0
a b	ccd	6	0	1	5
a b	ccd	6	0	5	-1

III-3d abcdd

		N	abd cd	acd bd	add bc
a	bcdd	4	1	3	0
a	bddc	24	-3	1	20
a	bcdd	24	15	-5	4
ab	cdd	1	1	0	0
a b	cdd	9	0	4	5
a b	cdd	9	0	5	-4

III-3e abcde

		N	abc de	abd ce	acd be	abe cd	ace bd	ade bc
a	bcde	9	1	2	6	0	0	0
a	bced	576	-32	1	3	135	405	0
a	bdec	192	0	-9	3	-15	5	160
a	bcde	192	160	-5	-15	3	9	0
a	bdce	576	0	405	-135	-3	1	32
a	becd	9	0	0	0	6	-2	1
ab	cde	3	1	2	0	0	0	0
ab	ced	18	-2	1	0	15	0	0
ab	cde	18	10	-5	0	3	0	0
a b	cde	18	0	0	3	0	5	10
a b	cde	18	0	0	15	0	-1	-2
a b	ced	3	0	0	0	0	2	-1

SDC Tables III-4a — IV-1i

III-4a   aabcd

	N	aa bc d	aa bd c
aa bc d	1	1	0
aa bd c	1	0	1

III-4b   abbcd

	N	ab bc d	ab bd c
a bb cd	4	1	3
a bb c d	4	3	-1

III-4c   abccd

	N	ab cc d	ac bd c
a bc cd	4	1	3
a bc c d	4	3	-1
ab cc d	1	1	0
a cc b d	1	0	1

III-4d   abcdd

	N	ab cd d	ac bd d
a bc dd	4	1	3
a bd c d	4	3	-1
ab cd d	1	1	0
a cd b d	1	0	1

III-4e   abcde

	N	ab cd e	ac bd e	ab ce d	ac be d	ad be c
a bc de	16	1	3	3	9	0
a bd ce	48	9	-3	-3	1	32
a bc d e	16	3	9	-1	-3	0
a bd c e	144	81	-27	3	-1	-32
a be c d	9	0	0	6	-2	1
ab cd e	1	1	0	0	0	0
ab ce d	1	0	0	1	0	0
a cd b e	3	0	0	0	1	2
a ce b d	9	0	3	0	4	-2
a c b d e	9	0	6	0	-2	1

III-5   abcde

	N	ab c d e	ac b d e	ad b c e	ae b c d
a bc d e	4	1	3	0	0
a bd c e	36	-3	1	32	0
a be c d	144	6	-2	1	135
a b c d e	48	30	-10	5	-3
ab c d e	1	1	0	0	0
a cd b e	3	0	1	2	0
a ce b d	18	0	-2	1	15
a c b d e	18	0	10	-5	3

IV-1a   abbbbc

	N	abbbb c	abbbc b
a bbbbc	25	1	24
a bbbb c	25	24	-1

IV-1b   abcccc

	N	abccc c	acccc b
a bcccc	5	2	3
a bccc c	5	3	-2
ab cccc	1	1	0
a cccc b	1	0	1

IV-1c   aaabbc

	N	aaabb c	aaabc b
aaa bbc	5	1	4
aaa bb c	5	4	-1

IV-1d   aaabcc

	N	aaabc c	aaacc b
aaa bcc	2	1	1
aaa bc c	2	1	-1

IV-1e   aabbbc

	N	aabbb c	aabbc b
aa bbbc	10	1	9
aa bbb c	10	9	-1

IV-1f   aabccc

	N	aabcc c	aaccc b
aa bccc	2	1	1
aa bcc c	2	1	-1
aab ccc	1	1	0
aa ccc b	1	0	1

IV-1g   abbbcc

	N	abbbc c	abbcc b
a bbbcc	10	1	9
a bbbc c	10	9	-1

IV-1h   abbccc

	N	abbcc c	abccc b
a bbccc	5	1	4
a bbcc c	5	4	-1
abb ccc	1	1	0
ab ccc b	1	0	1

IV-1i   aaabcd

	N	aaabc d	aaabd c	aaacd b
aaa bcd	10	2	3	5
aaa bc d	40	32	-3	-5
aaa bd c	8	0	5	-3

SDC Tables IV-1j — IV-1w

IV-1j abbbcd

	N	abbbcd	abbbdc	abbcdb
a bbbcd	50	2	3	45
a bbbcd	400	384	-1	-15
a bbbdc	16	0	15	-1

IV-1k abcccd

	N	abcccd	abccdc	accdb
a bcccd	25	1	9	15
a bcccd	200	192	-3	-5
a bccdc	8	0	5	-3
ab cccd	10	1	9	0
ab ccc	10	9	-1	0
a cccdb	1	0	0	1

IV-1l abcddd

	N	abcddd	abdddc	acdddb
a bcddd	5	1	1	3
a bcdd	20	16	-1	-3
a bddd c	4	0	3	-1
ab cddd	2	1	1	0
ab cdd d	2	1	-1	0
a cddd b	1	0	0	1
abc ddd	1	1	0	0
ab ddd c	1	0	1	0
ac ddd b	1	0	0	1

IV-1m aabbcc

	N	aabbcc	aabccb
aa bbcc	4	1	3
aa bbc c	4	3	-1

IV-1n aabbcd

	N	aabbcd	aabbdc	aabcdb
aa bbcd	20	2	3	15
aa bbcd	60	54	-1	-5
aa bbdc	6	0	5	-1

IV-1o aabccd

	N	aabccd	aabcdc	aaccdb
aa bccd	10	1	4	5
aa bccd	90	81	-4	-5
aa bcdc	9	0	5	-4
ab ccd	5	1	4	0
aab ccd	5	4	-1	0
aa ccdb	1	0	0	1

IV-1p aabcdd

	N	aabcdd	aabddc	aacddb
aa bcdd	4	1	1	2
aa bcd d	12	9	-1	-2
aa bdd c	3	0	2	-1
aab cdd	2	1	1	0
aab cd d	2	1	-1	0
aa cddb	1	0	0	1

IV-1q abbccd

	N	abbccd	abbcdc	abccdb
a bbccd	25	1	4	20
a bbcc d	150	144	-1	-5
a bbcd c	6	0	5	-1
abb ccd	5	1	4	0
abb cc d	5	4	-1	0
ab ccdb	1	0	0	1

IV-1r abbcdd

	N	abbcdd	abbddc	abcddb
a bbcdd	10	1	1	8
a bbcd d	90	81	-1	-8
a bbdd c	9	0	8	-1
abb cdd	2	1	1	0
abb cd d	2	1	-1	0
ab cddb	1	0	0	1

IV-1s abccdd

	N	abccdd	abcddc	accddb
a bccdd	10	1	3	6
a bccd d	30	27	-1	-2
a bcdd c	3	0	2	-1
ab ccdd	4	1	3	0
ab ccd d	4	3	-1	0
a ccddb	1	0	0	1

IV-1t aabcde

	N	aabcde	aabced	aabdec	aacdeb
aa bcde	20	2	3	5	10
aa bcd e	180	162	-3	-5	-10
aa bce d	18	0	15	-1	-2
aa bde c	3	0	0	2	-1
aab cde	10	2	3	5	0
aab cd e	40	32	-3	-5	0
aab ce d	8	0	5	-3	0
aa cdeb	1	0	0	0	1

IV-1u abbcde

	N	abbcde	abbced	abbdec	abcdeb
a bbcde	50	2	3	5	40
a bbcd e	1200	1152	-3	-5	-40
a bbce d	144	0	135	-1	-8
a bbde c	9	0	0	8	-1
abb cde	10	2	3	5	0
abb cd e	40	32	-3	-5	0
abb ce d	8	0	5	-3	0
ab cdeb	1	0	0	0	1

IV-1v abccde

	N	abccde	abcced	abcdec	accdeb
a bccde	50	2	3	15	30
a bccd e	400	384	-1	-5	-10
a bcce d	48	0	45	-1	-2
a bcde c	3	0	0	2	-1
ab ccde	20	2	3	15	0
ab ccd e	60	54	-1	-5	0
ab cce d	6	0	5	-1	0
a ccdeb	1	0	0	0	1

IV-1w abcdde

	N	abcdde	abcded	abddec	acddeb
a bcdde	25	1	4	5	15
a bcdd e	600	576	-4	-5	-15
a bcde d	24	0	20	-1	-3
a bdde c	4	0	0	3	-1
ab cdde	10	1	4	5	0
ab cdd e	90	81	-4	-5	0
ab cde d	9	0	5	-4	0
a cddeb	1	0	0	0	1
abc dde	5	1	4	0	0
abc dd e	5	4	-1	0	0
ab ddec	1	0	0	1	0
ac ddeb	1	0	0	0	1

SDC Tables IV-1x — IV-2m

IV-1x   abcdee

		N	abcdee	abceed	abdeec	acdeeb
a	bcdee	10	1	1	2	6
a	bcdee	90	81	-1	-2	-6
a	bceed	36	0	32	-1	-3
a	bdeec	4	0	0	3	-1
ab	cdee	4	1	1	2	0
ab	cdee	12	9	-1	-2	0
ab	ceed	3	0	2	-1	0
ab	cdee	1	0	0	0	1
abc	dee	2	1	1	0	0
abc	dee	2	1	-1	0	0
abc	dee	1	0	0	1	0
acb	dee	1	0	0	0	1

IV-1y   abcdef

		N	abcdef	abcdfe	abcefd	abdefc	acdefb
a	bcdef	50	2	3	5	10	30
a	bcdef	1200	1152	-3	-5	-10	-30
a	bcdfe	144	0	135	-1	-2	-6
a	bcefd	36	0	0	32	-1	-3
a	bdefc	4	0	0	0	3	-1
ab	cdef	20	2	3	5	10	0
ab	cdef	180	162	-3	-5	-10	0
ab	cdfe	18	0	15	-1	-2	0
ab	cefd	3	0	0	2	-1	0
ab	cdef	1	0	0	0	0	1
abc	def	10	2	3	5	0	0
abc	def	40	32	-3	-5	0	0
abc	dfe	8	0	5	-3	0	0
abc	def	1	0	0	0	1	0
acb	def	1	0	0	0	0	1

IV-2a   aaabbc

		N	aaabbc	aaacbb
aaa	bbc	9	4	5
aaa	bbc	9	5	-4

IV-2b   aaabcc

		N	aaabcc	aaacbc
aaa	bcc	6	1	5
aaa	bcc	6	5	-1

IV-2c   aabbbc

		N	aabbbc	aabcbb
aa	bbbc	6	1	5
aa	bbbc	6	5	-1

IV-2d   aabccc

		N	aabccc	aaccbc
aa	bccc	6	1	5
aa	bccc	6	5	-1
aab	ccc	1	1	0
aab	ccc	1	0	1

IV-2e   abbbcc

		N	abbbcc	abbcbc
a	bbbcc	6	1	5
a	bbbcc	6	5	-1

IV-2f   abbccc

		N	abbccc	abccbc
a	bbccc	9	4	5
a	bbccc	9	5	-4
abb	ccc	1	1	0
abb	ccc	1	0	1

IV-2g   aaabcd

		N	aaabcd	aaacbd	aaadbc
aaa	bcd	18	3	5	10
aaa	bcd	72	15	25	-32
aaa	bdc	8	5	-3	0

IV-2h   abbbcd

		N	abbbcd	abbcbd	abbdbc
a	bbbcd	16	1	15	0
a	bbbcd	144	15	-1	128
a	bbbcd	18	15	-1	-2

IV-2i   abcccd

		N	abcccd	accbcd	abcdcc
a	bcccd	8	3	5	0
a	bcccd	72	5	-3	64
a	bcccd	9	5	-3	-1
ab	cccd	6	1	0	5
ab	cccd	6	5	0	-1
abc	ccd	1	0	1	0

IV-2j   abcddd

		N	abcddd	abddcd	acddbd
a	bcddd	36	16	5	15
a	bdddc	4	0	3	-1
a	bcddd	9	5	-1	-3
ab	cddd	6	1	5	0
ab	cddd	6	5	-1	0
a	cddd	1	0	0	1
abc	ddd	1	1	0	0
ab	ddd	1	0	1	0
ac	ddd	1	0	0	1

IV-2k   aabbcc

		N	aabbcc	aabcbc	aaccbb
aa	bbcc	36	1	15	20
aa	bbcc	12	5	3	-4
aa	bbcc	9	5	-3	1

IV-2l   aabbcd

		N	aabbcd	aabcbd	aabdbc	aacdbb
aa	bbcd	36	1	5	10	20
aa	bbcd	36	5	25	-2	-4
aa	bbdc	18	5	-1	8	-4
aa	bbcd	9	5	-1	-2	1

IV-2m   aabccd

		N	aabccd	aaccbd	aabdcc	aacdbc
aa	bccd	54	4	5	5	40
aa	bccd	54	20	25	-1	-8
aa	bccd	27	5	-4	16	-2
aa	bccd	27	10	-8	-8	1
aab	ccd	9	4	0	5	0
aab	ccd	9	5	0	-4	0
aab	ccd	9	0	1	0	8
aab	ccd	9	0	8	0	-1

SDC Tables IV-2n — IV-2u

IV-2n aabcdd

		N	aabc dd	aabd cd	aacd bd	aadd bc
aa	bcdd	36	1	5	10	20
aa	bcdc	12	5	1	2	-4
aa	bdd c	3	0	2	-1	0
aa	bcdd	9	5	-1	-2	1
aab	cdd	6	1	5	0	0
aab	cdd	6	5	-1	0	0
aab	cdd	3	0	0	1	2
aab	cdd	3	0	0	2	-1

IV-2o abbccd

		N	abbc cd	abcc bd	abbd cc	abcd bc
a	bbcc d	6	1	5	0	0
a	bbcd c	54	5	-1	16	32
a	bbc cd	27	20	-4	-1	-2
a	bbd cc	3	0	0	2	-1
abb	ccd	9	4	0	5	0
abb	ccd	9	5	0	-4	0
ab	ccd b	9	0	1	0	8
ab	ccd b	9	0	8	0	-1

IV-2p abbcdd

		N	abbc dd	abbd cd	abcd bd	abdd bc
a	bbcd d	54	9	5	40	0
a	bbdd c	27	0	8	-1	18
a	bbc dd	54	45	-1	-8	0
a	bbd cd	27	0	16	-2	-9
abb	cdd	6	1	5	0	0
abb	cdd	6	5	-1	0	0
ab	cdd b	3	0	0	1	2
ab	cdd b	3	0	0	2	-1

IV-2q abccdd

		N	abcc dd	abcd cd	accd bd	abdd cc
a	bccd d	18	3	5	10	0
a	bcdd c	9	0	2	-1	6
a	bcc dd	18	15	-1	-2	0
a	bcd cd	9	0	4	-2	-3
ab	ccdd	36	1	15	0	20
ab	ccd d	12	5	3	0	-4
ab	cc dd	9	5	-3	0	1
ab	ccd b	1	0	0	1	0

IV-2r aabcde

		N	aabc de	aabd ce	aacd be	aabe cd	aace bd	aade bc
aa	bcde	108	3	5	10	10	20	60
aa	bcde	108	15	25	50	-2	-4	-12
aa	bce d	54	15	-1	-2	8	16	-12
aa	bde c	9	0	2	-1	4	-2	0
aa	bc de	27	15	-1	-2	-2	-4	3
aa	bd ce	9	0	4	-2	-2	1	0
aab	cde	18	3	5	0	10	0	0
aab	cde	72	15	25	0	-32	0	0
aab	ce d	8	5	-3	0	0	0	0
aab	cde	9	0	0	1	0	2	6
aab	cd e	36	0	0	32	0	-1	-3
aab	ce d	4	0	0	0	0	3	-1

IV-2s abbcde

		N	abbc de	abbd ce	abcd be	abbe cd	abce bd	abde bc
a	bbcd e	48	3	5	40	0	0	0
a	bbce d	1296	135	-1	-8	128	1024	0
a	bbde c	81	0	8	-1	16	-2	54
a	bbc de	162	135	-1	-8	-2	-16	0
a	bbd ce	324	0	256	-32	-8	1	-27
a	bbe cd	12	0	0	0	8	-1	-3
abb	cde	18	3	5	0	10	0	0
abb	cde	72	15	25	0	-32	0	0
abb	ce d	8	5	-3	0	0	0	0
ab	cde b	9	0	0	1	0	2	6
ab	cd be	36	0	0	32	0	-1	-3
ab	ce bd	4	0	0	0	0	3	-1

IV-2t abccde

		N	abcc de	abcd ce	accd be	abce bd	acce bd	abde cc
a	bccd e	16	1	5	10	0	0	0
a	bcce d	432	45	-1	-2	128	256	0
a	bcde c	27	0	2	-1	4	-2	18
a	bcc de	54	45	-1	-2	-2	-4	0
a	bcd ce	108	0	64	-32	-2	1	-9
a	bce cd	4	0	0	0	2	-1	-1
ab	ccde	36	1	5	0	10	0	20
ab	ccd e	36	5	25	0	-2	0	-4
ab	cce d	18	5	-1	0	8	0	-4
ab	cc de	9	5	-1	0	-2	0	1
a	ccd be	1	0	0	1	0	0	0
a	cce bd	1	0	0	0	0	1	0

IV-2u abcdde

		N	abcd de	abdd ce	acdd be	abce dd	abde cd	acde bd
a	bcdd e	24	4	5	15	0	0	0
a	bcde d	216	20	-1	-3	64	32	96
a	bdde c	36	0	3	-1	0	24	-8
a	bcd de	54	40	-2	-6	-2	-1	-3
a	bdd ce	36	0	24	-8	0	-3	1
a	bce dd	12	0	0	0	8	-1	-3
ab	cdde	54	4	5	0	5	40	0
ab	cdd e	54	20	25	0	-1	-8	0
ab	cde d	27	5	-4	0	16	-2	0
ab	cd de	27	10	-8	0	-8	1	0
ab	cdd e	1	0	0	1	0	0	0
ab	cde d	1	0	0	0	0	0	1
abc	dde	9	4	0	0	5	0	0
abc	dd e	9	5	0	0	-4	0	0
ab	dde c	9	0	1	0	0	8	0
ab	dd ce	9	0	8	0	0	-1	0
ac	dde b	9	0	0	1	0	0	8
ac	dd be	9	0	0	8	0	0	-1

SDC Tables IV-2v — IV-2w

IV-2v abcdee

		N	abcd ee	abce de	abde ce	acde be	abee cd	acee bd
a	bcdee	54	9	5	10	30	0	0
a	bceed	108	0	32	-1	-3	18	54
a	bdeec	12	0	0	3	-1	6	-2
a	bcdee	54	45	-1	-2	-6	0	0
a	bcede	108	0	64	-2	-6	-9	-27
a	bdece	12	0	0	6	-2	-3	1
ab	cdee	36	1	5	10	0	20	0
ab	cdee	12	5	1	2	0	-4	0
ab	ceed	3	0	2	-1	0	0	0
ab	cdee	9	5	-1	-2	0	1	0
ab	cdee	1	0	0	0	1	0	0
ab	ceed	1	0	0	0	0	0	1
abc	dee	6	1	5	0	0	0	0
abc	dee	6	5	-1	0	0	0	0
abc	dee	3	0	0	1	0	2	0
abc	dee	3	0	0	2	0	-1	0
acb	dee	3	0	0	0	1	0	2
acb	dee	3	0	0	0	2	0	-1

IV-2w abcdef

		N	abcd ef	abce df	abde cf	acde bf	abcf de	abdf ce	acdf be	abef cd	acef bd
a	bcdef	48	3	5	10	30	0	0	0	0	0
a	bcdfe	1296	135	-1	-2	-6	128	256	768	0	0
a	bcefd	324	0	32	-1	-3	64	-2	-6	54	162
a	bdefc	36	0	0	3	-1	0	6	-2	18	-6
a	bcdef	162	135	-1	-2	-6	-2	-4	-12	0	0
a	bcedf	1296	0	1024	-32	-96	-32	1	3	-27	-81
a	bdecf	144	0	0	96	-32	0	-3	1	-9	3
a	bcfde	48	0	0	0	0	32	-1	-3	-3	-9
a	bdfce	16	0	0	0	0	0	9	-3	-3	1
ab	cdef	108	3	5	10	0	10	20	0	60	0
ab	cdef	108	15	25	50	0	-2	-4	0	-12	0
ab	cdfe	54	15	-1	-2	0	8	16	0	-12	0
ab	cefd	9	0	2	-1	0	4	-2	0	0	0
ab	cdef	27	15	-1	-2	0	-2	-4	0	3	0
ab	cedf	9	0	4	-2	0	-2	1	0	0	0
ab	cdef	1	0	0	0	1	0	0	0	0	0
ab	cdfe	1	0	0	0	0	0	0	1	0	0
ab	cefd	1	0	0	0	0	0	0	0	0	1
abc	def	18	3	5	0	0	10	0	0	0	0
abc	def	72	15	25	0	0	-32	0	0	0	0
abc	dfe	8	5	-3	0	0	0	0	0	0	0
abc	def	9	0	0	1	0	0	2	0	6	0
abc	def	36	0	0	32	0	0	-1	0	-3	0
abc	dfe	4	0	0	0	0	0	3	0	-1	0
acb	def	9	0	0	0	1	0	0	2	0	6
acb	def	36	0	0	0	32	0	0	-1	0	-3
acb	dfe	4	0	0	0	0	0	0	3	0	-1

SDC Tables IV-3a — IV-3k

IV-3a aaabcd

	N	aaabcd	aaacbd	aaadbc
aaa bcd	8	3	5	0
aaa bdc	40	-5	3	32
aaa bcd	10	5	-3	2

IV-3b abbbcd

	N	abbbcd	abbcbd	abbdbc
a bbbc d	16	1	15	0
a bbbd c	400	-15	1	384
a bbb cd	50	45	-3	2

IV-3c abcccd

	N	abccc d	acccb d	accdbc
a bcccd	8	3	5	0
a bccdc	200	-5	3	192
a bcccd	25	15	-9	1
ab cccd	1	1	0	0
a cccd b	10	0	1	9
a cccbd	10	0	9	-1

IV-3d abcddd

	N	abddcd	acddbd	adddbc
a bcdd d	4	1	3	0
a bdddc	20	-3	1	16
a bddcd	5	3	-1	1
ab cddd	1	1	0	0
a cdddb	2	0	1	1
a cddbd	2	0	1	-1
ab dddc	1	1	0	0
ac dddb	1	0	1	0
a dddbc	1	0	0	1

IV-3e aabbcd

	N	aabbcd	aabcbd	aabdbc
aa bbcd	6	1	5	0
aa bbdc	60	-5	1	54
aa bbcd	20	15	-3	2

IV-3f aabccd

	N	aabccd	aaccbd	aacdbc
aa bccd	9	4	5	0
aa bcdc	90	-5	4	81
aa bccd	10	5	-4	1
aab ccd	1	1	0	0
aa ccdb	5	0	1	4
aa ccbd	5	0	4	-1

IV-3g aabcdd

	N	aabdcd	aacdbd	aaddbc
aa bcdd	3	1	2	0
aa bddc	12	-2	1	9
aa bdcd	4	2	-1	1
aab cdd	1	1	0	0
aa cddb	2	0	1	1
aa cdbd	2	0	1	-1

IV-3h abbccd

	N	abbccd	abccbd	abcdbc
a bbccd	6	1	5	0
a bbcdc	150	-5	1	144
a bbccd	25	20	-4	1
abb ccd	1	1	0	0
ab ccdb	5	0	1	4
ab ccbd	5	0	4	-1

IV-3i abbcdd

	N	abbdcd	abcdbd	abddbc
a bbcd d	9	1	8	0
a bbddc	90	-8	1	81
a bbdcd	10	8	-1	1
abb cdd	1	1	0	0
ab cddb	2	0	1	1
ab cdbd	2	0	1	-1

IV-3j abccdd

	N	abcdcd	accdbd	acddbc
a bccdd	3	1	2	0
a bcddc	30	-2	1	27
a bcdcd	10	6	-3	1
ab ccdd	1	1	0	0
a ccddb	4	0	1	3
a ccdbd	4	0	3	-1

IV-3k aabcde

	N	aabcde	aabdce	aacdbe	aabecd	aacebd	aadebc
aa bcde	18	3	5	10	0	0	0
aa bced	180	-15	1	2	54	108	0
aa bdec	60	0	-4	2	-6	3	45
aa bcde	60	45	-3	-6	2	4	0
aa bdce	180	0	108	-54	-2	1	15
aa becd	18	0	0	0	10	-5	3
aab cde	8	3	5	0	0	0	0
aab ced	40	-5	3	0	32	0	0
aab cde	10	5	-3	0	2	0	0
aa cdeb	10	0	0	2	0	3	5
aa cdbe	40	0	0	32	0	-3	-5
aa cebd	8	0	0	0	0	5	-3

IV-3l abbcde

		N	abbcde	abbdce	abcdbe	abbecd	abcebd	abdebc
a	bbcde	48	3	5	40	0	0	0
a	bbced	3600	-135	1	8	384	3072	0
a	bbdec	450	0	-16	2	-24	3	405
a	bbcde	450	405	-3	-24	2	16	0
a	bbdce	3600	0	3072	-384	-8	1	135
a	bbecd	48	0	0	0	40	-5	3
abb	cde	8	3	5	0	0	0	0
abb	ced	40	-5	3	0	32	0	0
abb	cde	10	5	-3	0	2	0	0
abb	cde	10	0	0	2	0	3	5
abb	cde	40	0	0	32	0	-3	-5
abb	ced	8	0	0	0	0	5	-3

IV-3m abccde

		N	abccde	abcdce	accdbe	abcecd	accebd	acdebc
a	bccde	16	1	5	10	0	0	0
a	bcced	1200	-45	1	2	384	768	0
a	bcdec	150	0	-4	2	-6	3	135
a	bccde	150	135	-3	-6	2	4	0
a	bcdce	1200	0	768	-384	-2	1	45
a	bcecd	16	0	0	0	10	-5	1
ab	ccde	6	1	5	0	0	0	0
ab	cced	60	-5	1	0	54	0	0
ab	ccde	20	15	-3	0	2	0	0
ab	ccde	20	0	0	2	0	3	15
ab	ccde	60	0	0	54	0	-1	-5
ab	cced	6	0	0	0	0	5	-1

IV-3n abcdde

		N	abcdde	abddce	acddbe	abdecd	acdebd	addebc
a	bcdde	24	4	5	15	0	0	0
a	bcded	600	-20	1	3	144	432	0
a	bddec	100	0	-3	1	-12	4	80
a	bcdde	100	80	-4	-12	1	3	0
a	bddce	600	0	432	-144	-3	1	20
a	bdecd	24	0	0	0	15	-5	4
ab	cdde	9	4	5	0	0	0	0
ab	cded	90	-5	4	0	81	0	0
ab	cdde	10	5	-4	0	1	0	0
ab	cdde	10	0	0	1	0	4	5
ab	cdde	90	0	0	81	0	-4	-5
ab	cded	9	0	0	0	0	5	-4
abc	dde	1	1	0	0	0	0	0
ab	dde	5	0	1	0	4	0	0
ab	dde	5	0	4	0	-1	0	0
ac	dde	5	0	0	1	0	4	0
ac	dde	5	0	0	4	0	-1	0
a	dde	1	0	0	0	0	0	1

IV-3o abcdee

		N	abcde e	abde c e	acde b e	abee c d	acee b d	adee b c
a	bcde e	9	1	2	6	0	0	0
a	bcee d	360	-32	1	3	81	243	0
a	bdee c	40	0	-3	1	-3	1	32
a	bce d e	40	32	-1	-3	1	3	0
a	bde c e	360	0	243	-81	-3	1	32
a	bee c d	9	0	0	0	6	-2	1
ab	cde e	3	1	2	0	0	0	0
ab	cee d	12	-2	1	0	9	0	0
ab	ce d e	4	2	-1	0	1	0	0
a b	cdee	4	0	0	1	0	1	2
a b	cde e	12	0	0	9	0	-1	-2
a b	cee d	3	0	0	0	0	2	-1
abc	de e	1	1	0	0	0	0	0
ab c	dee	2	0	1	0	1	0	0
ab c	de e	2	0	1	0	-1	0	0
ac b	dee	2	0	0	1	0	1	0
ac b	de e	2	0	0	1	0	-1	0
a b c	dee	1	0	0	0	0	0	1

IV-3pi abcdef

		N	abcd e f	abce d f	abde c f	acde b f	abcf d e	abdf c e	acdf b e	abef c d	acef b d	adef b c
a	bcde f	48	3	5	10	30	0	0	0	0	0	0
a	bcdf e	3600	-135	1	2	6	384	768	2304	0	0	0
a	bcef d	1800	0	-64	2	6	-96	3	9	405	1215	0
a	bdef c	200	0	0	-6	2	0	-9	3	-15	5	160
a	bcd e f	450	405	-3	-6	-18	2	4	12	0	0	0
a	bce d f	14400	0	12288	-384	-1152	-32	1	3	135	405	0
a	bde c f	4800	0	0	3456	-1152	0	-9	3	-15	5	160
a	bcf d e	192	0	0	0	0	160	-5	-15	3	9	0
a	bdf c e	576	0	0	0	0	0	405	-135	-3	1	32
a	bef c d	9	0	0	0	0	0	0	0	6	-2	1
ab	cde f	18	3	5	10	0	0	0	0	0	0	0
ab	cdf e	180	-15	1	2	0	54	108	0	0	0	0
ab	cef d	60	0	-4	2	0	-6	3	0	45	0	0
ab	cd e f	60	45	-3	-6	0	2	4	0	0	0	0
ab	ce d f	180	0	108	-54	0	-2	1	0	15	0	0
ab	cf d e	18	0	0	0	0	10	-5	0	3	0	0

SDC Tables IV-3pii — IV-4k

IV-3pii abcdef

		N	abcd ef	abce df	abde cf	acde bf	abcf de	abdf ce	acdf be	abef cd	acef bd	adef bc
ab	cdef	20	0	0	0	2	0	0	3	0	5	10
ab	cdef	180	0	0	0	162	0	0	-3	0	-5	-10
ab	cdfe	18	0	0	0	0	0	0	15	0	-1	-2
ab	cefd	3	0	0	0	0	0	0	0	0	2	-1
abc	def	8	3	5	0	0	0	0	0	0	0	0
abc	dfe	40	-5	3	0	0	32	0	0	0	0	0
abc	def	10	5	-3	0	0	2	0	0	0	0	0
abc	def	10	0	0	2	0	0	3	0	5	0	0
abc	def	40	0	0	32	0	0	-3	0	-5	0	0
abc	dfe	8	0	0	0	0	0	5	0	-3	0	0
acb	def	10	0	0	0	2	0	0	3	0	5	0
acb	def	40	0	0	0	32	0	0	-3	0	-5	0
acb	dfe	8	0	0	0	0	0	0	5	0	-3	0
abc	def	1	0	0	0	0	0	0	0	0	0	1

IV-4a aabbcd

		N	aab bcd	aac bbd
aa	bbcd	3	1	2
aa	bbdc	3	2	-1

IV-4b aabccd

		N	aab ccd	aac bcd
aa	bccd	9	1	8
aa	bcdc	9	8	-1
aab	ccd	1	1	0
aab	cc d	1	0	1

IV-4c aabcdd

		N	aab cdd	aac bdd
aa	bcd d	3	1	2
aa	bdd c	3	2	-1
aab	cdd	1	1	0
aab	cd d	1	0	1

IV-4d abbccd

		N	abb ccd	abc bcd
a	bbc cd	3	1	2
a	bbd cc	3	2	-1
abb	ccd	1	1	0
abb	cc d	1	0	1

IV-4e abbcdd

		N	abb cdd	abc bdd
a	bbc dd	9	1	8
a	bbd cd	9	8	-1
abb	cdd	1	1	0
abb	cd d	1	0	1

IV-4f abccdd

		N	abc cdd	acc bdd
a	bcc dd	3	1	2
a	bcd cd	3	2	-1
abc	cd d	1	1	0
a	cc bdd	1	0	1

IV-4g aabcde

		N	aab cde	aac bde	aad bce
aa	bcd e	9	1	2	6
aa	bce d	9	2	4	-3
aa	bde c	3	2	-1	0
aab	cde	1	1	0	0
aab	cd e	4	0	1	3
aab	ce d	4	0	3	-1

IV-4h abbcde

		N	abb cde	abc bde	abd bce
a	bbc de	9	1	8	0
a	bbd ce	36	8	-1	27
a	bbe cd	12	8	-1	-3
abb	cde	1	1	0	0
ab	cd be	4	0	1	3
ab	ce bd	4	0	3	-1

IV-4i abccde

		N	abc cde	acc bde	abd cce
a	bcc de	3	1	2	0
a	bcd ce	12	2	-1	9
a	bce cd	4	2	-1	-1
ab	ccd e	3	1	0	2
ab	cce d	3	2	0	-1
a	cc bde	1	0	1	0

IV-4j abcdde

		N	abc dde	abd cde	acd bde
a	bcd de	6	2	1	3
a	bdd ce	4	0	3	-1
a	bce dd	12	8	-1	-3
ab	cdd e	9	1	8	0
ab	cde d	9	8	-1	0
ab	cd de	1	0	0	1
abc	dde	1	1	0	0
ab	dd ce	1	0	1	0
ac	dd be	1	0	0	1

IV-4k abcdee

		N	abc dee	abd cee	acd bee
a	bcd ee	9	1	2	6
a	bce de	36	32	-1	-3
a	bde ce	4	0	3	-1
ab	cde e	3	1	2	0
ab	cee d	3	2	-1	0
ab	cd ee	1	0	0	1
abc	dee	1	1	0	0
ab	de ce	1	0	1	0
ac	de be	1	0	0	1

IV-41 abcdef

	N	abc def	abd cef	acd bef	abe cdf	ace bdf
a bcd ef	9	1	2	6	0	0
a bce df	144	32	-1	-3	27	81
a bde cf	16	0	3	-1	9	-3
a bcf de	48	32	-1	-3	-3	-9
a bdf ce	16	0	9	-3	-3	1
ab cde f	9	1	2	0	6	0
ab cdf e	9	2	4	0	-3	0
ab cef d	3	2	-1	0	0	0
a cd b ef	1	0	0	1	0	0
a ce b df	1	0	0	0	0	1
abc def	1	1	0	0	0	0
ab de c f	4	0	1	0	3	0
ab df c e	4	0	3	0	-1	0
ac de b f	4	0	0	1	0	3
ac df b e	4	0	0	3	0	-1

IV-5a aaabcd

	N	aaa bcd	aaa bdc
aaa bcd	1	1	0
aaa bdc	1	0	1

IV-5b abbbcd

	N	abb bcd	abb bdc
a bbb cd	4	1	3
a bbb c d	4	3	-1

IV-5c abcccd

	N	abc ccd	acc bdc
a bcc cd	4	1	3
a bcc c d	4	3	-1
ab ccc d	1	1	0
a ccc b d	1	0	1

IV-5d abcddd

	N	abd cdd	acd bdd
a bcd dd	4	1	3
a bdd c d	4	3	-1
ab cdd d	1	1	0
a cdd b d	1	0	1
ab ddd c	1	1	0
ac ddd b	1	0	1

IV-5e aabbcc

	N	aab bcc	aac bbc
aa bbc c	4	1	3
aa bb cc	4	3	-1

IV-5f aabbcd

	N	aab bcd	aac bbd	aab bdc	aad bbc
aa bbc d	3	1	2	0	0
aa bbd c	192	-2	1	54	135
aa bb cd	32	6	-3	18	-5
aa bb c d	64	30	-15	-10	9

IV-5g aabccd

	N	aab ccd	aac bcd	aac bdc	aad bcc
aa bcc d	9	1	8	0	0
aa bcd c	576	-8	1	162	405
aa bc cd	32	8	-1	18	-5
aa bc c d	64	40	-5	-10	9
aa ccd b	8	0	1	2	5
aa cc (1) b d	16	0	5	-10	1
aa cc (2) b d	16	0	9	2	-5
aab cc d	1	1	0	0	0

IV-5h aabcdd

	N	aab cdd	aac bdd	aad bcd	aad bdc
aa bcd d	12	1	2	9	0
aa bdd c	48	-2	1	0	45
aa bc dd	4	1	2	-1	0
aa bd c d	16	10	-5	0	1
aa cdd b	8	0	1	2	5
aa cd (1) b d	16	0	-5	10	-1
aa cd (2) b d	16	0	9	2	-5
aab cd d	1	1	0	0	0

IV-5i abbccd

	N	abb ccd	abc bcd	abc bdc	abd bcc
a bbc cd	12	1	2	9	0
a bbd cc	48	-2	1	0	45
a bbc c d	4	1	2	-1	0
a bb cc d	16	10	-5	0	1
ab ccd b	8	0	1	2	5
ab cc (1) b d	16	0	5	-10	1
ab cc (2) b d	16	0	9	2	-5
abb cc d	1	1	0	0	0

IV-5j abbcdd

	N	abb cdd	abc bdd	abd bcd	abd bdc
a bbc dd	9	1	8	0	0
a bbd cd	576	-8	1	162	405
a bbd c d	32	8	-1	18	-5
a bb cd d	64	40	-5	-10	9
ab cdd b	8	0	1	2	5
ab cd (1) b d	16	0	-5	10	-1
ab cd (2) b d	16	0	9	2	-5
abb cd d	1	1	0	0	0

SDC Tables IV-5k — IV-5m

IV-5k abccdd

	N	abc cd d	acc bd d	abd cc d	acd bd c
a bcc dd	3	1	2	0	0
a bcd cd	192	-2	1	54	135
a bcd c d	32	6	-3	18	-5
a bc cd d	64	30	-15	-10	9
ab ccd d	4	1	0	3	0
ab cc dd	4	3	0	-1	0
a b ccd d	8	0	3	0	5
a b cc dd	8	0	5	0	-3

IV-5l aabcde

	N	aab cd e	aac bd e	aad bc e	aab ce d	aac be d	aad be c	aae bc d	aae bd c
aa bcd e	9	1	2	6	0	0	0	0	0
aa bce d	576	-2	-4	3	54	108	0	405	0
aa bde c	192	-2	1	0	-6	3	45	0	135
aa bc de	32	2	4	-3	6	12	0	-5	0
aa bd ce	32	6	-3	0	-2	1	15	0	-5
aa bc d e	192	30	60	-45	-10	-20	0	27	0
aa bd c e	576	270	-135	0	10	-5	-75	0	81
aa be c d	18	0	0	0	10	-5	3	0	0
aa b cde	32	0	1	3	0	3	5	5	15
aa b cd (1) e	64	0	5	15	0	-15	-25	1	3
aa b ce (1) d	64	0	-15	5	0	-5	3	27	-9
aa b c d e	32	0	15	-5	0	-5	3	3	-1
aa b cd (2) e	64	0	9	27	0	3	5	-5	-15
aa b ce (2) d	64	0	3	-1	0	25	-15	15	-5
aab cd e	1	1	0	0	0	0	0	0	0
aab ce d	1	0	0	0	1	0	0	0	0

IV-5m abbcde

	N	abb cd e	abc bd e	abd bc e	abb ce d	abc be d	abd be c	abe bc d	abe bd c
a bbc de	36	1	8	0	3	24	0	0	0
a bbd ce	576	32	-4	108	-24	3	405	0	0
a bbe cd	192	-8	1	3	0	0	0	45	135
a bbc d e	36	3	24	0	-1	-8	0	0	0
a bbd c e	576	96	-12	324	8	-1	-135	0	0
a bbe c d	192	0	0	0	40	-5	3	108	-36
a bb cd e	64	40	-5	-15	0	0	0	1	3
a bb ce d	64	0	0	0	40	-5	3	-12	4
ab b cde	32	0	1	3	0	3	5	5	15
ab b cd (1) e	64	0	5	15	0	-15	-25	1	3
ab b ce (1) d	64	0	-15	5	0	-5	3	27	-9
ab b c d e	32	0	15	-5	0	-5	3	3	1
ab b cd (2) e	64	0	9	27	0	3	5	-5	-15
ab b ce (2) d	64	0	3	-1	0	25	-15	15	-5
abb cd e	1	1	0	0	0	0	0	0	0
abb ce d	1	0	0	0	1	0	0	0	0

IV-5n	abccde								
		N	abc cd e	acc bd e	abd cc e	abc ce d	acc be d	acd be c	abe cc d	ace bd c
a	bcc de	12	1	2	0	3	6	0	0	0
a	bcd ce	192	8	-4	36	-6	3	135	0	0
a	bce cd	64	-2	1	1	0	0	0	15	45
a	bcc d e	12	3	6	0	-1	-2	0	0	0
a	bcd c e	192	24	-12	108	2	-1	-45	0	0
a	bce c d	64	0	0	0	10	-5	1	36	-12
a	bc cd e	64	30	-15	-15	0	0	0	1	3
a	bc ce d	64	0	0	0	30	-15	3	-12	4
ab	ccd e	3	1	0	2	0	0	0	0	0
ab	cce d	192	-2	0	1	54	0	0	135	0
ab	cc de	32	6	0	-3	18	0	0	-5	0
ab	cc d e	64	30	0	-15	-10	0	0	9	0
a b	ccd e	6	0	0	0	0	1	5	0	0
a b	cce d	192	0	27	0	0	25	-5	0	135
a b	cc de	32	0	5	0	0	15	-3	0	-9
a b	cc d e	64	0	45	0	0	-15	3	0	-1

IV-5o	abcdde								
		N	abc dd e	abd cd e	acd bd e	abd ce d	acd be d	add be c	abe cd d	ace bd d
a	bcd de	48	4	2	6	9	27	0	0	0
a	bdd ce	32	0	6	-2	-3	1	20	0	0
a	bce dd	192	-8	1	3	0	0	0	45	135
a	bcd d e	16	4	2	6	-1	-3	0	0	0
a	bdd c e	96	0	54	-18	3	-1	-20	0	0
a	bde c d	96	0	0	0	15	-5	4	54	-18
a	bc dd e	64	40	-5	-15	0	0	0	1	3
a	bd ce d	32	0	0	0	15	-5	4	-6	2
ab	cdd e	9	1	8	0	0	0	0	0	0
ab	cde d	576	-8	1	0	162	0	0	405	0
ab	cd de	32	8	-1	0	18	0	0	-5	0
ab	cd d e	64	40	-5	0	-10	0	0	9	0
a b	cdd e	9	0	0	0	0	4	5	0	0
a b	cde d	576	0	0	81	0	50	-40	0	405
a b	cd de	32	0	0	5	0	10	-8	0	-9
a b	cd d e	64	0	0	45	0	-10	8	0	-1
ab c	dde	8	0	1	0	2	0	0	5	0
ab c	dd (1) e	16	0	5	0	-10	0	0	1	0
ac b	dde	8	0	0	1	0	2	0	0	5
ac b	dd (1) e	16	0	0	5	0	-10	0	0	1
ab c	dd (2) e	16	0	9	0	2	0	0	-5	0
ac b	dd (2) e	16	0	0	9	0	2	0	0	-5
abc	dd e	1	1	0	0	0	0	0	0	0
a b c	dd e	1	0	0	0	0	0	1	0	0

SDC Table IV-5p

IV-5p			N	abcde e	abdce e	acdbe e	abecd e	acebd e	abeced	aceed	adebec
a	bcd	ee	9	1	2	6	0	0	0	0	0
a	bce	de	2304	-32	1	3	162	486	405	1215	0
a	bde	ce	256	0	-3	1	54	-18	-15	5	160
a	bce	de	128	32	-1	-3	18	54	-5	-15	0
a	bde	ce	1152	0	243	-81	486	-162	15	-5	-160
a	bee	cd	9	0	0	0	0	0	6	-2	1
a	bc	dee	256	160	-5	-15	-10	-30	9	27	0
a	bd	cee	256	0	135	-45	-30	10	-3	1	32
ab	cde	e	12	1	2	0	9	0	0	0	0
ab	cee	d	48	-2	1	0	0	0	45	0	0
ab	cd	ee	4	1	2	0	-1	0	0	0	0
ab	ce	de	16	10	-5	0	0	0	1	0	0
a b	cde	e	24	0	0	9	0	0	0	5	10
a b	cee	d	24	0	0	0	0	9	0	10	-5
a b	cd	ee	8	0	0	5	0	0	0	-1	-2
a b	ce	de	8	0	0	0	0	5	0	-2	1
ab c	dee		8	0	1	0	2	0	5	0	0
ab c	de (1)	e	16	0	-5	0	10	0	-1	0	0
ac b	dee		8	0	0	1	0	2	0	5	0
ac b	de (1)	e	16	0	0	-5	0	10	0	-1	0
ab c	de (2)	e	16	0	9	0	2	0	-5	0	0
ac b	de (2)	e	16	0	0	9	0	2	0	-5	0
abc	de	e	1	1	0	0	0	0	0	0	0
a b c	de	e	1	0	0	0	0	0	0	0	1

SDC Table IV-5qi

IV-5qi		abcdef															
		N	abc de f	abd ce f	acd be f	abe cd f	ace bd f	abc df e	abd cf e	acd bf e	abe cf d	ace bf d	ade bf c	abf cd e	acf bd e	abf ce d	acf be d	adf be c
a	bcd ef	36	1	2	6	0	0	3	6	18	0	0	0	0	0	0	0	0
a	bce df	2304	128	-4	-12	108	324	-96	3	9	405	1215	0	0	0	0	0	0
a	bde cf	256	0	12	-4	36	-12	0	-9	3	-15	5	160	0	0	0	0	0
a	bcf de	768	-32	1	3	3	9	0	0	0	0	0	0	45	135	135	405	0
a	bdf ce	256	0	-9	3	3	-1	0	0	0	0	0	0	45	-15	-15	5	160
a	bcd e f	36	3	6	18	0	0	-1	-2	-6	0	0	0	0	0	0	0	0
a	bce d f	2304	384	-12	-36	324	972	32	-1	-3	-135	-405	0	0	0	0	0	0
a	bde c f	768	0	108	-36	324	-108	0	9	-3	15	-5	-160	0	0	0	0	0
a	bcf d e	768	0	0	0	0	0	160	-5	-15	3	9	0	108	324	-36	-108	0
a	bdf c e	2304	0	0	0	0	0	0	405	-135	-3	1	32	972	-324	36	-12	-384
a	bef c d	36	0	0	0	0	0	0	0	0	6	-2	1	0	0	18	-6	3
a	bc de f	256	160	-5	-15	-15	-45	0	0	0	0	0	0	1	3	3	9	0
a	bd ce f	768	0	405	-135	-135	45	0	0	0	0	0	0	9	-3	-3	1	32
a	bc df e	256	0	0	0	0	0	160	-5	-15	3	9	0	-12	-36	4	12	0
a	bd cf e	2304	0	0	0	0	0	0	1215	-405	-9	3	96	-324	108	-12	4	128
a	be cf d	36	0	0	0	0	0	0	0	0	18	-6	3	0	0	-6	2	-1
ab	cde f	9	1	2	0	6	0	0	0	0	0	0	0	0	0	0	0	0
ab	cdf e	576	-2	-4	0	3	0	54	108	0	0	0	0	405	0	0	0	0
ab	cef d	192	-2	1	0	0	0	-6	3	0	45	0	0	0	0	135	0	0
ab	cd ef	32	2	4	0	-3	0	6	12	0	0	0	0	-5	0	0	0	0
ab	ce df	32	6	-3	0	0	0	-2	1	0	15	0	0	0	0	-5	0	0
ab	cd e f	192	30	60	0	-45	0	-10	-20	0	0	0	0	27	0	0	0	0
ab	ce d f	576	270	-135	0	0	0	10	-5	0	-75	0	0	0	81	0	0	0
ab	cf d e	18	0	0	0	0	0	10	-5	0	3	0	0	0	0	0	0	0

SDC Table IV-5qii

		N	abc de f	abd ce f	acd be f	abe cd f	ace bd f	abc df e	abd cf e	acd bf e	abe cf d	ace bf d	ade bf c	abf cd e	acf bd e	abf ce d	acf be d	adf be c
a b	cde f	18	0	0	0	0	0	0	0	3	0	5	10	0	0	0	0	0
a b	cdf e	576	0	0	81	0	0	0	0	75	0	−5	−10	0	0	0	135	270
a b	cef d	192	0	0	0	0	27	0	0	0	0	20	−10	0	45	0	60	−30
a b	cd ef	32	0	0	5	0	0	0	0	15	0	−1	−2	0	0	0	−3	−6
a b	ce df	32	0	0	0	0	5	0	0	0	0	12	−6	0	−3	0	−4	2
a b	cd e f	192	0	0	135	0	0	0	0	−45	0	3	6	0	0	0	−1	−2
a b	ce d f	576	0	0	0	0	405	0	0	0	0	−108	54	0	−3	0	−4	2
a b	cf d e	9	0	0	0	0	0	0	0	0	0	0	0	0	6	0	−2	1
abc	de f	1	1	0	0	0	0	0	0	0	0	0	0	0	0	0	0	0
abc	df e	1	0	0	0	0	0	1	0	0	0	0	0	0	0	0	0	0
ab c	def	32	0	1	0	3	0	0	3	0	5	0	0	5	0	15	0	0
ab c	de (1) f	64	0	5	0	15	0	0	−15	0	−25	0	0	1	0	3	0	0
ab c	df (1) e	64	0	−15	0	5	0	0	−5	0	3	0	0	27	0	−9	0	0
ab c	d e f	32	0	15	0	−5	0	0	−5	0	3	0	0	3	0	−1	0	0
ac b	def	32	0	0	1	0	3	0	0	3	0	5	0	0	5	0	15	0
ac b	de (1) f	64	0	0	5	0	15	0	0	−15	0	−25	0	0	1	0	3	0
ac b	df (1) e	64	0	0	−15	0	5	0	0	−5	0	3	0	0	27	0	−9	0
ac b	d e f	32	0	0	15	0	−5	0	0	−5	0	3	0	0	3	0	−1	0
ab c	de (2) f	64	0	9	0	27	0	0	3	0	5	0	0	−5	0	−15	0	0
ab c	df (2) e	64	0	3	0	−1	0	0	25	0	−15	0	0	15	0	−5	0	0
ac b	de (2) f	64	0	0	9	0	27	0	0	3	0	5	0	0	−5	0	−15	0
ac b	df (2) e	64	0	0	3	0	−1	0	0	25	0	−15	0	0	15	0	−5	0
a b c	de f	1	0	0	0	0	0	0	0	0	0	0	1	0	0	0	0	0
a b c	df e	1	0	0	0	0	0	0	0	0	0	0	0	0	0	0	0	1

IV-6a aabcde

	N	aab c d e	aac b d e	aad b c e	aae b c d
aa bc d e	3	1	2	0	0
aa bd c e	18	-2	1	15	0
aa be c d	180	10	-5	3	162
aa b c d e	20	10	-5	3	-2
aab c d e	1	1	0	0	0
aa cd b e	8	0	3	5	0
aa ce b d	40	0	-5	3	32
aa c b d e	10	0	5	-3	2

IV-6b abbcde

	N	abb c d e	abc b d e	abd b c e	abe b c d
a bbc d e	9	1	8	0	0
a bbd c e	144	-8	1	135	0
a bbe c d	1200	40	-5	3	1152
a bb c d e	50	40	-5	3	-2
abb c d e	1	1	0	0	0
ab cd b e	8	0	3	5	0
ab ce b d	40	0	-5	3	32
ab c b d e	10	0	5	-3	2

IV-6c abccde

	N	abc c d e	acc b d e	acd b c e	ace b c d
a bcc d e	3	1	2	0	0
a bcd c e	48	-2	1	45	0
a bce c d	400	10	-5	1	384
a bc c d e	50	30	-15	3	-2
ab cc d e	1	1	0	0	0
a ccd b e	6	0	1	5	0
a cce b d	60	0	-5	1	54
a cc b d e	20	0	15	-3	2

IV-6d abcdde

	N	abd c d e	acd b d e	add b c e	ade b c d
a bcd d e	4	1	3	0	0
a bdd c e	24	-3	1	20	0
a bde c d	600	15	-5	4	576
a bd c d e	25	15	-5	4	-1
ab cd d e	1	1	0	0	0
a cdd b e	9	0	4	5	0
a cde b d	90	0	-5	4	81
a cd b d e	10	0	5	-4	1
ab dd c e	1	1	0	0	0
ac dd b e	1	0	1	0	0
a dde b c	5	0	0	1	4
a dd b c e	5	0	0	4	-1

SDC Tables IV-6e — IV-6fii

IV-6e abcdee

	N	abcde	acbde	adbce	aebcd
a bcde	4	1	3	0	0
a bcde (bde c e)	36	-3	1	32	0
a bee c d	90	6	-2	1	81
a be c d e	10	6	-2	1	-1
ab ce d e	1	1	0	0	0
a cde b e	3	0	1	2	0
a cee b d	12	0	-2	1	9
a ce b d e	4	0	2	-1	1
ab de c e	1	1	0	0	0
ac de b e	1	0	1	0	0
a dee b c	2	0	0	1	1
a de b c e	2	0	0	1	-1

IV-6fi abcdef

	N	abcdef	abdcef	acdbef	abecdf	acebdf	adebcf	abfcde	acfbde	adfbce	aefbcd
a bcdef	9	1	2	6	0	0	0	0	0	0	0
a bcedf	576	-32	1	3	135	405	0	0	0	0	0
a bdecf	192	0	-9	3	-15	5	160	0	0	0	0
a bcfde	4800	160	-5	-15	3	9	0	1152	3456	0	0
a bdfce	14400	0	405	-135	-3	0	1	-1152	384	12288	0
a befcd	450	0	0	0	12	-4	2	18	-6	3	405
a bcdef	200	160	-5	-15	3	9	0	-2	-6	0	0
a bdcef	1800	0	1215	-405	-9	3	96	6	-2	-64	0
a becdf	3600	0	0	0	2304	-768	384	-6	2	-1	-135
a bfcde	48	0	0	0	0	0	0	30	-10	5	-3
ab cdef	3	1	2	0	0	0	0	0	0	0	0
ab cedf	18	-2	1	0	15	0	0	0	0	0	0
ab cfde	180	10	-5	0	3	0	0	162	0	0	0
ab c def	20	10	-5	0	3	0	0	-2	0	0	0

IV-6fii abcdef

	N	abcdef	abdcef	acdbef	abecdf	acebdf	adebcf	abfcde	acfbde	adfbce	aefbcd
a cde b f	18	0	0	3	0	5	10	0	0	0	0
a cdf b e	180	0	0	-15	0	1	2	0	54	108	0
a cef b d	60	0	0	0	0	-4	2	0	-6	3	45
a cd b e f	60	0	0	45	0	-3	-6	0	2	4	0
a ce b d f	180	0	0	0	0	108	-54	0	-2	1	15
a cf b d e	18	0	0	0	0	0	0	0	10	-5	3
abc def	1	1	0	0	0	0	0	0	0	0	0
ab de c f	8	0	3	0	5	0	0	0	0	0	0
ab df c e	40	0	-5	0	3	0	0	32	0	0	0
ab d c e f	10	0	5	0	-3	0	0	2	0	0	0
ac de b f	8	0	0	3	0	5	0	0	0	0	0
ac df b e	40	0	0	-5	0	3	0	0	32	0	0
ac d b e f	10	0	0	5	0	-3	0	0	2	0	0
a def b c	10	0	0	0	0	0	2	0	0	3	5
a de b f c	40	0	0	0	0	0	32	0	0	-3	-5
a df b e c	8	0	0	0	0	0	0	0	5	-3	

SDC Tables IV-7a — IV-8c

IV-7a aabcde

	N	aa bc de	aa bd ce
aa bc de	1	1	0
aa bd ce	1	0	1
aa cd b e	4	1	3
aa ce b d	4	3	-1

IV-7b abbcde

	N	ab bc de	ab bd ce
a bb cd e	4	1	3
a bb ce d	4	3	-1
ab cd b e	4	1	3
ab ce b d	4	3	-1

IV-7c abccde

	N	ab cc de	ac bd ce
a bc cd e	4	1	3
a bc ce d	4	3	-1
ab cc de	1	1	0
a cc b d e	1	0	1

IV-7d abcdde

	N	ab cd de	ac bd de
a bc dd e	4	1	3
a bd ce d	4	3	-1
ab cd de	1	1	0
a cd b d e	1	0	1
ab dd c e	1	1	0
ac dd b e	1	0	1

IV-7e abcdee

	N	ab cd ee	ac bd ee
a bc de e	4	1	3
a bd ce e	4	3	-1
ab cd ee	1	1	0
a ce b d e	1	0	1
ab de c e	1	1	0
ac de b e	1	0	1

IV-7f abcdef

	N	ab cd ef	ac bd ce ef	ab ce df	ac be df	ad be cf
a bc de f	16	1	3	3	9	0
a bd ce f	48	9	-3	-3	1	32
a bc df e	16	3	9	-1	-3	0
a bd cf e	144	81	-27	3	-1	-32
a be cf d	9	0	0	6	-2	1
ab cd ef	1	1	0	0	0	0
ab ce df	1	0	0	1	0	0
a cd b e f	3	0	0	0	1	2
a ce b d f	9	0	3	0	4	-2
a cf b d e	9	0	6	0	-2	1
ab de c f	4	1	0	3	0	0
ab df c e	4	3	0	-1	0	0
ac de b f	4	0	1	0	3	0
ac df b e	4	0	3	0	-1	0
a d b e c f	1	0	0	0	0	1

IV-8a aabcde

	N	aa bc de	aa bd c e	aa be c d
aa bc d e	1	1	0	0
aa bd c e	1	0	1	0
aa be c d	1	0	0	1
aa cd b e	4	1	3	0
aa ce b d	36	-3	1	32
aa c b d e	9	6	-2	1

IV-8b abbcde

	N	ab bc d e	ab bd c e	ab be c d
a bb cd e	4	1	3	0
a bb ce d	36	-3	1	32
a bb c d e	9	6	-2	1
ab cd b e	4	1	3	0
ab ce b d	36	-3	1	32
ab c b d e	9	6	-2	1

IV-8c abccde

	N	ab cc d e	ac bd c e	ac be c d
a bc cd e	4	1	3	0
a bc ce d	36	-3	1	32
a bc c d e	9	6	-2	1
ab cc d e	1	1	0	0
a cc b de	3	0	1	2
a cc b d e	3	0	2	-1

IV-8d abcdde

	N	ab cd d e	ac bd d e	ad be c d
a bc dd e	4	1	3	0
a bd ce d	36	-3	1	32
a bd c d e	9	6	-2	1
ab cd d e	1	1	0	0
a cd b de	3	0	1	2
a cd b d e	3	0	2	-1
ab dd c e	1	1	0	0
ac dd b e	1	0	1	0
a dd b e c	1	0	0	1

IV-8e abcdee

	N	ab ce d e	ac be d e	ad be c e
a bc de e	4	1	3	0
a bd ce e	36	-3	1	32
a be c d e	9	6	-2	1
ab ce d e	1	1	0	0
a cd b ee	3	0	1	2
a ce b d e	3	0	2	-1
ab de c e	1	1	0	0
ac de b e	1	0	1	0
a de b e c	1	0	0	1

IV-8fi abcdef

	N	ab cd e f	ac bd e f	ab ce d f	ac be d f	ad be c f	ab cf d e	ac bf d e	ad bf c e	ae bf c d
a bc de f	16	1	3	3	9	0	0	0	0	0
a bd ce f	48	9	-3	-3	1	32	0	0	0	0
a bc df e	144	-3	-9	1	3	0	32	96	0	0
a bd cf e	1296	-81	27	-3	1	32	-96	32	1024	0
a be cf d	162	0	0	-12	4	-2	6	-2	1	135
a bc d e f	36	6	18	-2	-6	0	1	3	0	0
a bd c e f	324	162	-54	6	-2	-64	-3	1	32	0
a be c d f	1296	0	0	768	-256	128	6	-2	1	135
a bf c d e	48	0	0	0	0	0	30	-10	5	-3
ab cd e f	1	1	0	0	0	0	0	0	0	0
ab ce d f	1	0	0	1	0	0	0	0	0	0
ab cf d e	1	0	0	0	0	0	1	0	0	0

SDC Table IV-8fii

IV-8fii	abcdef	N	ab cd e f	ac bd e f	ab ce d f	ac be d f	ad be c f	ab cf d e	ac bf d e	ad bf c e	ae bf c d
a cd b ef		9	0	0	0	1	2	0	2	4	0
a ce b df		27	0	3	0	4	-2	0	-2	1	15
a cd b e f		9	0	0	0	2	4	0	-1	-2	0
a ce b d f		54	0	12	0	16	-8	0	2	-1	-15
a cf b d e		108	0	-12	0	4	-2	0	50	-25	15

a c
b d
   e
   f
		108	0	60	0	-20	10	0	10	-5	3

ab de c f		4	1	0	3	0	0	0	0	0	0
ab df c e		36	-3	0	1	0	0	32	0	0	0
ab d c e f		9	6	0	-2	0	0	1	0	0	0
ac de b f		4	0	1	0	3	0	0	0	0	0
ac df b e		36	0	-3	0	1	0	0	32	0	0
ac d b e f		9	0	6	0	-2	0	0	1	0	0
a de b f c		8	0	0	0	0	0	0	0	3	5
a df b e c		72	0	0	0	0	32	0	0	25	-15
a d b e c f		18	0	0	0	0	10	0	0	-5	3

SDC Table IV-9

IV-9		abcdef	ab c d e f	ac b d e f	ad b c e f	ae b c d f	af b c d e
		N					
a	bc d e f	4	1	3	0	0	0
a	bd c e f	36	−3	1	32	0	0
a	be c d f	144	6	−2	1	135	0
a	bf c d e	1200	−30	10	−5	3	1152
a	b c d e f	50	30	−10	5	−3	2
ab	c d e f	1	1	0	0	0	0
a b	cd e f	3	0	1	2	0	0
a b	ce d f	18	0	−2	1	15	0
a b	cf d e	180	0	10	−5	3	162
a b	c d e f	20	0	10	−5	3	−2
ab c	d e f	1	1	0	0	0	0
ac b	d e f	1	0	1	0	0	0
a b c	de f	8	0	0	3	5	0
a b c	df e	40	0	0	−5	3	32
a b c	d e f	10	0	0	5	−3	2

References

Ba-63   G. E. Baird and L. C. Biedenharn, "On the representation of the semisimple Lie groups II", *J. Math. Phys.* **4** (1963) 1449.

Ba-64   G. E. Baird and L. C. Biedenharn, "On the representation of the semisimple Lie groups III", *J. Math. Phys.* **5** (1964) 1723.

Bi-82   R. P. Bickerstaff, P. H. Butler, M. B. Butts, R. W. Hasse and M. F. Reid, "3jm and 6j tables for some bases of SU_6 and SU_3", *J. Phys.* **A15** (1982) 1087.

Bo-85   A. Bohm and Y. Ne'eman, *Twenty years of dynamical groups and spectrum generating algebra*, (World Scientific, Singapore, 1986).

Bo-69   A. Bohr and B. R. Mottelson *Nuclear Structure* (The Benjamin Company, New York, 1969) Vol. I.

Br-72   C. J. Bradley and A. P. Cracknell, *The Mathematical Theory of Symmetry in Solids* (Claredon, Oxford, 1972).

Ch-78   J. Q. Chen, F. Wang and M. J. Gao, "The outer-product reduction coefficients of the permutation group and the Clebsch-Gordan coefficients of $SU(n)$ group", Wuli Xuebao, *Acta Phys. Sin.* **27** (1978) 31.

Ch-79   J. Q. Chen, T. R. Yu and F. Wang, "A recursive formula for the Clebsch-Gordan coefficients of the group $SU(n)$", *Phys. Energ. Fortis Phys. Nucl.* **3** (1979) 216.

Ch-81   J. Q. Chen and M. J. Gao, *The Reduction Coefficients of Permutation Groups and Their Applications* (Science Press, Beijing, 1981).

Ch-82   J. Q. Chen and M. J. Gao, "A new approach to the permutation group representation theory", *J. Math. Phys.* **23** (1982) 928.

Ch-83a J. Q. Chen and X. G. Chen, "The Gel'fand basis and matrix elements of the graded unitary group $U(m/n)$", *J. Phys.* **A16** (1983) 3435.

Ch-83b J. Q. Chen, D. Collinson and M. J. Gao, "The transformation coefficients of permutation groups", *J. Math. Phys.* **24** (1983) 2695.

Ch-84a J. Q. Chen, *A New Approach to Group Representation Theory* (Science and Technology Press, Shanghai, 1984) English translation and revision, to be published by World Scientific, Singapore, 1987.

Ch-84b J. Q. Chen, M. J. Gao and X. G. Chen, "The Clebsch-Gordan coefficients for the $SU(m/n)$ Gel'fand basis", *J. Phys.* **A17** (1984) 481.

De-63   J. J. de Swart, "The octet model and its Clebsch-Gordan coefficients", *Rev. Mod. Phys.* **35** (1963) 916.

Dr-73a J. P. Draayer and Y. Akiyama, "Wigner and Racah coefficients for $SU(3)$", *J. Math. Phys.* **14** (1973) 1904.

Dr-73b J. P. Draayer and Y. Akiyama, *Comput. Phys. Commun.* **5** (1973) 405.

Ga-50   I. M. Gel'fand and M. L. Zetlin, "Matrix elements for the unitary groups", *Dokl. Akad. Nauk* **71** (1950) 825.

Ha-62   M. Hamermesh, *Group Theory and Its Applications to Physical Problems* (Addison-Wesley, Massachusetts, 1962).

Ha-76   E. M. Haacke, W. Moffat and P. Savaria, "A calculation of $SU(4)$ Clebsch-Gordan coefficients", *J. Math. Phys.* **17** (1976) 2041.

He-65   K. T. Hecht, "$SU(3)$ recoupling and fractional parentage in the 2s-1d shell", *Nucl. Phys.* **62** (1965) 1.

He-69   K. T. Hecht and S. C. Pang, "On the Wigner supermultiplet scheme", *J. Math. Phys.* **10** (1969) 1571.

Ho-64   H. Horie, "Representations of the symmetric group and the fractional parentage coefficients", *J. Phys. Soc. Japan* **19** (1964) 1783.

References

It-66   C. Itzykson and M. Nauenberg, "Unitary groups: representations and decomposition", *Rev. Mod. Phys.* **38** (1966) 95.

Ka-61   I. G. Kaplan, "The transformation matrix of permutation groups and construction of the orbital wave function of a multishell configuration", *Zh. Eksp. Theor. Fiz.* **41** (1961) 560.

Kr-67   P. Kramer, "Orbital fractional parentage coefficients for the harmonic oscillator shell model", *Z. Physik* **205** (1967) 181.

Kr-68   P. Kramer, "Recoupling coefficients of the symmetric group for shell and cluster model configuration", *Z. Physik* **216** (1968) 68.

Le-72   K. J. Lezuo, "The symmetric group and the Gel'fand basis of U(3)", *J. Math. Phys.* **13** (1972) 1389.

Mc-64   P. S. McNamee and F. Chilton, "Tables of Clebsch-Gordan coefficients of SU(3)", *Rev. Mod. Phys.* **36** (1964) 1005.

Mo-62   M. Moshinsky, "Wigner coefficients for the SU(3) group and some applications", *Rev. Mod. Phys.* **34** (1962) 813.

Mo-68   M. Moshinsky, *Group Theory and the Many Body Problem* (Gordon Breach, New York, 1968).

Ni-83   R. S. Nikman, K. V. Dinesha and C. R. Sarma, "Reduction of inner-product representation of unitary group", *J. Math. Phys.* **24** (1983) 233.

Pa-74   J. Paldus, "Group theoretical approach to the configuration interaction and perturbation theory calculation for atomic and molecular system", *J. Chem. Phys.* **61** (1974) 5321.

Pa-76   J. Paldus, "Unitary group approach to the many-electron correlation problem", *Phys. Rev.* **A14** (1976) 1620.

Sa-80   C. R. Sarma and G. G. Saharasbudhe, "Permutation symmetry of many particle states", *J. Math. Phys.* **21** (1980) 638.

Sa-82   C. R. Sarma, "Determination of basis for the irreducible representations of the unitary group for $U(p+q)\downarrow U(p) \times U(q)$", *J. Math. Phys.* **23** (1982) 1235.

Su-80   H. Z. Sun, "On the irreducible representations of the compact Lie groups of rank two", *Phys. Energ. Fortis Phys. Nucl.* **4** (1980) 272.